# Smaller C
## 用於小型機器之精實程式碼

# Smaller C
## Lean Code for Small Machines

*Marc Loy* 著

楊新章 譯

**O'REILLY®**

# 目錄

# 前言

在一個幾乎每天都會有新的 JavaScript 框架來來去去的世界裡，您為什麼要深入研究像 C 這樣陳舊的、準系統的語言呢？好吧，首先，如果您希望跟上所有這些框架時（哎呀，僅屬個人意見），您可能需要這樣的背景，因為這些技術為許多「現代」語言提供了基礎。您是否正在 TIOBE（*https://oreil.ly/ZTdwN*）之類的網站上尋找流行的程式設計語言並始終發現 C 是位於頂端呢？也許您對令人驚訝的高級視訊卡感興趣，並想了解驅動它們的軟體是如何工作的。或者，也許您正在探索像 Arduino 這樣更新 —— 且更小 —— 的小工具，並聽說 C 是適合這項工作的工具。

不管是什麼原因，您在這裡真是太好了。順便說一句，所有這些理由都是正當的。C 是一種基礎語言，理解它的語法和奇特之處會給您一個非常持久的電腦語言素養，這可以幫助您更輕鬆地學習新的語言和風格。在為裝置驅動程式（device driver）或作業系統編寫低階程式碼時，C（以及它的近親 C++）仍然被廣泛使用。物聯網正在為資源有限的微控制器注入新的活力。而 C 非常適合處理這些微小的環境。

雖然我將聚焦於為小型、有限的機器編寫乾淨、緊湊的程式碼的這個想法，但我仍會從電腦程式設計的基礎知識開始，並涵蓋各種情況下的 C 所適用的各種規則和樣式。

# 如何使用本書

本書旨在涵蓋上述的任何情況下如何進行良好的 C 程式設計的所有基礎知識。我們將研究 C 語法的控制結構、運算子、函數和其他元素，以及可以把編譯後的程式大小減少一些位元組的替代樣式的範例。我們還會把 Arduino 環境視為可以精實 C 程式碼的出色應用。為了最好地享受 Arduino 部分，您應該具備一些建構簡單電路和使用 LED 和電阻器等組件的基本經驗。

以下是章節預覽：

**第 1 章，C 的基礎知識**

簡要介紹 C 語言的歷史和設定開發環境的步驟。

**第 2 章，儲存和敘述**

介紹 C 中的敘述，包括基本 I/O、變數和運算子。

**第 3 章，控制流程**

在這裡，我將介紹分支和迴圈敘述，並更深入地了解變數及其作用域。

**第 4 章，位元和（許多）位元組**

快速回顧資料的儲存。我們會向您展示 C 中處理單一位元和在陣列中儲存大量更大的東西的工具。

**第 5 章，函數**

我會看看如何把您的程式碼分解為可管理的區塊。

**第 6 章，指標和參照**

更進階一點，我建立了更複雜的資料結構，並學習如何把它們傳遞給函數並從函數傳回它們。

**第 7 章，程式庫**

了解如何查找和使用可以幫助您完成常見或複雜任務的流行程式碼。

**第 8 章，真實世界的 C 與 Arduino**

真正的樂趣開始了！我們會設定 Arduino 開發環境並讓一些 LED 閃爍。

第 9 章，較小的系統

　　使用完整的 Arduino 專案來嘗試幾種電子週邊裝置，包括感測器、按鈕和 LCD 顯示器。

第 10 章，更快的程式碼

　　學習一些編寫程式碼的技巧，這些技巧專門用來幫助小型處理器充分利用其資源。

第 11 章，客製化程式庫

　　借助編寫容易，文件說明齊全且與 Arduino 相容之程式庫的提示和技巧來建立您的 C 程式庫技能。

第 12 章，下個下一步

　　嘗試一個快速的物聯網專案，其中包含一些臨別想法和一些關於下一步的嘗試的想法，因為您將繼續提高您的精實程式設計技能。

附錄包括我使用的一些硬體和軟體的便捷連結，以及有關如何下載和配置本書中所展示的 C 和 Arduino 範例的資訊。

## 本書編排慣例

本書使用以下印刷慣例：

斜體（*Italic*）

　　表示新的術語、URL、電子郵件地址、檔名和延伸檔名。（中文使用楷體字。）

定寬（`Constant width`）

　　用於程式列表，以及在段落中參照的程式元素，例如變數或函數名稱、資料庫、資料型別、環境變數、敘述和關鍵字。

定寬粗體（**`Constant width bold`**）

　　顯示命令或其他應由使用者輸入的文字。

定寬斜體（*`Constant width italic`*）

　　顯示應該被使用者提供的值或根據前後文決定的值所取代的文字。

這個元素用來提出一個提示或建議。

這個元素用來提出一個一般性注意事項。

這個元素指出一個警告或警示事項。

# 使用程式碼範例

本書中的許多程式碼範例都非常簡潔，您通常可以從以手動方式來輸入它們這個過程中受益。但這並不總是有趣的事，有時您會想從已知的可行副本開始並修改它的內容。您可以從位於 *https://github.com/l0y/smallerc* 的 GitHub 獲取所有範例的原始碼。附錄 A 提供了有關如何下載程式碼及設定檔案以供您的開發環境使用的詳細說明。

如果您有技術問題或使用程式碼範例的問題，請發送電子郵件至 *bookquestions@oreilly. com*。

本書旨在幫助您完成工作。通常，您可以在您的程式和說明文件中使用本書所提供的範例程式碼。除非您要複製程式碼的重要部分，否則您無須聯繫我們來獲得許可。例如，編寫一個使用本書中的多個程式碼區塊的程式並不需要許可。銷售或散佈 O'Reilly 書籍中的範例確實需要許可。透過引用本書和引用範例程式碼來回答問題並不需要許可。將本書中的大量範例程式碼合併到您的產品說明文件中確實需要許可。

我們會感謝 —— 但非必要 —— 您註明出處。一般出處說明包含了書名、作者、出版商、與 ISBN。例如："Smaller C by Marc Loy (O'Reilly). Copyright 2021 Marc Loy, 978-1-098-10033-9"。

若您覺得對範例程式碼的使用已超過合理使用或上述許可範圍，請透過 *permissions@oreilly.com* 與我們聯繫。

# 致謝

我要感謝 Amelia Blevins 在出版過程中為我指導了又一本書。只有在她透過巧妙的建議來提高我的寫作能力時，才能超越她的專案管理技能。還要感謝 Amanda Quinn 和 Suzanne McQuade 首先幫助我啟動此專案，感謝 Danny Elfanbaum 提供的出色的技術支援。O'Reilly 的所有工作人員都是無與倫比的。

我們的技術審查者帶來了廣泛的專業知識，我無法要求更好的回饋了。Tony Crawford 加強了我對 C 程式碼的討論，我衷心推薦您閱讀他的書：*C in a Nutshell*。Alex Faber 在多個平台上執行了書中的每個範例，並確保我要把程式設計新手放在心中。Eric Van Hoose 讓我的寫作更加清晰，並幫忙聚焦了本書的整體流程。Chaim Krause 在最後一分鐘填補了空缺，並突顯了一些已經在隨後被彌補的不足。

個人感謝我的丈夫 Ron 給予的文字建議和全面的精神支持。Reg Dyck 也提供了一些受歡迎的鼓勵。如果您想真正學習一個主題，請向像 Reg 和 Ron 這樣的朋友和家人解釋。兩位紳士都對程式設計或電子產品沒有太大興趣，但他們友善的問題，幫助我弄清楚了我想在許多困難話題上想闡述的重點。

# 第一章

# C 的基礎知識

C 是一種強大的語言。它是程序性的（procedural）（意味著您使用程序來進行大量的程式設計工作）和編譯的（compiled）（意味著您編寫的程式碼必須使用編譯器來進行翻譯以供電腦使用）。您可以在任何可以編輯文本檔案的地方編寫程序，並且可以編譯這些程序在任何裝置執行，從超級電腦到嵌入式控制器均不例外。這是一種奇妙而成熟的語言 —— 我很高興您在這裡學習它！

C 已經存在了很長一段時間：它是在 1970 年代早期由貝爾實驗室（Bell Labs）的 Dennis Ritchie 開發的。您可能聽說過他是典範的 C 程式設計書籍的作者之一，也就是和 Brian Kernighan 合著的 *The C Programming Language*（Pearson）（如果您在程式設計世界中看到、聽到或讀到「K&R」這個短語，就是指參照該書。）作為一種通例，程序性語言旨在讓程式設計師和會執行他們的程式的硬體保持聯繫，C 在貝爾實驗室以外的學術和產業機構中流行起來，並在越來越多的電腦上執行，而且仍然是一種可用的系統程式設計語言。

像所有語言一樣，C 不是穩定不變的。經過近 50 年的發展，C 經歷了許多變化並催生了大量其他語言。您可以看到它對 Java 和 Perl 等不同語言語法的影響。事實上，C 的一些元素非常普遍，以至於您可以看到它出現在目的是用來表達「任何」語言的虛擬程式碼（pseudocode）範例中。

隨著 C 語言的普及，有必要把它的語法和特性進行組織和標準化。本書的第一部分將關注國際標準化組織（International Organization for Standardization, ISO）所定義的標準 C（Standard C）（*https://oreil.ly/9MDKn*），我們編寫的程式碼將可移植到任何平台上的任何 C 編譯器。本書的後半部分將側重於把 C 與特定硬體（例如 Arduino 微控制器）結合使用。

## 長處和短處

如今，當您考慮使用電腦來解決實際問題時，必須使用高階語言。C 在您可以想到的程式碼和為實際硬體編譯時效能良好的程式碼之間，提供了很好的平衡。C 具有簡單的程式碼結構和大量有用的運算子。（這些特性已經散播到如此多的後續語言中，並讓它成為微控制器上精實程式碼的理想選擇。）C 還為您提供了把問題分解為更小的子問題的空間。您可以將程式碼（還有它那不可避免的錯誤）以作為人類的方式來推論 —— 這是一件很方便的事情。

不過，C 確實有它的缺點。C 沒有一些目前在其他語言中可用的更進階的特性，例如 Java 的自動記憶體垃圾收集（garbage collection）。許多現代語言以犧牲一點效能為代價，對程式設計師隱藏了大部分這些細節。C 語言要求您在如何配置和管理記憶體等資源時更加謹慎，有時這個要求會讓人覺得乏味。

C 還允許您編寫一些非常令人印象深刻的錯誤。它沒有型別安全或者根本沒有任何安全檢查。同樣的，作為一名程式設計師，這種不干涉的作法意味著您可以編寫真正在硬體上執行時聰明又有效率的程式碼。這也意味著，如果您遇到問題時，您必須自行查找並解決問題。（像語法檢查器（linter）和除錯器（debugger）這樣的工具會有所幫助；我們肯定會一直關注這些。）

## 入門

那麼我們如何開始呢？和任何編譯語言一樣，我們首先需要一個包含了一些有效的 C 指令的檔案。然後我們需要一個可以翻譯這些指令的編譯器（compiler）。使用具有正確內容的檔案並適用於您自己的硬體的編譯器，您可以在幾分鐘內執行一個 C 程式。

如果您曾經花時間在學習任何電腦語言，您可能對「Hello, World」程式的概念很熟悉。這是一個非常簡單的想法：建立一個可以一次性證明幾件事的小程式。它證明了您可以用該語言來編寫有效的程式碼。它證明了您的編譯器或直譯器（interpreter）運作正常。它還證明了您可以產生可見的輸出，事實證明這對人類來說非常方便。讓我們開始吧！

# 所需工具

今日，人們使用電腦來完成大量任務。遊戲和串流影片等娛樂活動所佔用的 CPU 時間和企業生產力工作甚至是應用程式的開發一樣多（如果沒有更多的話）。而且由於電腦被用在消費上和被用在生產一樣多，因此很少有系統會配備執行應用程式開發等工作所需的工具。令人高興的是，這些工具是免費提供的，但您必須自己去獲取它們，然後把它們設定成可以在您的系統上工作。

正如我之前提到的，本書的重點是編寫乾淨、有效率的 C 程式碼。在我們的範例中，我會注意避免使用過於聰明的樣式。我也努力確保範例不會依賴特定的編譯器或特定的開發平台。為此，我將會使用任何軟體開發所需的最小設定：一個好的編輯器和一個好的編譯器[1]。

如果您習慣在線上搜尋軟體並想直接投入其中，我們將會安裝來自 Microsoft 的 Visual Studio Code（*https://oreil.ly/kXf3h*）（通常只說「VS Code」）來作為我們的編輯器以及來自 GNU Foundation 的 GNU 開發人員工具（GNU developer tools）（*https://oreil.ly/xclHh*）來處理編譯。後面會有更多的連結和詳細資訊，但如果您自己安裝了這些工具，或者如果您已經擁有自己熟悉的編輯器和編譯器，請隨意跳至第 15 頁的「建立 C 的 'Hello, World'」。

## Windows

Microsoft Windows 擁有桌上型電腦市場的最大佔有率。如果您想只為一個系統編寫程式，Windows 會為您帶來最大的收益。但這意味著您會在幫助您編寫這些程式的軟體中發現更多的競爭者。Windows 的商用開發人員應用程式比任何其他平台都多。幸運的是，其中許多應用程式都有一個免費或「社群」版本，足以滿足我們的目的。（當我們在本書的第二部分談到 Arduino 時，我們會研究一些特定於 Arduino 的工具，包括編譯器。）

如果不提及 Microsoft 的 Visual Studio IDE（Integrated Development Environment，整合開發環境），就無法談論 Windows 和軟體開發。如果您想為 Windows 本身建構應用程式，那麼您很難擊敗 Visual Studio。它們甚至為學生和個人開發者提供社群版。雖然我不會針對本書中的範例討論這兩個版本，但 Visual Studio 是一個非常適合 Windows 使用者的 IDE，並且可以輕鬆地處理我們的程式碼。（不過，我會在三個主要平台上使用一個名為 Visual Studio Code 的近親，來作為我們的編輯器。）

---

[1] 嗯，「任何」是非常廣泛的；如果您的語言是直譯型語言，那麼您當然需要一個好的直譯器而不是一個好的編譯器！

另一個流行的商用 IDE 是 Jetbrains 的 CLion（*https://oreil.ly/E1Oxh*）。CLion 也是跨平台的，因此您可以輕鬆地在不同的作業系統之間移動，並且仍然感覺很有生產力。如果您有使用 Jetbrains 的任何其他優質應用程式的經驗，CLion 可能是開始編寫和除錯 C 程式碼的熟悉方式。

還有無數其他的文本編輯器，每個都有一些優點和缺點。雖然特定於程式設計的編輯器會具有一些方便的功能，可以讓您更輕鬆地閱讀和除錯程式碼，您依然可以使用內建的記事本應用程式之類的工具。

**Windows 上的 GNU 工具**。在 Windows 上，從 GNU 安裝 GCC 工具可能會有點乏味。沒有快速、友善的安裝程式[2]。您可以找到各種二進位套件（*https://oreil.ly/atDoI*）來提供我們所需的大部分工具，但您仍然需要費心下載 GNU 編譯器子套件，然後配置您的 Windows 環境。

我們會安裝 Cygwin 環境來獲取我們的 Windows 版本的 GCC。Cygwin 是一個更大的工具和實用程式集合，它為 Windows 使用者提供了一個很好的 Unix 殼層（shell）環境。但是「很好」是相當主觀的，如果您不了解 Unix 或其衍生產品，例如 Linux 或現代 macOS，您可能無法使用該集合的其他工具。

擷取 Cygwin 安裝程式（*https://oreil.ly/Loj7l*）可執行檔案。下載完成後，請繼續並啟動它。您可能需要「允許下列來自不明發行者的程式變更這部電腦」。您可以嘗試「從網際網路安裝（Install from Internet）」選項，但如果遇到任何問題，請返回並使用「下載產品而不安裝（Download Without Installing）」選項。您仍然需要執行套件選擇步驟，但下載完成後，您可以再次執行此安裝程式並選擇「從本地目錄安裝（Install from Local Directory）」選項，並使用您下載了所有套件的那個資料夾。

請繼續接受安裝程式提出的任何問題的預設設定。當您進入鏡像（mirror）選擇頁面時，如果您能識別出您認識的大學或企業，請使用離您很近的鏡像站。否則，任何鏡像都應該可以 —— 但如果您在下載時遇到任何問題，可以返回並選擇不同的鏡像站。

在「Select Package」畫面上，您確實需要進行額外的選擇，因為預設情況下不會包括 gcc。把「View」下拉選單切換為「Full」，然後輸入「gcc」作為搜尋詞。您需要如圖 1-1 中突出顯示的「gcc-core」套件。任何可用的版本都足以滿足我們的需求。在撰寫本文時，我們選擇了最新的 gcc-core 版本，也就是 10.2.0-1。

---

[2] 然而，J. M. Eubank 已經完成了單檔案安裝程式的工作，如果進行更完整設定的一般步驟看起來很繁瑣，您可能會想看一下：tdm-gcc（*https://oreil.ly/RWJcB*）。

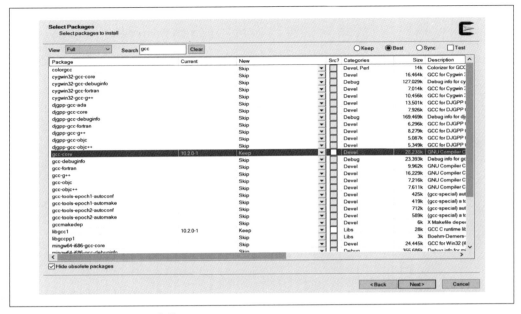

圖 1-1　選擇 Cygwin GCC 套件

在「Review」頁面上確認您的選擇並開始下載！下載和安裝所有內容可能需要一點時間，但您最終應該會到達「Finish」畫面。如果您想使用類似 Unix 的命令提示符（command prompt），您可以添加桌面圖示，但我們即將要做的工作並不需要它。但是，需要的是一個額外的步驟來把 Cygwin 工具添加到 Microsoft 的命令提示符中。

您可能希望在線上搜尋一些能夠建立和編輯 Windows 環境變數的指引，但這裡是一些基礎知識。（如果您以前做過此類事情，請隨意跳到 Cygwin 資料夾選擇部份，然後把它放在您的路徑中。）

在「開始」功能表中，搜尋「env」，您應該很快會在頂部看到一個編輯系統環境變數（edit the system environment variables）的選項，如圖 1-2 所示。

「系統內容（System Properties）」對話框應該會打開，您要單擊右下角附近的「環境變數…（Environment Variables…）」按鈕，如圖 1-3 所示。

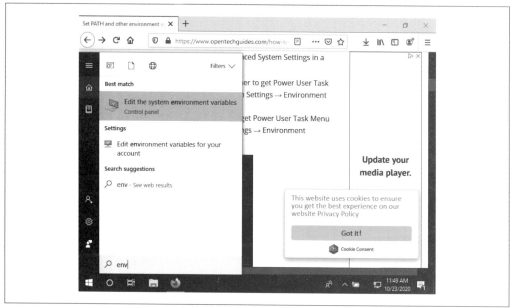

圖 1-2　在 Windows 中查找環境變數編輯器

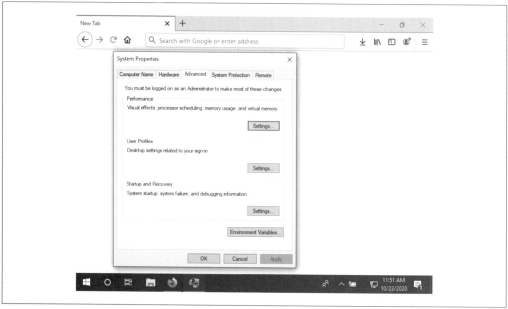

圖 1-3　Windows 中的「系統內容」對話框

您可以只設定您的路徑或在系統範圍內設定它。突出顯示要更新的 PATH 條目，然後單擊「編輯（Edit）」。接下來，單擊「編輯環境變數（Edit environment variables）」對話框中的「新增（New）」按鈕，然後單擊「瀏覽（Browse）」按鈕以導航到 Cygwin *bin* 資料夾，如圖 1-4 所示。（如果您還記得為 Cygwin 安裝程式選擇用來放置所有內容的根資料夾的話，當然也可以直接輸入它。）

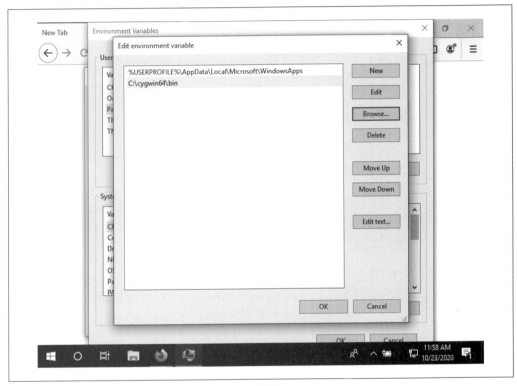

圖 1-4　把 Cygwin bin 資料夾添加到 Path 環境變數

選擇「確定（OK）」按鈕來關閉每個對話框，您應該已經設定好了！

關於編輯器，您可以在 Visual Studio 網站上找到 VS Code（*https://oreil.ly/27eCl*）。根據您的系統不同，您很可能需要 64 位元或 32 位元的使用者安裝程式版本 [3]。

---

3　如果您不確定您使用的是 64 位元還是 32 位元版本的 Windows，請查看 Microsoft 常見問題解答。

使用圖 1-5 所示的「延伸模組（Extensions）」視圖來獲取 C/C++ 延伸模組。您可以只搜尋簡單的字母「c」，但您也可能會立即在「熱門（Popular）」列表中看到延伸模組。請繼續並單擊延伸模組的綠色小「安裝（Install）」按鈕。

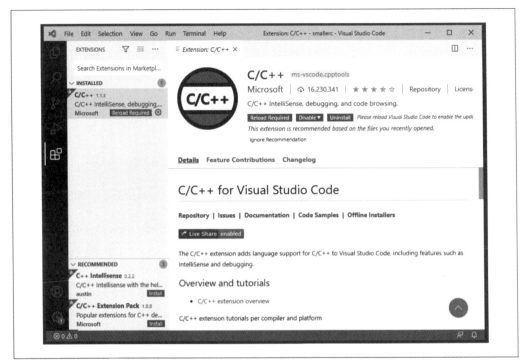

圖 1-5　VS Code 中的 C 延伸模組

讓我們測試來自這些 Cygwin 工具程式中的 GCC 工具（您可能需要重新啟動 Visual Studio Code 才能識別您的 Cygwin 工具。）。從「檢視（View）」選單中，選擇「終端（Terminal）」選項。「終端機（Terminal）」頁籤（tab）應該會在底部開啟。您可能需要按 Enter 鍵才能獲得提示符。在提示符下執行 `gcc --version`。希望您會看到類似於圖 1-6 中的輸出。

您應該會看到和您在安裝 Cygwin 時所選擇的軟體套件相匹配的版本號碼。如果的確如此，萬歲！請跳到第 15 頁「建立一個 C 的 'Hello, World'」，開始您的第一個 C 程式。如果您沒有看到任何輸出或收到「未識別（not recognized）」錯誤，請查看設定 Windows 環境變數的步驟。和以往一樣，在線上搜尋您看到的特定錯誤，可以幫助您解決大多數安裝和設定問題。

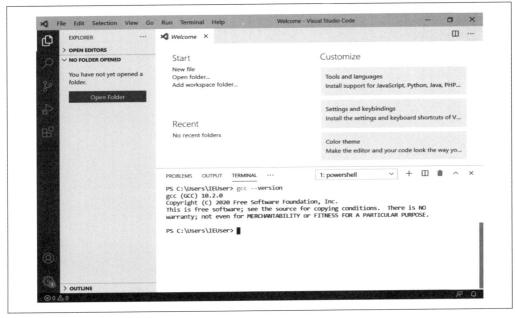

圖 1-6　在終端機頁籤中測試 GCC

## macOS

如果您主要是使用圖形化應用程式和工具，您可能不了解 macOS 的 Unix 基礎知識。儘管您通常對這些基礎知識一無所知，但了解一些有關怎麼用命令提示符來導航世界的知識還是很有用的。我們會使用 Terminal 應用程式來下載和安裝 GCC，但只限於 Windows，值得注意的是，Apple 的官方開發工具 Xcode 可用於編寫和編譯 C 程式碼。幸運的是，我們並不需要所有的 Xcode 來使用 C，所以我們會堅持最低限度的使用。

Terminal 應用程式位於 Application → Utilities 資料夾中。請前往開啟它。您應該會看到類似於圖 1-7 的內容。

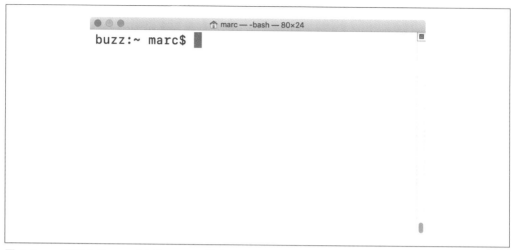

圖 1-7　一個基本的 macOS Terminal 視窗

如果您已經擁有主要的 Apple 程式設計應用程式 Xcode，您可以快速檢查 GCC 是否也可用。請嘗試執行 **gcc -v**：

```
$ gcc -v
Configured with: --prefix=/Library/Developer/CommandLineTools/usr --with...
Apple clang version 11.0.3 (clang-1103.0.32.62)
Target: x86_64-apple-darwin19.6.0
Thread model: posix
InstalledDir: /Library/Developer/CommandLineTools/usr/bin
```

精確的版本並不那麼重要。我們只是想確保 GCC 實際上是可用的。如果沒有的話，您將需要安裝 xcode-select 命令行工具，該工具會帶入 GCC。輸入 **xcode-select --install** 並按照提示來進行操作。有一個對話框會詢問您是否要安裝命令行工具；請選是，您就可以上路了。

安裝完成後，繼續執行 **gcc -v** 命令以確保您擁有了編譯器。如果您沒有得到良好的回應，您可能需要存取 Apple 的開發者支援網站（*https://oreil.ly/JyXV8*）並搜尋「命令行工具（command-line tools）」。

在 macOS 上安裝 VS Code 要簡單得多。訪問 Visual Studio 網站上相同的 VS Code 下載（*https://oreil.ly/kUgwI*）網頁。選擇 macOS 下載。您應該在標準下載資料夾中收到一個 ZIP 檔案。雙擊該檔案來把它解壓縮，然後將生成的 *Visual Studio Code.app* 檔案拖曳到您的 *Applications* 資料夾中。如果系統提示您輸入密碼以把應用程式移至 *Applications*，請立即提供。

重新定位後，繼續並開啟 VS Code。我們要添加 C/C++ 延伸模組，然後檢查我們是否可以從「終端機（Terminal）」頁籤存取 GCC。

透過單擊圖 1-8 中所示的「方塊」圖示，在 VS Code 中拉出「延伸模組（Extensions）」面板。您可以搜尋簡單的字母「C」，並可能會在結果的頂部找到正確的延伸模組。

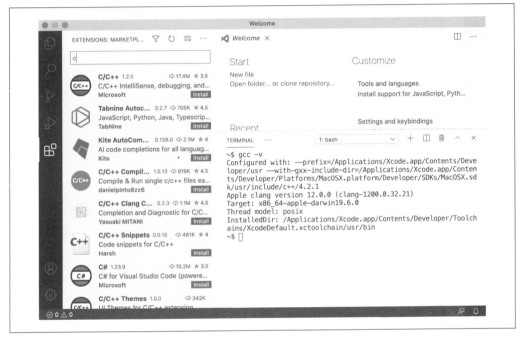

圖 1-8　VS Code 延伸模組

要試用「終端機（Terminal）」頁籤，請從「視圖（View）」→「終端（Terminal）」選單項目中打開它。您應該會在編輯器空間的底部看到一個新區段。繼續嘗試在該新區域中執行我們的 GCC 檢查命令（**gcc -v**）。您應該會看到類似於圖 1-9 的結果。

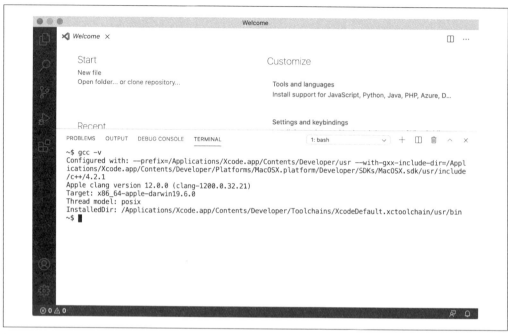

圖 1-9　在 macOS 上的 VS Code 中嘗試 GCC

同樣的，如果執行 gcc 命令沒有得到預期的結果，請查看 Apple 的開發者網站。您還可以在線上找到一些影片教程，這些影片教程可以幫助您進行特定的設定。

## Linux

許多 Linux 系統都是面向那些從事程式設計的人。您可能已經有 GCC 可用了。您可以透過啟動 Terminal 應用程式並執行在其他作業系統上使用的相同檢查來進行快速檢查。如果 gcc -v 傳回了一個答案 —— 當然不是「Command not found」—— 那麼您就可以開始下載 VS Code 了。如果需要安裝 GCC，可以使用平台上的套件管理器。您可能有一個漂亮的圖形化應用程式來處理這些事情；查找「開發工具（developer tools）」或「軟體開發（software development）」，然後閱讀說明以查看是否包含了 GCC 或 GNU 工具程式。

對於 Debian/Ubuntu 系統，您可以獲取包含 GCC 以及許多其他有用（或必需）程式庫和工具的 build-essential 元套件：

```
$ sudo apt install build-essential
```

對於 Redhat/Fedora/CentOS 系統，可以使用 Dandified Yum（dnf）工具。我們在本書中的工作只需要 GCC：

```
$ su -
# dnf install gcc
```

但如果您對軟體開發的總體上感到好奇，您可能想要獲取「Development Tools」群組套件，其中包括了 GCC 以及許多其他精巧的東西：

```
$ su -
# dnf groupinstall "Development Tools"
```

Manjaro 是另一個基於 Arch Linux 的流行 Linux 發行版。您可以在此使用 pacman 工具：

```
$ su -
# pacman -S gcc
```

如果您有其他不使用 apt、dnf 或 pacman 的 Linux 版本，您可以輕鬆地搜尋「install gcc **my-linux**」或使用系統套件管理器的搜尋選項來查找「gcc」或「gnu」。

作為 Linux 使用者，您可能已經有一些使用文本編輯器來編寫殼層腳本或其他語言的經驗。如果您已經對您的編輯器和終端機感到滿意，這部分您可以快轉。但是，如果您是程式設計新手或沒有最喜歡的編輯器，請繼續安裝 VS Code。存取 Visual Studio 網站上和其他作業系統相同的 VS Code 下載（*https://oreil.ly/ptJFA*）網頁。獲取適合您系統的軟體套件。（如果您的 Linux 版本不使用 *.deb* 或 *.rpm* 檔案，您可以獲取 *.tar.gz* 版本。）

雙擊您下載的檔案，系統會提示您進行標準安裝。如果您要為所有使用者安裝 VS Code，可能會要求您輸入管理密碼。不同的發行版會把 VS Code 放在不同的位置，不同的桌面有不同的應用程式啟動器（launcher）。您也可以使用 code 命令來從命令行啟動 VS Code。

和其他作業系統一樣，我們要添加 C/C++ 延伸模組，然後檢查是否可以從「終端機（Terminal）」頁籤中存取 GCC。

透過單擊圖 1-10 中所示的「方塊」圖示，在 VS Code 中拉出「延伸模組（Extensions）」面板。您可以搜尋簡單的字母「C」，可能會在結果的頂部找到正確的延伸模組。

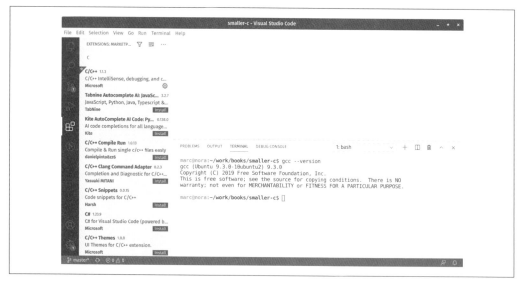

圖 1-10　Linux 上的 VS Code 延伸模組

要試用「終端機（Terminal）」頁籤，請從「視圖（View）」→「終端（Terminal）」選
單項目中開啟它。您應該會在編輯器空間的底部看到一個新區段。繼續嘗試在該新區域
中執行我們的 GCC 檢查命令 （**gcc -v**）。您應該會看到類似於圖 1-11 的（冗長且略顯
凌亂的）結果。

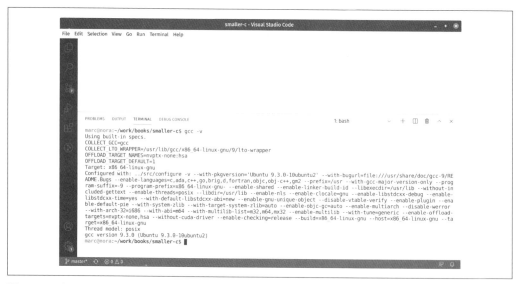

圖 1-11　在 Linux 上的 VS Code 中嘗試 GCC

太棒了！萬歲！希望您現在有一個已經啟動並執行的簡單的 C 開發環境。我們去寫一些程式碼吧！

## 建立一個 C 的「Hello, World」

有了您的編輯器和編譯器之後，我們就可以試用許多開發人員會用任何新語言來編寫的廣受好評的第一個程式：「Hello, World」程式。它旨在展示您可以用新語言來編寫有效的程式碼，並且可以輸出資訊。

C 作為一種語言是可以很簡潔的。在第一個程式中，我們將深入了解分號、大括號、反斜線和其他奇怪符號的所有細節，但現在，逐字地複製這一小段程式碼。您可以在 VS Code 中建立一個新檔案，方法是在左側的檔案總管（Explorer）中單擊滑鼠右鍵、或者使用檔案 → 新增檔案選單項目、或者按 Ctrl+N。

```
#include <stdio.h>

int main() {
  printf("Hello, world\n");
}
```

儲存檔案並把它命名為 *hello.c*。我們還會繼續並在 VS Code 中開啟終端機（使用檢視（View）→ 終端（Terminal）選單項目或 Ctrl+`）。您應該會看到類似於圖 1-12 的內容。

圖 1-12　「Hello, World」和我們的終端機頁籤

如果您已經認識其他語言，那麼您可能會猜到發生了什麼事。不管怎樣，讓我們花點時間來回顧一下每一行。但是，如果其中一些解釋讓您感覺不透明，請不要擔心。學習程式設計需要大量的練習和耐心。後面的章節會幫助您加強這兩種技能。

```
#include <stdio.h>
```

此行會載入「標準輸入／輸出」程式庫（*library*）的標頭檔案（*header file*）。程式庫（粗略地說）是外部的程式碼片段，可以在您執行 gcc 時附加到您自己的程式碼中。標頭檔案是對這些外部實體的簡潔描述。對一個非常常見的程式庫裡的非常流行的部分來說，這是一行非常常見的程式碼。除了別的之外，此標頭包含了我們用來獲取實際輸出的 printf() 函數的定義。幾乎您編寫的每個 C 程式都會使用它。這一行始終會位於檔案的頂部，儘管正如我們將在第 6 章中看到的那樣，您經常會使用多個程式庫，而每個程式庫都有自己的標頭檔案的 #include 行。

```
int main() {
```

複雜的程式可以有幾十個（甚至成百上千個）單獨的 C 檔案。把大問題分成更小的部分是成為一名優秀程式設計師的基本。這些較小的「部分」更易於除錯和維護。它們還傾向於幫助您找到重複的任務，讓您可以重用已經編寫的程式碼。但是，無論您有一個大而複雜的程式，還是一個小而簡單的程式，您都需要從某個地方開始。這一行就是那個起點。main() 函數始終是必需的，儘管它有時看起來有些不同。我們在第 2 章中會處理您在此行開始所看到的 int 型別（*type*），並在第 5 章更仔細地研究函數。但請注意行尾的 {。該字元會開啟一個程式碼區塊（*block*）。

```
printf("Hello, world\n");
```

這個敘述是我們程式的核心。不那麼浪漫地說，它代表了我們的 main() 函數區塊的主體（*body*）。區塊會包含一行或多行程式碼（在 C 語言中）並由大括號來圈圍，我們經常把任何區塊的內容稱為它的主體。這個特殊的主體做了一件事：它使用 printf() 函數（同樣是在 *stdio.h* 中定義）來產生一個友善的全球性問候語。我們將在第 34 頁的「printf() 和 scanf()」中更詳細地介紹 printf() 和「Hello, world\n」片段。

我還想快速突顯行尾的分號的重要性。那一小個標點符號會告訴 C 編譯器您已經完成了一個敘述（statement）。這個標記在這裡沒有多大意義，因為我們的區塊中只有一個敘述，但是當我們有更多的敘述和凌亂到跨越好幾行的敘述時，它會有所幫助。

最後但同樣重要的是，這裡是和兩行前的「左」大括號相匹配的「右」大括號：

```
}
```

每個區塊都有這些左 / 右大括號。程式設計中最常見的錯誤之一，是有太多的左大括號或右大括號。令人高興的是，大多數現代編輯器都有花俏的語法突出顯示功能，可以幫助您匹配任何一對大括號（從而識別出任何沒有另一半的大括號）。

## 編譯您的程式碼

現在我們終於可以讓那些令人頭疼的軟體安裝開始使用了！請在「終端機（Terminal）」頁籤中，執行以下命令：

```
gcc hello.c
```

如果一切順利的話，您將看不到任何輸出，只有一個新的命令提示符。如果確實出了問題，您會收到一則錯誤訊息（或許多訊息），希望能指出您需要修復的問題。當我們遇到更多範例時，我們會看到除錯技巧，但是現在，回顧一下您的程式碼和上面的範例，看看您是否可以發現任何不同。

如果您仍然無法處理第一個檔案，請不要放棄！查看附錄 A，從 GitHub 下載本書的範例程式碼。您可以按原樣來編譯和執行程式碼，或者使用我們的範例作為您自己的調整和修改的起點。

## 執行您的程式碼

在成功編譯了我們的第一個 C 程式之後，我們該如何測試它呢？如果列出目錄中的檔案，您會注意到在 Linux 和 macOS 系統上有一個名為 *a.out* 的新檔案，在 Windows 系統上則名為 *a.exe*。要執行它，只需鍵入它的名稱即可。在許多 Linux 和 macOS 系統上，您的可執行檔路徑可能不包括您的工作目錄。在這種情況下，請使用本地端路徑字首（prefix）「./」。（句點表示目前的目錄；斜線只是標準路徑分隔字元。）圖 1-13 展示了輸出。

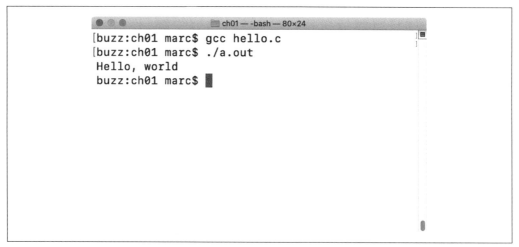

圖 1-13　在 macOS 和 Linux 上打個招呼

圖 1-14 展示了 Windows 上的輸出。

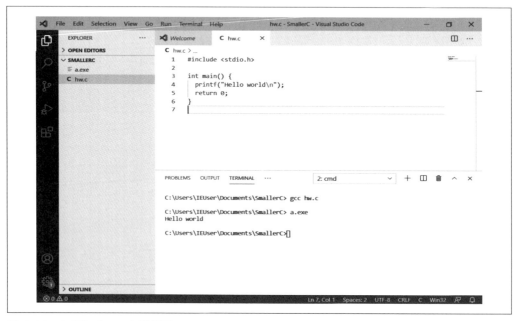

圖 1-14　在 Windows 上打招呼

在 Windows 上，*.exe* 字尾（suffix）會把檔案標記為可執行檔案。但是，執行程式時不需要包含字尾。您可以只輸入 **a**。根據使用的命令提示符應用程式（例如 cmd 或 PowerShell），您可能還需要使用類似於 macOS 或 Linux 的本地目錄字首（**.\**）。

不過，作為一個名稱，用「a」是很無聊的，而且它絕對無法告訴我們程式的作用為何。如果您願意的話，可以使用 gcc 命令的 -o（輸出）選項，為您的程式指定一個更好的名稱。

在 Linux 和 macOS 上：

```
$ gcc hello.c -o hello
```

在 Windows 上：

```
C:\> gcc hello.c -o hello.exe
```

請嘗試該命令，然後查看資料夾中的檔案。您應該會有一個可以執行的新生成的 *hello*（或 *hello.exe*）檔案。這樣好多了。

---

### 發布您的程式碼

您讓一個功能齊全的 C 程式完成編譯並準備接管世界！您要如何讓別人執行您的程式碼呢？不幸的是，這個問題的答案很混亂。如果您想要和那些與您在類似硬體上執行相同的作業系統的人共享您的 *a.out* 或 *hello.exe* 檔案的話，您只需要把程式複製到他們的機器上即可。但是，如果您在 Windows 機器上編譯了 *hello.exe* 並希望和 macOS 使用者共享它，那麼您就沒那麼走運了。我們已經編譯了一個原生（native）應用程式。原生應用程式可以從您的硬體中獲得最佳效能，但您要付出的代價，是在您每個想要支援的平台上都需要不同的編譯版本（有時稱為「二進位檔（binary）」）。

不過，您當然可以分享您的原始碼（source code）！如果您透過電子郵件來把 *hello.c* 檔案從 Windows 發送到 Linux，或者從 macOS 發送到 Windows，或者從 Ubuntu 發行版發送到 Arch，收件人可以設定自己的開發環境並編譯您的程式碼。

---

# 下一步

呼⋯⋯要讓您的電腦打個招呼需要付出很多努力！如果以下這件事能讓您輕鬆點，那麼要知道人類需要花費數萬年的時間，才能讓第一台電腦完成您剛剛所做的事情。:) 但是現在我們已經有了一個可以運作的開發環境，接下來的章節會探索 C 語言的細節，並向您展示如何編寫、除錯和維護更多有趣的程式。微控制器（microcontroller）是小型電腦的流行術語，通常用於報告當前溫度或計算輸送帶上等待的箱子數量等專用任務，我們會把這些有趣的程式變成有趣的實際創作！

# 第二章

# 儲存和敘述

程式設計的本質是對資料的操作。程式設計語言為人類提供了一個介面,用於告訴電腦該資料是什麼,以及您想對該資料做什麼。為了強大的機器所設計的語言可能會隱藏(或推斷)很多關於儲存資料的細節,但 C 在這方面仍然相當簡單。也許用簡單這個詞是錯誤的,但它的資料儲存方法相當直接,但同時仍然允許複雜的操作。正如我們將在第 6 章中看到的,C 還為程式設計師提供了一扇窗戶,可以了解資料在電腦記憶體中的儲存位置。當我們在本書後半部分開始直接使用微控制器時,這種存取將變得更加重要。

不過現在,我想解決 C 語法的一些基礎知識,以便我們可以開始編寫原始程式,而不僅僅是從書中複製程式碼行。這一章有很多這樣的程式碼行,我們非常鼓勵您在閱讀時複製它們!但希望我們能夠讓您為您自己的程式設計挑戰創造出新穎的答案。

 如果您已經有另一種語言的經驗而對程式設計感到滿意,請隨意瀏覽本章。您應該閱讀第 34 頁上有關 printf() 和 scanf() 函數的「printf() 和 scanf()」小節,但其他小節也可能很相似。

## C 中的敘述

您會聽到的另一個作為程式設計的基本元素概念是*演算法*(*algorithm*)的概念。演算法是在電腦上處理資料並通常會完成任務的指令集。演算法的一個經典類比是廚房的食譜。給定一組原料,食譜是您把這些原料變成蛋糕之類的東西的個別步驟。在程式設計中,那些「個別步驟」就是敘述(statement)。

在 C 中，敘述有多種形式。在本章中，我將介紹宣告（declaration）敘述、初始化（initialization）敘述、函數呼叫（function call）和註解（comment）。後面的章節會處理控制敘述和不完全像敘述的敘述，例如建立您自己的函數和前置處理器（preprocessor）命令。

## 敘述分隔字元

敘述之間使用分號來分隔。C 語言中的分號和英語中的句點非常相似。英語中的長句子可能會跨越好幾行，但您知道應該要繼續下去，直到看到句號為止；同樣的，您可能會在一行中把幾個短句子組合在一起，但您可以根據這些句點輕鬆地區分它們。您可能會很容易忘記敘述末尾的分號。如果每個敘述都佔了一行，那麼我們很容易就會假設編譯器「看到」了那種人類可以輕鬆識別的相同結構。不幸的是，編譯器並不能。即使用了第 15 頁「建立 C 的 'Hello, World'」中我們的第一個非常簡單的程式，我們用來在終端機視窗中印出一些文字的那個敘述，也需要以分號結尾。如果您好奇的話，請嘗試刪除該分號、儲存您的檔案，然後重新編譯它。您最終會得到這樣的東西：

```
$ gcc hello.c
hello.c:4:27: error: expected ';' after expression
  printf("Hello, world\n")
                         ^
                         ;
1 error generated.
```

可惡，有一個錯誤。但至少錯誤資訊是有用的。它告訴我們兩件關鍵的事情：出了什麼問題（「expected ';' after expression」）以及編譯器在哪裡發現問題（「hello.c:4:27」，也就是 *hello.c* 檔案的第 4 行、第 27 欄）。我不想在您探索 C 的早期就用錯誤訊息來嚇跑您，但您肯定會遇到它們很多次。令人高興的是，這只是意味著您需要仔細查看原始碼，然後再試一次。

## 敘述流

分隔字元告訴編譯器一個敘述在哪裡結束，下一個會從哪裡開始。這個順序也很重要。敘述流是從上到下，如果多個敘述在同一行時是從左到右。並且多個敘述是絕對被允許的！我們可以快速擴展我們簡單的「Hello, World」程式，讓它更加冗長。

如果您有時間和精力，我強烈建議您手動轉錄原始碼。這將為您提供
更多 C 語法的練習。您會經常犯一兩個錯誤。發現並糾正這些錯誤是
學習的好方法！即使這些錯誤有時會讓人有點沮喪。

考慮以下程式 *ch02/verbose.c*（*https://oreil.ly/wqnYC*）：

```c
#include <stdio.h>

int main() {
  printf("Ahem!\n");                               ❶
  printf("May I have your attention, please?\n");  ❷
  printf("I would like to extend the warmest of\n"); ❸
  printf("greetings to the world.\n");
  printf("Thank you.\n");
}
```

❶ 我們從一個和我們在 *hello.c* 中所使用的敘述非常相似的敘述開始。唯一真正的區別
是我們印出的文字。請注意，我們會以分號分隔字元來結束該行。

❷ 我們有和第一個 `printf()` 敘述類似的第二個敘述。它確實會第二個執行。

❸ 只是為了充分表達想法，第三個敘述會在前兩個敘述之後呼叫。最後兩個呼叫將在
此呼叫之後進行。

這是我們簡單的多行升級版本的輸出：

```
$ gcc verbose.c
$ ./a.out
Ahem!
May I have your attention, please?
I would like to extend the warmest of
greetings to the world.
Thank you.
```

不錯。您可以看到輸出是如何精確地遵循我們程式中敘述的順序。請嘗試切換它們的順
序，並自己確認程式的流程是從上到下的，或者嘗試把兩個 `printf()` 呼叫放在同一行。
這並不是要整您。我只是希望您盡可能多地練習編寫、執行和編譯程式碼。您嘗試的範
例越多，您就越能避免簡單的錯誤，並且越容易遵循新的程式碼範例。

# 變數和型別

當然,我們可以做的不僅僅是印出文字。我們還可以在實作演算法或執行任務時儲存和操作資料。在 C(以及大多數語言)中,您會把資料儲存在變數(*variable*)中,這是解決問題的強大工具。這些變數具有型別(*type*),這些型別決定了您可以儲存哪些類型的資料。這兩個概念都在我提到的兩種敘述型式中佔有重要地位:宣告和初始化。

變數是值的佔位符。變數可以儲存簡單的值,例如數字(班上有多少學生?我的購物車中物品的總成本是多少?)或更複雜的東西(這個特定學生的名字是什麼?每個學生的成績是多少?甚至是一個實際的複數值,例如 −1 的平方根)。變數可以儲存從使用者那裡收到的資料,它們允許您編寫可以解決一般性問題的程式,而無須重寫程式本身。

# 獲取使用者輸入

我們很快就會探索定義和初始化變數的細節,但讓我們首先以獲取一些輸入來為使用者建立動態的輸出,而不用每次都重新編譯程式的這個想法來進行。我們將回到我們的「Hello, World」程式並稍微升級一下。我們可以要求使用者提供他們的名字,然後直接和他們打招呼!

到目前為止,您已經看到了一個輸出敘述,也就是我們用來問候世界的 `printf()` 函數呼叫。還有一個對應的輸入函數:`scanf()`。您可以使用列印 / 掃描(print/scan)配對來提示使用者,然後等待他們輸入答案。我們再把該答案儲存在一個變數中。如果您用其他語言做過一些程式設計,接下來的程式應該看起來很熟悉。如果您是程式設計和 C 的新手,程式列表可能有點密集或奇怪 —— 沒關係!輸入這些程式並在修正任何錯誤後,讓它們執行是一種有用的學習方式。

 很多程式設計只是深思熟慮的抄襲。這是一個小笑話,但不完全是笑話。您開始的方式很像人類學習口語的方式:重複您看到(或聽到)的東西,而不必理解它的一切。如果您重複進行足夠多次,您就會發掘語言中固有的樣式,並了解您可以在哪裡進行有用的更改。做足這些有用的更改,您就會發現如何從頭開始創造新的、有意義的東西。這就是我們的目標。

這個 *ch02/hello2.c*(*https://oreil.ly/OrUqu*)程式,只是另一個您在開始程式設計發掘路徑時可以複製的一小段程式碼:

```c
#include <stdio.h>

int main() {
  char name[20];

  printf("Enter your name: ");
  scanf("%s", name);
  printf("Well hello, %s!\n", name);
}
```

希望這個程式的結構看起來很熟悉。我們包含了我們的標準 I/O 程式庫、我們有一個 main() 函數、該函數有一個主體、在一對大括號中包含多個敘述。但是，該主體包含幾個新的項目。讓我們看看每一行。

```c
  char name[20];
```

這是我們宣告變數的第一個範例。變數的名稱就是「name」。它的型別是 char，這在 C 中指的是單一（ASCII）字元[1]。它也是一個陣列（*array*），意味著它按順序儲存了多個 char 值。在我們的範例中，可以儲存 20 個這樣的值。第 4 章中有更多關於陣列的介紹。現在，請注意這個變數可以保留一個人的名字，只要它少於 20 個字元。

```c
  printf("Enter your name: ");
```

這是一個相當標準的 printf() 呼叫 ── 和我們在第 15 頁的「建立 C 的 'Hello, World'」中的第一個程式中使用的非常相似。唯一有意義的差別是雙引號組中的最後一個字元。如果您查看 *hello.c* 或 *verbose.c*，您會注意到最後兩個字元是反斜線和字母「n」。這兩個字元（\n）的組合表示單一「換行（newline）」字元。如果在末尾添加了 \n，則會列印一行，隨後對 printf() 的任何呼叫都會在下一行進行。相反的，如果省略 \n，終端機中的游標（cursor）會停留在目前這行。如果您想做一些事情，比如列印一張表格，但一次只列印表格的一個單元格（cell），這會很方便。或者像在我們的案例中，如果您想提示使用者輸入一些內容，然後允許他們在和問題相同的那行上輸入他們的回答。

```c
  scanf("%s", name);
```

---

1　雖然在 90 年代 C 添加了一些對寬字元的支援，但 C 通常不能很好地處理更流行的 UTF 字元編碼，例如 UTF-8、UTF-16 等。這些編碼允許使用多位元組字元，而 C 的 char 型別在建構時只考慮了單位元組。（有關型別的更多資訊，請參見第 27 頁的「字串和字元」。）如果您使用國際或本地化文本，您需要研究一些程式庫來提供幫助。雖然我不會詳細介紹本地化，但我會在第 7 章中更深入地介紹程式庫。

這是我在本節開頭提到的新功能。scanf() 函數會「掃描」字元並把它們轉換為 C 的資料型別，例如數字，或者在本例中為字元陣列。轉換後，scanf() 會期望把每個「事物」儲存在一個變數中。那麼，在這一行中，我們正在掃描一堆字元，並把它們儲存在我們的 name 變數中。我們會在第 34 頁的「printf() 和 scanf()」中，看看括號內那個具有非常奇怪的語法的東西。

```
printf("Well hello, %s!\n", name);
```

最後，我們要列印我們的問候語。同樣的，這看起來應該很熟悉，但現在我們有了更奇怪的語法。如果 %s 像呼叫 scanf() 時一樣吸引了您的注意，恭喜！您剛剛發現了一個非常有用的樣式。這對字元正是 C 在列印或掃描字元陣列時會使用的。字元陣列是 C 語言中的一種常見型別，它有一個更簡單的名稱：字串（string）。因此在這個字元對中使用了「s」。

那麼 name 會發生什麼事呢？scanf() 呼叫會採用您輸入的任何名稱（不包括您按下的 Return 鍵 [2]）並把它儲存在記憶體中。我們的 name 變數包含了這些字元的記憶體位置。當我們呼叫 printf() 時，我們的第一個參數（"Well hello, %s!\n" 部分）包含一些文字字元，例如單字「Well」中的字元，以及字串的佔位符（%s 部分）。變數非常適合填充佔位符。您輸入的任何名稱現在都會顯示給您！

另請注意，我們確實在問候語中包含了特殊的 \n 換行字元。這意味著我們會列印問候語，然後「按 Return 鍵」，以便讓終端機中顯示的任何其他內容都會顯示在下一行。

讓我們繼續執行程式，看看事情是如何運作的。您可以使用 VS Code 底部的「終端機（Terminal）」頁籤，或者您的平台的 Terminal 或 Command 應用程式。您需要先使用 gcc 來編譯它，然後執行 a.out 或使用 -o 選項所選擇的任何名稱。您應該會得到類似於圖 2-1 的內容。

請注意，當您輸入名稱時，它會和要求您輸入的提示出現在同一行。當我們去掉換行字元（\n）時，這正是我們想要的效果。但是嘗試再次執行它並輸入不同的名稱。您得到您預期的結果了嗎？再試第三次。這種回應使用者輸入的動態行為，使得變數在電腦程式設計中非常寶貴。同一個程式可以根據不同的輸入產生不同的輸出，而不用重新編譯。反過來，這種能力有助於讓電腦程式對我們的日常生活變得無價。

---

2　您可能仍會在網上看到有關包含或排除「carriage return」的討論，這只是用於行尾標記的舊程式設計術語。這是一個繼承自早期打字機的術語，它具有把送紙滾筒（paper carriage）返回到起始位置的文字機制，因此您可以開始輸入下一行文字。

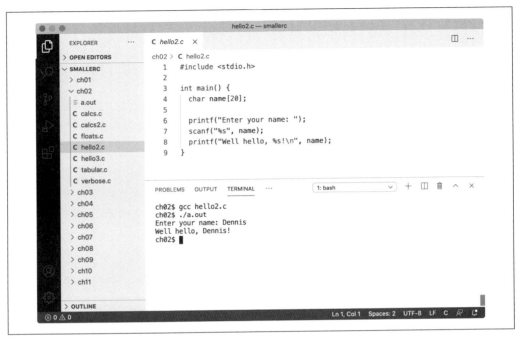

圖 2-1　我們量身定製的 Hello World 輸出

## 字串和字元

讓我們仔細看看 char 型別以及它的近親，字元陣列 —— char[] —— 更為人知的被稱為
字串。當您在 C 中宣告一個變數時，您要給它一個名稱和一個型別。最簡單的宣告看起
來會像這個樣子：

```
char response;
```

在這裡，我們建立了一個名為 response 的變數，其型別為 char。char 型別會保存
一個字元。例如，我們可以儲存「y」或「n」。第 5 章會介紹記憶體地址（memory
address）和參照（reference）的詳細資訊，但現在，請記住，變數宣告會在記憶體中留
出一個位置，該位置有足夠的空間來儲存您指定的任何型別。如果我們有一系列問題要
問，那麼我們可以建立一系列的變數：

```
char response1;
char response2;
char finalanswer;
```

這些變數中的每一個都可以保存一個字元。但同樣的，當您使用變數時，您不必提前預測或決定該字元會是什麼。內容可能會有所變化（變化…變數…明白了嗎？）

C 編譯器會決定您的來源字元使用哪種編碼方式。較舊的編譯器會使用較舊的 ASCII[3] 格式，而較新的編譯器通常使用 UTF-8。兩種編碼方式都包含了小寫和大寫字母、數字以及您在鍵盤上看到的大多數符號。如果要講的是特定字元而不是 char 型別的變數的話，請使用單引號對它進行分隔。例如，'a'、'A'、'8' 和 '@' 都是有效的。

## 特殊字元

一個字元也可以是特殊的。C 支援定位字元（tab）和換行字元之類的東西。我們已經看到了換行字元（\n），但表 2-1 中還列出了一些其他的特殊字元。這些特殊字元使用了「逸出序列（escape sequence）」程式設計，反斜線被稱為「逸出字元（escape character）」。

表 2-1　C 中的逸出序列

| 字元 | ASCII | 名稱 | 說明 |
|------|-------|------|------|
| \a | 7 | BEL | 使終端機在列印時發出「嗶」聲 |
| \n | 10 | LF | 換行 ( Mac 和 Linux 上的標準行結束字元 ) |
| \r | 13 | CR | 歸位 ( 和 \n 一起使用時，是在 Windows 上通用的行結束字元 ) |
| \t | 15 | HT | ( 水平 ) 定位字元 |
| \\ | 92 | | 用於在字串或字元中放置文字反斜線 |
| \' | 39 | | 用於在 char 中放置文字單引號 ( 在字串中不需要逸出 ) |
| \" | 34 | | 用於在字串中放置文字雙引號 (char 中不需要逸出 ) |

這不是一個詳盡的列表，但涵蓋了我們將在本書中使用的字元。

這些名稱捷徑只涵蓋最流行的字元。如果您必須使用其他特殊字元，例如來自數據機（modem）的傳輸結束（end of transmission）（EOT，ASCII 值為 4）信號，您可以使用反斜線以八進位來給出字元的 ASCII 值。那麼，我們的 EOT 字元將會是 '\4'，或者有時您會看到三個數字：'\004'。（由於 ASCII 是 7 位元編碼，三個八進位數字可以涵

---

3　美國資訊交換標準碼（American Standard Code for Information Interchange），最初是為電傳打字機而建構的 7 位元編碼。雖然現在有了 8 位元的變體，但它仍然是基於英語的。其他更可擴展的編碼（例如 Unicode 及其 UTF-8 選項）已成為規範。

蓋最高的 ASCII 字元。如果您好奇，這個字元就是刪除（delete）（DEL，ASCII 值為 127）或八進位逸出序列 `'\177'`。有些人更喜歡始終看到三個數字的這種一致性。）

您可能不需要很多這些捷徑，但由於 Windows 路徑名稱使用了反斜線字元，因此請務必記住某些字元需要這個特殊字首。當然，換行字元將繼續出現在許多列印敘述中。您可能已經注意到八進位逸出序列，字首的反斜線包含在單引號內。所以定位字元是 `'\t'`，反斜線是 `'\\'`。

## 字串

字串是一系列的 char，不過是一個非常正規的系列。很多程式設計語言都支援這樣的系列，稱為陣列。第 4 章會更詳細地介紹陣列，但是 char 型別的陣列 —— C 語法中的 char[] —— 十分常見，我想單獨提及它。

我們一直在處理字串，但並沒有非常明確的說明它們。在我們的第一個 hello 程式中，我們使用字串參數來呼叫 printf()。C 中的字串是零個或多個字元的集合，帶有一個特殊的最終「空（null）」字元 \0（ASCII 值為 0）。您通常會在程式碼中把這些字元包含在雙引號之間，例如我們的 `"Hello, world!\n"` 參數。令人高興的是，當您使用這些雙引號時，您不必自己添加 \0。它隱含在字串文字的定義中。

宣告字串變數就像宣告 char 變數一樣簡單：

```
char firstname[20];
char lastname[20];
char jobtitle[50];
```

這些變數中的每一個都可以儲存簡單的內容，例如名稱，或更複雜的內容，例如多部分職稱，例如「資深程式碼和美味餡餅的開發人員」。字串也可以為空：""。這可能看起來很傻，但想想您輸入名字之類的表單。如果您碰巧是一個非常成功的流行歌星，只有一個名字，上面的 lastname 變數可以被賦予有效值 ""（也就是只有終止的 '\0'），以指出 Drake（德瑞克）和 Cher（雪兒）在沒有姓的情況下也是可以的。

## 數字

毫不意外的，C 也有可以儲存數值的型別。或者更準確地說，C 具有用來儲存比一般適合 char 型別的變數更大的數字的型別。（儘管到目前為止本章中的範例都使用 char 來儲存實際字元，但它仍然是一種數字型別，並且也適用於儲存和字元編碼無關的小數字。）C 把這些數字型別分為兩個子類別：整數和浮點數（即小數）。

## 整數型別

整數型別會儲存簡單的數字。主要型別稱為 `int`，但有許多變體。變體的主要差別在於可以儲存在給定型別的變數中的最大數字的大小。表 2-2 總結了這些型別及其儲存容量。

表 2-2　整數型別及其典型大小

| 型別 | 位元組 | 範圍 | 備註 |
|------|--------|------|------|
| char | 1 | –127 到 +127 或 0 到 255 | 通常用於字母；也可以儲存小數字 |
| short | 2 | –32,767 到 +32,767 | |
| int | 2 或 4 | –32,767 到 +32,767 或 –2,147,483,647 到 +2,147,483,647 | 依實作而異 |
| long | 4 | –2,147,483,647 到 +2,147,483,647 | |
| long long | 8 | –9,223,372,036,854,775,807 到 +9,223,372,036,854,775,807 | 在 C99 中引入 |

雖然 char 被定義為一個位元組，但其他型別的大小取決於系統。

上面的大多數型別都是有正負號（*signed*）型別 [4]，這意味著它們可以儲存小於零的值。所有五種型別也都有一個明確的無正負號（*unsigned*）變體（例如，`unsigned int` 或 `unsigned char`），它的位元 / 位元組大小相同，但並不儲存負值。它們的範圍會從零開始，大約在有正負號範圍最上面的兩倍處結束，如表 2-3 所示。

表 2-3　無正負號整數型別及其典型大小

| 型別 | 位元組 | 範圍 |
|------|--------|------|
| unsigned char | 1 | 0 到 255 |
| unsigned short | 2 | 0 到 65535 |
| unsigned int | 2 或 4 | 0 到 65535 或 0 到 4,294,967,295 |
| unsigned long | 4 | 0 到 4,294,967,295 |
| unsigned long long | 8 | 0 到 18,446,744,073,709,551,615 |

---

4　char 型別實際上可以是有符號或無符號的，具體取決於您的編譯器。

---

以下是一些整數型別宣告範例。注意 x 和 y 變數的宣告。您經常會看到以「x 和 y」形式討論的網格或圖形上的坐標。C 允許您同時宣告多個具有相同型別的變數名稱，並使用逗號分隔它們。這種格式沒有什麼特別之處，但如果您有一些簡短的相關變數名，這可能是一個不錯的選擇。

```
int studentcount;
long total;
int x, y;
short volume, chapter, page;
unsigned long long nationaldebt;
```

如果您有小的值要儲存，例如「最多一打」或「前 100 個」，請記住可以使用 char 型別。它的長度只有 1 個位元組，編譯器並不關心您是否把值列印為一個實際字元或一個簡單數字。

## 浮點型別

如果要儲存小數或財務數字，則可以使用 float 或 double 型別。這些都是小數點不固定（例如，它可以浮動）的浮點型別，能夠儲存像 999.9 或 3.14 這樣的值。但是因為我們談論的是以離散形式進行思考的電腦，所以浮點型別會儲存以 1 和 0 編碼的值的近似值，就像 int 一樣。float 型別是一種 32 位元編碼方式，可以儲存範圍很廣的值，從非常小的分數到非常大的指數。但浮點數在大約 −32k 到 32k 和小數點後六個有效位之間的窄區中最為準確。

double 型別的精準度是 float 的「雙倍」[5]。這意味著大約可以準確地表達 15 位的小數。我們在一些地方會看到這種近似可能會導致問題，但對於一般用途而言，例如收據總額或溫度感測器的讀數，這些型別就足夠了。

和其他型別一樣，您要把型別放在名稱之前：

```
float balance;
float average;
double microns;
```

---

5 這些格式由 IEEE（電機與電子工程師協會）指定。32 位元版本稱為「單精準度」，64 位元版本稱為「雙精準度」。還存在著更高的精準度，其規範（IEEE 754（*https://oreil.ly/rxm00*））仍在繼續開發中。

由於普通小數也可以儲存整數值，例如 6（表達為 6.0），因此我們可能會很容易就把 float 當作是預設數值型別。但是在像 Arduino 這樣的微型 CPU 上處理用小數點編碼的數字可能會很昂貴。即使在大晶片上，它仍然比使用簡單整數更昂貴。出於效能和準確性的原因，大多數 C 程式設計師都堅持使用 int，除非他們有明確的理由不這樣做。

## 變數名稱

不管變數是什麼型別，它都有一個名稱。在大多數情況下，您可以隨意使用任何您想要的名稱，但您必須遵守一些規則。

在 C 中，變數名稱可以用任何字母或底線字元（「_」）來開頭。在該初始字元之後，名稱可以包含更多字母、更多底線或數字。變數名稱會區分大小寫（**total** 和 **Total** 不是同一個變數）並且（通常）會限制為 31 個字元長 6，儘管慣例是讓它們更短。

C 也有幾個保留給 C 語言本身使用的關鍵字（*keyword*）。因為表 2-4 中的關鍵字已經對 C 有意義，所以它們不能被用來作為變數名。一些實作版本可能會保留其他詞（例如 asm、typeof 和 inline），但大多數的替代性關鍵字會以一或兩個底線開頭，以避免和您自己的變數名稱發生衝突。

表 2-4　C 的關鍵字

| 保留字 | | | |
| --- | --- | --- | --- |
| _Bool | default | if | static |
| _Complex | do | int | struct |
| _Imaginary | double | long | switch |
| auto | else | register | typedef |
| break | enum | restrict | union |
| case | extern | return | unsigned |
| char | float | short | void |
| const | for | signed | volatile |
| continue | goto | sizeof | while |

---

6　例如，GNU C 編譯器沒有施加任何限制。但是為了相容性和一致性，堅持少於 31 個字元仍然是較受歡迎的。

如果您在宣告變數時偶然發現和關鍵字發生衝突，您會看到和使用了無效變數名稱（例如以數字開頭的變數名稱）類似的錯誤：

```
badname.c: In function 'main':
badname.c:4:9: error: expected identifier or '(' before 'do'
    4 |    float do;
      |          ^~
badname.c:5:7: error: expected identifier or '(' before numeric constant
    5 |    int 5r;
      |        ^~
```

「expected identifier」這個詞是一個強有力的指標，指出您的變數是錯誤的原因。編譯器期待一個變數名稱，但它找到了一個關鍵字。

## 變數賦值

在我們的 *hello2.c* 範例中，我們依賴於對 name 變數的相當內隱式的賦值（assignment）。作為 scanf() 函數的參數，無論使用者輸入如何，都會儲存在該變數中。但是我們可以（並且經常這樣做）對變數進行直接賦值。您可以使用等號（「=」）來表達這樣的賦值：

```
int total;
total = 7;
```

您現在已成功地把值 7 儲存在變數 total 中。恭喜！

您也可以隨時覆寫該值：

```
int total;
total = 7;
total = 42;
```

雖然連續的賦值有點浪費，但這段 C 程式碼片段並沒有錯。變數 total 只會保留一個整數值，因此最近的賦值將是獲勝者，在本例中為 42。

您經常會看到同時定義變數並為其賦值初始值（用程式設計師的話說是 *初始化*（*initialize*））：

```
int total = 7;
char answer = 'y';
```

現在 total 和 answer 都有可以使用的值了，但還是可以根據需要再進行更改。這正是變數的作用。

## 文字

我們在這些範例中插入變數的那些簡單值稱為**文字**（*literal*）。文字就只是一個不需要解釋的值。數字、單引號內的字元或雙引號內的字串都算作文字：

```
int count = 12;
char suffix = 's';
char label[] = "Description";
```

希望前兩個變數的定義您會看起來很熟悉。但是請注意，當我們初始化名為 `label` 的字串時，我們並不會給陣列指定長度。C 編譯器會從我們在初始化過程中所使用的文字來推斷出大小。那麼，在這個案例中，`label` 的長度是 12 個字元；其中 11 個用於「Description」這個單字中的字母，另外一個用於結尾的 `'\0'`。如果您知道稍後會在程式碼中需要它，您可以給字串變數更多的空間，但您不應該指定太小的空間。

```
char automatic[] = "A string variable with just the right length";
char jobtitle[50] = "Chief Acceptable Length Officer";
char warning[5] = "This is a bad idea.";
```

如果您嘗試賦值一個對於它的 `char[]` 變數來說太長的字串文字，您可能會看到來自編譯器的警告：

```
toolong.c: In function 'main':
toolong.c:6:21: warning: initializer-string for array of chars is too long
    6 |    char warning[5] = "This is a bad idea.";
      |                      ^~~~~~~~~~~~~~~~~~~~~
```

這是一個相當明確的錯誤，所以希望您會發現它很容易修正。順便說一句，您的程式仍然可以執行。請注意，編譯器給了您一個警告（*warning*），而不是我們在前面的一些編譯器問題範例中所看到的錯誤（*error*）。警告通常意味著編譯器認為您犯了一個錯誤，不過您可以從這個懷疑得到好處。無論如何，通常最好解決警告，但這不是必要的。

# printf() 和 scanf()

我們已經看到了如何使用 `printf()` 來列印資訊以及如何使用 `scanf()` 來接受使用者的輸入，但我省略了這兩個函數的許多細節。現在讓我們來看看其中的一些細節。

# printf() 格式

printf() 函數是 C 的主要輸出函數。我們已經用它來列印簡單的字串，比如「Hello, world\n」。我們還在第 24 頁的「獲取使用者輸入」中偷看了怎麼使用它來列印變數。它可以列印所有變數型別，您只需要提供正確的**格式字串**（*format string*）即可。

當我們呼叫 printf() 時，我們首先要提供的通常是字串文字。第一個引數稱為格式字串。您可以把簡單的字串「按原樣」回顯（echo）到終端機，也可以列印（和格式化）變數的值。您使用格式字串來讓 printf() 知道接下來會發生什麼。您可以透過包含**格式說明符**（*format specifier*）來做到這一點，例如來自 *ch02/hello2.c*（*https://oreil.ly/DcU5k*）的 %s。讓我們列印一些我們在討論宣告和賦值時所建立的變數。看一下 *ch02/hello3.c*（*https://oreil.ly/qhIIT*）：

```
#include <stdio.h>

int main() {
  int count = 12;
  int total = 7;
  char answer = 'y';
  char jobtitle[50] = "Chief Acceptable Length Officer";
  // char warning[5] = "This is a bad idea.";

  printf("You can have %d, you currently have %d.\n", count, total);
  printf("You answered: %c\n", answer);
  printf("Please welcome our newest %s!\n", jobtitle);
}
```

結果如下：

```
ch02$ gcc hello3.c
ch02$ ./a.out
You can have 12, you currently have 7.
You answered: y
Please welcome our newest Chief Acceptable Length Officer!
```

把輸出與原始碼進行比較。您可以看到，我們大多按原樣列印出格式字串中的字元。但是當我們遇到格式說明符時，我們會替換格式字串後面的引數之一的值。仔細看看我們對 printf() 的第一次呼叫。我們在格式字串中有兩個格式說明符。在該字串之後，我們提供兩個變數。變數會按從左到右的順序填入格式說明符。如果您檢查輸出，您可以看到輸出的第一行確實首先包含了 count 的值，然後是 total 的值。酷！我們也得到了 char 和字串變數的輸出。

如果您注意到每種型別會使用不同的說明符,那麼恭喜您!您找到了這些敘述中的重要差異。(如果這一切看起來仍然有點像胡言亂語,請不要放棄!樣式 —— 以及不符合樣式的東西 —— 會隨著您閱讀和練習的更多而浮現出來。)事實上,printf() 有相當多的格式說明符,如表 2-5 所示。有些是顯而易見的,而且明顯和特定型別相關聯。其他則較深奧,但這就是書籍的用途。您會記住您最常使用的幾個說明符,並且可以在需要時隨時查找不太常用的說明符。

表 2-5　printf() 的常用格式說明符類型

| 說明符 | 型別 | 描述 |
| --- | --- | --- |
| %c | char | 列印出單一字元 |
| %d | int, short, long | 列印以 10 為底的整數值(「十進位」) |
| %f | float, double | 列印浮點值 |
| %i | int, short | 列印以 10 為底的整數值 |
| %li, %lli | long, long long | 列印以 10 為底的長整數值 |
| %s | char[]( 字串 ) | 把 char 陣列列印為文本 |

還有其他格式,但我會把這些留到以後我們需要列印出奇數或資料中的特殊位元的地方。這些格式將會涵蓋您日常所需的絕大多數內容。附錄 B 更詳細地討論了本書中使用的所有格式。

## 定製輸出

但是如何格式化這些值呢?畢竟,C 使用了「格式字串」和「格式說明符」等詞。您把資訊添加到格式說明符來達成此目標。最常見的範例之一是列印浮點數,如銀行帳戶餘額或類比感測器的讀數。讓我們給自己一些有趣的小數,然後試著把它們列印出來。

```
#include <stdio.h>

int main() {
  float one_half = 0.5;
  double two_thirds = 0.666666667;
  double pi = 3.14159265358979323846626433;

  printf("1/2: %f\n", one_half);
  printf("2/3: %f\n", two_thirds);
  printf("pi:  %f\n", pi);
}
```

我們宣告了三個變數，一個 float 型別和兩個 double 型別。我們在 printf() 敘述中使用了 %f 格式說明符。太棒了！這是我們在編譯和執行程式後得到的：

```
1/2: 0.500000
2/3: 0.666667
pi:  3.141593
```

嗯，它們都有六位小數，儘管我們沒有指定我們想要多少位，而且我們的變數都不是剛好有六位小數。為了獲得恰到好處的資訊量，您需要為格式說明符提供一些額外的細節。所有說明符都可以接受寬度和精準度引數。兩者都是可選的，您可以提供其中一個或兩個都提供。額外的細節看起來像一個小數：*width.precision*，這些細節介於百分號和型別字元之間，如圖 2-2 所示。

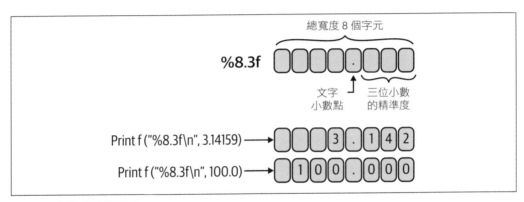

**圖 2-2　內隱式轉換階層**

使用這兩個選項對浮點數很有意義。我們現在可以要求更多或更少的數字。嘗試更改 *ch02/floats.c*（*https://oreil.ly/Os37q*）中的三個 printf() 呼叫，如下所示：

```
printf("1/2: |%5.2f|\n", one_half);
printf("2/3: |%12f|\n", two_thirds);
printf("pi:  |%12.10f|\n", pi);
```

我在擴展格式說明符之前和之後添加了豎線（vertical bar）或管道（pipe）字元（|），以便您可以看到寬度元素會如何影響輸出。看看新的結果：

```
1/2: | 0.50|         ❶
2/3: |    0.666667|  ❷
pi:  |3.1415926536|  ❸
```

❶ 我們的值 0.5 在五個字元的總欄位寬度中以小數點後兩位的精準度來顯示。因為我們不需要全部五個位置，所以在開頭會添加一個空白字元。

❷ 在 12 個位置內列印更長的小數。請注意，在沒有指定任何寬度或精準度的情況下，我們得到了相同的六位小數。

❸ 讓更長的小數顯示在 12 個位置內，但包括 10 位數的精準度。注意這裡的 12 是總寬度 —— 它包括了小數點後數字所佔據的位置。

 對於 printf()，如果有給定寬度時，您請求的精準度和您正在列印的實際值會優先於所給定的寬度。您經常會看到像「%0.2f」或「%.1f」這樣的浮點格式，它們在所需的確切位置內為您提供正確的小數位數。例如，把這兩種範例格式應用於 π，將分別得到 3.14 和 3.1。

對於字串或整數等其他型別，寬度選項相當簡單。例如，透過使用相同的寬度而不考慮列印的值，您可以很容易地列印表格資料，如 *ch02/tabular.c*（*https://oreil.ly/nQC7x*）中所示：

```
float root2 = 1.4142;
float phi = 1.618034;
float pi = 3.1415926;
printf("     %10s%10s%10s\n", "Root 2", "phi", "pi");
printf(" 1x  %10.4f%10.4f%10.4f\n", root2, phi, pi);
printf(" 2x  %10.4f%10.4f%10.4f\n", 2 * root2, 2 * phi, 2 * pi);
```

具有出色的欄狀結果：

```
        Root 2      phi       pi
   1x   1.4142   1.6180   3.1416
   2x   2.8284   3.2361   6.2832
```

非常好。並注意我是如何處理欄標籤的。我使用了格式說明符和字串文字，而不是手動加入空白來分隔標籤的單一字串。我這樣做是為了突顯輸出寬度的運用，即使手動操作並不困難。事實上，手動把標籤置中在這幾行上會更容易。如果您準備做一個小練習，請開啟 *tabular.c* 檔案並嘗試調整第一個 printf() 看看您是否可以讓標籤置中。

雖然寬度選項對所有型別都很簡單，但對於非浮點格式，添加精準度選項的效果可能不那麼直覺。對於字串而言，指定精準度會導致截斷文本以適合給定的欄位寬度。（對於 int 和 char 型別來說，它通常沒有效果，但您的編譯器可能會警告您不要依賴這種「典型」行為。）

# scanf() 和剖析輸入

輸出的另一面是輸入。我們在本章開頭第 24 頁的「獲取使用者輸入」中了解了如何使用 scanf() 函數來執行此運算。現在，您可能會認出我們在那個簡單程式中使用的 %s 被作為格式說明符。這種熟悉程度還會更深：您可以把表 2-5 中列出的所有格式說明符和 scanf() 一起使用，以從使用者的輸入中獲取這些型別的值。

關於您在 scanf() 中所使用的變數，我需要說明一點。在我們的第一個範例中，我們幸運地掃描到一個字串。如果您還記得的話，C 中的字串實際上只是 char 型別的陣列。我們將在第 4 章和第 6 章中看到更多關於這個主題的內容，但出於我們的目的，我只需要注意陣列是 C 中指標（*pointer*）的一種特殊情況。指標是參照記憶體中的事物的位址（*address*）（位置）的特殊值。scanf() 函數會使用變數的位址，而不是它的值。實際上，scanf() 的目的是把一個值放入一個變數中。由於陣列實際上就是指標，因此您可以直接使用 char 陣列變數。但是要在 scanf() 中使用數字和個別的 char 變數，您必須在變數名稱上使用特殊字首，也就是 & 號（&）。

我將在第 6 章更詳細地介紹 & 字首，但它會告訴編譯器該使用變數的位址 —— 非常適合 scanf()。看看這個小片段：

```
char name[20];
int  age;

printf("Please enter your first name and age, separated by a space: ");
scanf("%s %d", name, &age);
```

請注意在 scanf() 行中使用 name 變數和使用 &age 變數的差別。這完全取決於 name 是一個陣列，而 age 是一個簡單的整數。遺憾的是，這是我們容易忘記的事情之一。不需遺憾的是，它很容易修復，如果您忘記了，編譯器會提醒您：

```
warning: format '%d' expects argument of type 'int *',
        but argument 3 has type 'int' [-Wformat=]
   15 |   scanf("%s %d", name, age);
      |              ~^        ~~~
      |               |         |
      |               |         int
      |             int *
```

當您看到這個「expects type」錯誤時，請記住 int、float、char 和類似的非陣列變數在和 scanf() 一起使用時總是需要 & 字首。

---

# 運算子和運算式

透過變數和 I/O 敘述，我們現在在我們的程式設計工具箱中擁有了一些非常強大的積木。但是隨著程式設計的進行，儲存和列印值是相當乏味的。我們想開始對這些變數的內容做一些工作。程式碼複雜度階梯的第一階是能夠計算新值的能力。在 C（和許多其他語言）中，您可以在**運算子**（*operator*）的幫助下執行計算，這些符號允許您對兩個或多個值進行加、減、乘或比較（也就是執行「運算（operation）」）。

C 包含了幾個用來執行基本數學和邏輯工作的預定義運算子。（進階數學和邏輯可以透過編寫您自己的函數來完成，我們將在第 5 章中介紹。）除了特殊的三元運算子（ternary operator）（**?:**，將在第 65 頁的「三元運算子和條件賦值」中討論））之外，C 的運算子會運用一個或兩個值。圖 2-3 顯示了這些單元（unary）和二元（binary）運算子如何和值以及運算式相匹配。

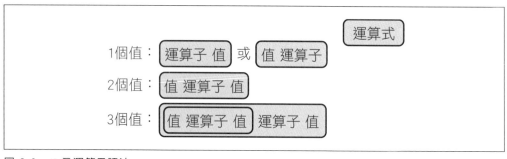

圖 2-3　二元運算子語法

請注意，您可以在一個序列中對兩個以上的值使用運算子，但在背後，C 把該序列視為一個系列對。一般而言，運算子是在**運算式**（*expression*）中使用。「運算式」一詞的含義非常廣泛。運算式可以簡單到像文字值或單一變數。它也可能非常複雜，以至於需要多行程式碼才能寫完。當您看到關於運算式的討論時要記住的關鍵是它們具有（或將產生）一個值。

## 算術運算子

也許 C 語言中最直觀的運算子是那些用於數學計算的運算子。表 2-6 顯示了 C 中內建的運算子。

表 2-6　算術運算子

| 運算子 | 運算 | 描述 |
| --- | --- | --- |
| + | 加法 | 把兩個值相加 |
| - | 減法 | 從第一個值中減去第二個值 |
| * | 乘法 | 把兩個值相乘 |
| / | 除法 | 把第一個值除以第二個值 |
| % | 餘數 | 求第一個（整數）值除以第二個後的餘數 |

您可以使用文字、變數或運算式或這些事物的某種組合來進行數學運算。讓我們嘗試一個簡單的程式，向使用者詢問兩個整數，然後使用這些值來進行一些計算。

```
#include <stdio.h>

int main() {
    int num1, num2;
    printf("Please enter two numbers, separated by a space: ");
    scanf("%d %d", &num1, &num2);
    printf("%d + %d is %d\n", num1, num2, num1 + num2);
    printf("%d - %d is %d\n", num1, num2, num1 - num2);
    printf("%d * %d is %d\n", num1, num2, num1 * num2);
    printf("%d / %d is %d\n", num1, num2, num1 / num2);
    printf("%d %% %d is %d\n", num1, num2, num1 % num2);
}
```

自己試試這個簡短的程式。您可以輸入它或開啟 *ch02/calcs.c*（*https://oreil.ly/w13kJ*）檔案。編譯並執行它，您應該得到類似這樣的輸出：

```
ch02$ gcc calcs.c
ch02$ ./a.out
Please enter two numbers, separated by a space: 233 17
233 + 17 is 250
233 - 17 is 216
233 * 17 is 3961
233 / 17 is 13
233 % 17 is 12
```

希望這些答案中的大多數都對您有意義並符合您的期望。一些看起來很奇怪的結果可能是因為我們試圖把兩個數字相除。我們沒有得到像 8.33333 這樣的浮點近似值，而是得到了一個完全的 8。請記住，int 型別並不支援分數。如果您把兩個整數相除，您得到的結果總會是另一個整數，並且任何小數部分都會被簡單地刪除。我的意思是捨棄，而不是四捨五入。例如，除法的結果 8.995 會只簡化為 8，而負的答案（例如 –7.89）會簡化為 –7。

## 運算順序

但是，如果我們用兩個（或更多）的運算子來建立一個更複雜的運算式呢？我們可以稍微升級我們的程式來獲取三個整數並用不同的方式來組合它們。請查看 *ch02/calcs2.c*（*https://oreil.ly/wznGj*）：

```
#include <stdio.h>

int main() {
  int num1, num2, num3;
  printf("Please enter three numbers, separated by a space: ");
  scanf("%d %d %d", &num1, &num2, &num3);
  printf("%d + %d + %d is %d\n", num1, num2, num3, num1 + num2 + num3);
  printf("%d + %d - %d is %d\n", num1, num2, num3, num1 + num2 - num3);
  printf("%d * %d / %d is %d\n", num1, num2, num3, num1 * num2 / num3);
  printf("%d + %d / %d is %d\n", num1, num2, num3, num1 + num2 / num3);
  printf("%d * %d %% %d is %d\n", num1, num2, num3, num1 * num2 % num3);
}
```

如果您願意，可以隨意調整程式碼來嘗試其他的組合。就目前而言，您可以編譯並執行此程式來獲得以下輸出：

```
ch02$ gcc calcs2.c
ch02$ ./a.out
Please enter three numbers, separated by a space: 36 19 7
36 + 19 + 7 is 62
36 + 19 - 7 is 48
36 * 19 / 7 is 97
36 + 19 / 7 is 38
36 * 19 % 7 is 5
```

這些答案是否符合您的預期？如果不是的話，很可能是因為不同運算子的**優先性**（*precedence*）的緣故。C 不會只依簡單的從左到右的方式來處理大型運算式。一些運算子會比其他運算子更重要 —— 它們會優先於次要運算子。C 會首先執行最重要的運算，無論它們在運算式中的什麼位置，然後再繼續執行剩餘的運算。在談論使用混合運算子來評估運算式時，您經常會看到「運算順序（order of operations）」這個詞。

乘法、除法和餘數（*、/、%）運算都會在加法和減法（+、-）運算之前完成。如果您有一系列相同或等效（equivalent）的運算子，則這些計算是從左到右完成的。通常這就夠了，我們可以透過小心安排運算式的各部分來得到我們需要的答案。當我們不能依賴簡單的安排時，我們可以使用括號來建立特定的、客製化的運算順序。考慮這個片段：

```
int average1 = 14 + 20 / 2;    // 或 14 + 10 也就是 24
int average2 = 14 / 2 + 20;    // 或  7 + 20 也就是 27
int average3 = (14 + 20) / 2;  // 或 34 / 2 也就是 17, 耶！
```

這裡我們有三種順序，但只有最後一個 —— average3 —— 是正確的。首先會計算括號中的運算式 14 + 20。思考這一點的一種方法是括號會比算術運算具有更高的優先性階級。順便說一句，您可以在任何您喜歡的地方隨意使用括號，即使它只是為了原本正確排序的運算式增加了視覺清晰度。

「視覺清晰度」的概念是非常主觀的。如果括號是計算正確答案所必需的，那麼您當然需要使用它們。如果它們不是絕對必要的，請在它們可以幫助您更輕鬆地閱讀運算式的地方使用它們。有太多的括號可能會讓您的程式碼更難閱讀。最重要的是，在您的使用方式中要保持一致。

如果您有和以下其中一些類似的特別混亂的運算式的話，也可以巢套（nest）括號：

```
int messy1 = 6 * 7 / ((4 + 5) / 2);
int messy2 = ((((1 + 2) * 3) + 4) / 5);
```

在像這樣的運算式中，最裡面的括號運算式 (1 + 2) 會先被求值，然後再一步步往外進行。

## 型別鑄型

本章我們已經討論了很多變數型別，但運算式也有型別，有時這會讓初學者感到驚訝。考慮以下程式碼片段：

```
double one_third = 1 / 3;
int x = 5;
int y = 12;
float average = (x + y) / 2;
```

猜猜看如果我們列印出 one_third 和 average 會出現什麼呢？嘗試建立一個小型 C 程式來測試您的理論。您的結果應如下所示：

```
One third: 0.000000
Average: 8.000000
```

但是「三分之一（one third）」應該是 0.333333 吧，我們的 12 和 5 的平均值應該是 8.5 吧。發生了什麼事了呢？好吧，編譯器看到了一堆整數並執行了整數數學運算。如果您回想起小學所教的，您可能已經學會了用餘數來做長除法，也就是「3 除 1 為零，餘數為 3」。對於 C，這意味著整數 1 除以整數 3 會是整數 0。（回想一下，如果需要時，% 運算子會為您提供餘數。）

有沒有辦法得到我們所想要的浮點答案？有的！事實上，有很多方法可以得到正確的答案。在我們虛構的範例中，最簡單的方法可能是在初始化運算式中使用浮點文字：

```
double one_third = 1.0 / 3.0;
int x = 5;
int y = 12;
float average = (x + y) / 2.0;
```

試試改變您的程式，希望您能得到新的、正確的輸出：

```
One third: 0.333333
Average: 8.500000
```

但是我們不使用浮點文字的情況呢？如果我們把程式碼片段中的平均計算更改為使用第三個 int 變數會怎樣？

```
int x = 5;
int y = 12;
int count = 2;
float average = x + y / count;
```

在這種情況下，我們要如何才能正確得出平均值？C 支援型別鑄型（type casting），它允許您告訴編譯器要把值視為具有其他的型別。這對於目前這種情況非常方便。我們可以把 count 變數鑄型（cast）為 float，如下所示：

```
float average = x + y / (float)count;
```

您可以把所需的型別放在括號中，再放在要鑄型的值或運算式之前。現在我們的計算中有一個浮點值，其餘的計算會「升級」為浮點運算式，而我們將會得到正確的答案。升級的過程不僅僅是一個快樂的意外。編譯器是故意這樣做的，此過程甚至有一個名稱，內隱式型別鑄型（*implicit type casting*）[7]。圖 2-4 顯示了我們討論過的許多數字型別的升級路徑。

在涉及不同型別的任何運算式中，「最大的」型別將會獲勝，其他所有型別都會被升級為該型別。請注意，您有時會在此類轉換中丟失一些重要資訊。如果把負數升級為無正負號型別，則負數會失去它的符號。或者，如果將長整數提升為 float 甚至 double，它的近似值可能會相當差。

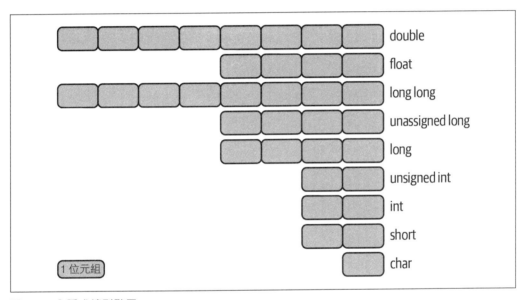

圖 2-4　內隱式鑄型階層

和在不更改計算的情況下能增加清晰度的括號一樣，如果它可以幫助您理解運算式正在做什麼，您總是可以使用外顯式鑄型。但請注意，運算順序仍然有效。例如，以下敘述並不完全相同：

```
float average1 = (x + y) / (float)count;
float average2 = (float)(x + y) / count;
float average3 = (float)((x + y)/ count);
```

---

7　有時您可能還會聽到「型別提升（type promotion）」或「自動型別轉換（automatic type conversion）」等術語。

如果您把這幾行添加到您的測試程式中，然後列印出三個平均值，您會注意到前兩個運作正常，但第三個沒有。您明白為什麼嗎？第三個計算中的括號導致原來的使用了整數型別的錯誤平均值在這個錯誤答案被提升為 float 之前就先執行了。

 我還應該指出，當您想從升級階梯往下移動到「更小」的型別的任何時候，您必須使用外顯式鑄型。幸運的是，編譯器通常可以捕捉到這些情況並警告您。

# 下一步

敘述是任何電腦語言的核心，我們已經看到了 C 如何使用它們來賦值、執行計算和列印結果的基本語法。您可能不得不習慣在敘述末尾包含分號，但不久之後就會開始感覺很自然。輸入範例並執行它們是獲得這種快樂感覺的最佳途徑。

如果您確實嘗試過任何計算示範程式，您可能很想為其中一個除數輸入零。（如果您沒有受到誘惑，現在就去試試吧！）但是，C 不會因為除以零而放棄。您將收到類似「Floating point expression（core dumped）」的錯誤或類似「NaN」的結果，代表「非數字（not a number）」。我們怎樣才能防止這樣的崩潰呢？下一章將研究賦予我們這種能力的比較運算和控制敘述。

# 第三章

# 控制流程

現在您已經了解了 C 中敘述的基本格式，是時候開始分支了……這是雙關語。在程式碼中，做出決定然後選擇特定程式碼片段而不是其他程式碼片段來執行的想法，通常被稱為分支（*branching*）或條件分支（*conditional branching*）。而重複經常會用迴圈（*looping*）或迭代（*iterating*）來討論。整體而言，分支和迴圈敘述構成了語言中的控制流程（*flow of control*）。

有些問題可以透過一系列簡單的線性步驟來解決。許多自動執行各種電腦任務的程式就是以這種方式工作，把繁瑣的例行工作簡化為一個可以在需要時執行的應用程式。但是程式可以做的不僅僅是處理一堆命令。它們可以根據變數中的值或感測器的狀態來做出決策。它們可以重複任務，例如開啟一串燈中的每個 LED，或處理日誌檔案中的每一行。它們可以把決策和重複以複雜的巢套方式結合起來，讓您以程式設計師的身份來解決幾乎任何您能想到的問題。在本章中，我們將了解 C 是如何實作這些概念的。

## 布林值

要在 C 中提出問題，您通常會比較兩個（或更多）事物。C 有幾個專門用於此任務的運算子。您可以檢查兩件事物相同或相異，您也可以查看某個值是否小於或大於某個其他值。

當您問了如「x 和 y 是否相同」之類的問題時，您會得到是或否、真或假的答案。在電腦科學中，這些被稱為布林值（Boolean value），以喬治·布爾（George Boolean）的名字命名，他致力於形式化邏輯運算和運算結果的系統。有些語言對布林值和變數有實際型別，但 C 主要是使用整數：0 為假 / 否，1 為真 / 是[1]。

 技術上，C 中任何不是 0 的值都為真。所以 1 為真、2 為真、–18 為真，以此類推。我會在根據這一事實來進行檢查的任何時候指出這件事。它很方便，您肯定會看到它在真實世界中使用，但我會盡可能集中精力進行外顯式的比較。

## 比較運算子

數學當然不是電腦唯一擅長的事。當我們開始編寫更複雜的程式時，我們需要能對系統狀態做出決定的能力。我們需要把變數與期望值進行比較，並防止出現錯誤情況。我們需要偵測串列和其他資料結構的結尾。令人高興的是，所有這些要求都可以透過 C 的比較運算子來滿足。

C 定義了六個可用於比較值的運算子（如表 3-1 所示）。我們使用這些運算子的方式，很像使用表 2-6 中的數學運算子的方式。左邊有一個變數或值或運算式、中間是運算子、右邊有一個變數或值或運算式。此處的差別在於，使用比較運算子的結果始終是布林值 int，這意味著它始終是 1 或 0。

表 3-1　比較運算子

| 運算子 | 比較 |
| --- | --- |
| == | 等於 |
| != | 不等於 |
| < | 小於 |
| > | 大於 |
| <= | 小於或等於 |
| >= | 大於或等於 |

---

1　C99 引入了一種新型別，_Bool，但我們不會在精實程式碼中使用它。但是，如果您發現自己在自己的程式設計中使用了布林邏輯，請務必查看 *stdbool.h* 標頭。您可以在 Prinz 和 Crawford 的 *C in a Nutshell*（O'Reilly）中找到有關 C 的幾乎所有內容的更多詳細資訊。

在 C 中，比較運算子適用於字元、整數和浮點數。有一些語言會支援可以處理更複雜的資料的運算子，例如陣列（我將在第 4 章中介紹）、記錄或物件，但 C 使用函數（在第 5 章中介紹）來完成此類工作。

在比較兩個相同型別的運算式時，可以不用思考太多就使用表 3-1 中的運算子。如果您比較不同型別的運算式，比如一個 float 變數和一個 int 值，同樣的內隱式鑄型概念（見圖 2-4）也適用，並且「較低」型別的值將在比較之前被提升。

我們很快就會在第 52 頁的「分支」和第 65 頁的「迴圈敘述」中使用這些比較運算子，但我們可以快速抄捷徑並使用一些簡單的列印敘述來顯示 0 或 1 結果。看一下 *ch03/ booleans.c*（*https://oreil.ly/2dSZx*）：

```
#include <stdio.h>

int main() {
  printf(" 1 == 1  : %d\n", 1 == 1);
  printf(" 1 != 1  : %d\n", 1 != 1);
  printf(" 5 < 10  : %d\n", 5 < 10);
  printf(" 5 > 10  : %d\n", 5 > 10);
  printf("12 <= 10 : %d\n", 12 <= 10);
  printf("12 >= 10 : %d\n", 12 >= 10);
}
```

繼續編譯此檔案並執行它。您應該會看到和以下類似的輸出：

```
ch03$ gcc booleans.c
ch03$ ./a.out
 1 == 1  : 1
 1 != 1  : 0
 5 < 10  : 1
 5 > 10  : 0
12 <= 10 : 0
12 >= 10 : 1
```

正如我之前提到的，您可以在此處看到比較結果為「真」時被表達為 1。相反的，「假」在幕後是 0。

## 邏輯運算子

我們想在程式碼中提出的一些問題不能簡化成只進行一次比較。例如，一個非常流行的問題是，詢問變數是否落在某個值的範圍內。我們需要知道所討論的變數是否同時大於某個最小值且小於某個最大值。C 並沒有建立範圍或測試此範圍內成員資格的運算子型別。但是 C 確實支援邏輯運算子（logical operator）（有時您會聽到布林運算子這種講法），來幫助您建構可能非常複雜的邏輯運算式。

首先，請查看表 3-2 中的運算子。

表 3-2　布林運算子

| 運算子 | 運算 | 備註 |
| --- | --- | --- |
| ! | 否定（NOT） | 產生其運算元（operand）之邏輯相反值的單元運算子 |
| && | 且（AND） | 接合（conjunction）；兩個運算元都必須為真才能產生真 |
| \|\| | 或（OR） | 析取（disjunction）；如果至少一個運算元為真，則為真 |

這些運算子可能看起來有點奇怪，而且您可能不熟悉邏輯運算，所以請給自己一些時間來玩玩這些符號。如果還是對它們感到不適應，請不要擔心。布林代數不是一個常見的小學主題！但是您必定會在網路上所找到的程式碼中遇到這些運算子，所以讓我們確保您了解它們是如何運作的。

 在討論程式設計語言時稱它是「邏輯」或「布林代數」很有用，但您可能確實對人類語言中的這些概念有些經驗（就像在這裡使用的中文）：這些運算子構成接合（_conjunction_）。語法課中經典的「而且」、「但是」和「或者」大致相當於 C 中的 &&、! 和 ||。把這些布林運算式寫成英文甚至可以幫助您掌握它們的意圖。考慮這個式子「x > 0 && x < 100」。大聲朗讀這個運算式：「x 大於 0 而且 x 小於 100。」如果拼寫出這些運算式有幫助，那麼當遇到新程式碼時，這會是一個簡單的技巧。

在邏輯中，描述這些運算子最好的方式就是透過它們的結果。然後，這些結果通常會顯示在**真值表**（_truth table_）中，該表列舉了所有可能的輸入組合及其結果。幸運的是，我們只有兩個可能的值 —— 真和假 —— 因此組合是可以管理的。每個運算子都有自己的真值表。表 3-3 列出了 && 運算子的輸入和結果。讓我們從那裡開始。

表 3-3　&&（且）運算子

| a | b | a && b |
|---|---|--------|
| 真 | 真 | 真 |
| 真 | 假 | 假 |
| 假 | 真 | 假 |
| 假 | 假 | 假 |

如表所示，這是一個相當嚴格的運算子。兩個輸入都必須為真，結果才會為真。根據前面的提示，用英語接合來思考會很有用：「在 Reg 和 Kaori 都準備好之前，我們不能去派對。」如果 Reg 還沒有準備好，我們必須等待。如果 Reg 準備好了，但 Kaori 還沒有，我們必須等待。當然，如果兩者都沒有準備好，我們要等待[2]。只有當兩者都準備就緒時，我們才能開始我們的旅程。鄭重聲明，Reg 和 Kaori 都是非常速捷的人。等待很少成為問題 ;)。

表 3-4 顯示了對於相同的輸入組合使用 || 時的結果。

表 3-4　||（或）運算子

| a | b | a \|\| b |
|---|---|--------|
| 真 | 真 | 真 |
| 真 | 假 | 真 |
| 假 | 真 | 真 |
| 假 | 假 | 假 |

這是一個較寬鬆的運算子。回到上文中參加派對的比喻，也許那是在一個工作日的晚上，我們不能指望我們的兩個朋友放棄一切並加入派對。對於這種變化，如果 Reg 或 Kaori 其中之一可以加入，那麼我們就能和一個好的晚餐飯友一起度過愉快的時光。類似於 && 運算子，如果兩者都可以加入，那麼萬歲！我們仍然有一個愉快的夜晚[3]。但是，如果兩個輸入都是假，那麼總體答案仍然是假，我們只能自己吃了。

---

2　包括 C 在內的許多語言都夠聰明地意識到，如果 Reg 還沒有準備好，我們甚至不必費心檢查 Kaori 是否準備好了。這種行為通常被稱為「短路評估（short circuit evaluation）」。當涉及的測試計算量很大時，短路比較可能非常有用。

3　和 && 運算子一樣，C 編譯器會透過根本不詢問 Kaori 來優化 Reg 可以加入的情況。

C 支援用來建構邏輯運算式的最後一個運算子是！。它是一個單元（*unary*）運算子，這意味著它只會對一個事物進行運算，而不是像使用數學或比較運算子進行二元（*binary*）運算時所需的兩個事物。這意味著它的表 —— 表 3-5 —— 會更簡單一些。

表 3-5　！（否定）運算子

| a | !a |
|---|---|
| 真 | 假 |
| 假 | 真 |

在程式設計中，這種「否定」運算通常用於在繼續之前防止錯誤。我們的最後一個派對範例：只要不塞車，我們就會準時到達派對。這個運算子會建立相反的結果。所以「塞車是不好的（traffic is bad）」的對比是「沒有塞車是好的（no traffic is good）」。轉換為英語的過程並不太像字面意思，但希望仍能說明正在執行的邏輯的要點。

# 分支

既然我們知道如何把邏輯問題轉換為有效的 C 語法，那麼我們該如何使用這些問題呢？我們會從條件敘述 —— 或稱分支（*branch*）—— 的概念開始。我們可以提出一個問題，然後根據答案來執行（或不執行）一組敘述。

# if 敘述

最簡單的條件敘述是 `if` 敘述。它具有三種形式，最簡單的一種是做或不做配置。該敘述的語法相當簡單。您提供 `if` 關鍵字、放在括號內的測試、然後是敘述或程式碼區塊（*block*）（大括號內的一個或多個敘述的分組方式），如下所示：

```
// 對於單一敘述，例如 printf()：
if (test)
  printf("Test returned true!\n");

// 或者對於多個敘述：
if (test) {
  // 主體放在這裡
}
```

如果我們使用的布林運算式為真，我們會執行 `if` 行後面的敘述或區塊。如果運算式為假，我們將跳過這個敘述或區塊。

考慮一個會要求使用者輸入數字的簡單程式。您可能想讓使用者知道出現了不常見的輸入，以防他們打錯了。例如，我們可以允許負數，但也許它們不是通常的用法。我們仍然希望程式能夠執行，但我們會提醒使用者他們可能會得到令人驚訝的結果。*ch03/warnings.c*（*https://oreil.ly/sP2kJ*）中的程式是一個簡單的範例：

```c
#include <stdio.h>

int main() {
  int units = 0;
  printf("Please enter the number of units found: ");
  scanf("%d", &units);
  if (units < 0) { // 我們的 "if" 程式碼區塊的開始
    printf("  *** Warning: possible lost items ***\n");
  } // 我們的 "if" 程式碼區塊的結束
  printf("%d units received.\n", units);
}
```

如果我們使用幾個不同的輸入來執行它，您可以看到 `if` 敘述的效果。只有最後一次的執行會顯示警告：

```
ch03$ gcc warnings.c
ch03$ ./a.out
Please enter the number of units found: 12
12 units received.

ch03$ ./a.out
Please enter the number of units found: 7
7 units received.

ch03$ ./a.out
Please enter the number of units found: -4
  *** Warning: possible lost items ***
-4 units received.
```

嘗試輸入程式，然後自己編譯執行。嘗試更改測試以查找其他的條件，例如偶數或奇數，或在範圍內或範圍外的數字。

我們還可以使用 `if` 敘述從布林值中獲得更人性化的回應。我們可以把測試放入 `if` 敘述中，然後列印出任何真實的回應，而不是列印出簡單的零和一。這是我們更新的範例；我們稱之為 *ch03/booleans2.c*（*https://oreil.ly/neHcZ*）：

```
#include <stdio.h>

int main() {
  if (1 == 1) {
    printf(" 1 == 1\n");
  }
  if (1 != 1) {
    printf(" 1 != 1\n");
  }
  if (5 < 10) {
    printf(" 5 < 10\n");
  }
  if (5 > 10) {
    printf(" 5 > 10\n");
  }
  if (12 <= 10) {
    printf("12 <= 10\n");
  }
  if (12 >= 10) {
    printf("12 >= 10\n");
  }
}
```

試試這個新程式，您應該會得到類似這樣的輸出：

```
ch03$ gcc booleans2.c
ch03$ ./a.out
 1 == 1
 5 < 10
12 >= 10
```

太棒了！只有傳回真的測試才會列印。這更具可讀性。這種類型的 `if` 結合 `printf()` 是一種常見的除錯技巧。每當您遇到有趣（或令人擔憂）的情況時，請列印出警告，並或許包含相關變數以幫助您解決問題。

## else

透過一個簡單的 `if`，我們可以看到傳回真的那個測試的美好輸出。但是，如果我們還想知道當測試為假時怎麼辦呢？這就是 `if` 敘述的第二種形式的用途；它包括一個 `else` 子句。您總是要把 `else` 和 `if` 結合使用。（只有 `else` 本身會是語法錯誤，程式無法編譯。）`if/else` 敘述有兩個分支：一個是如果測試為真則執行，另一個是如果測試為假則執行。

---

讓我們建構 *ch03/booleans3.c*（*https://oreil.ly/neHcZ*）並為每個測試獲得一個贊成或反對的答案：

```c
#include <stdio.h>

int main() {
  if (1 == 1) {
    printf(" 1 == 1\n");
  } else {
    printf(" *** Yikes! 1 == 1 returned false\n");
  }
  if (1 != 1) {
    printf(" *** Yikes! 1 != 1 returned true\n");
  } else {
    printf(" 1 != 1  is false\n");
  }
  if (5 < 10) {
    printf(" 5 < 10\n");
  } else {
    printf(" *** Yikes! 5 < 10 returned false\n");
  }
  if (5 > 10) {
    printf(" *** Yikes! 5 > 10 returned true\n");
  } else {
    printf(" 5 > 10  is false\n");
  }
  if (12 <= 10) {
    printf(" *** Yikes! 12 <= 10 returned false\n");
  } else {
    printf("12 <= 10 is false\n");
  }
  if (12 >= 10) {
    printf("12 >= 10\n");
  } else {
    printf(" *** Yikes! 12 >= 10 returned false\n");
  }
}
```

如果我們使用和之前相同的輸入來執行它，我們會看到令人欣慰的答案擴充：

```
ch03$ gcc booleans3.c
ch03$ ./a.out
 1 == 1
```

```
 1 != 1  is false
 5 < 10
 5 > 10  is false
12 <= 10 is false
12 >= 10
```

完美！我們為每個測試提供可讀的答案。現在我們不必懷疑測試是否有執行並失敗或是以某種方式完全跳過。我們每次都會得到有用的回應。嘗試升級 *warnings.c* 檔案，以便在數字「不尋常」時仍會收到警告，但它也會給使用者一個友善的訊息，指出他們的輸入在預期範圍內。

## else if 鏈接

現在，我們的工具箱中有一些非常強大的決策敘述。我們可以做某事或跳過它。我們可以做一件事或另一種選擇。如果我們需要在三個敘述之間做出決定怎麼辦？四個呢？或者更多呢？這種情境的一種可能樣式是 if 的第三種變體：if/else if/else 組合。

C 允許您把 if/else 對「鏈接」在一起以達成多選一的分支選擇。考慮根據您的表現來獲得一星、兩星或三星評價的遊戲分數。您可以透過 else if 區塊的想法來得到那種類型的答案。以下是 *ch03/stars.c*（*https://oreil.ly/Fe8q9*）：

```c
#include <stdio.h>

int main() {
  int score = 0;
  printf("Enter your score (1 - 100): ");
  scanf("%d", &score);
  if (score > 100) {
    printf("Bad score, must be between 1 and 100.\n");
  } else if (score >= 85) {
    printf("Great! 3 stars!\n");
  } else if (score >= 50) {
    printf("Good score! 2 stars.\n");
  } else if (score >= 1) {
    printf("You completed the game. 1 star.\n");
  } else {
    // 因為我們得到了一個負數才會到這裡
    printf("Impossible score, must be positive.\n");
  }
}
```

以下是一些範例執行：

```
ch03$ gcc stars.c
ch03$ ./a.out
Enter your score (1 - 100): 72
Good score! 2 stars.

ch03$ ./a.out
Enter your score (1 - 100): 99
Great! 3 stars!

ch03$ ./a.out
Enter your score (1 - 100): 4567
Bad score, must be between 1 and 100.

ch03$ ./a.out
Enter your score (1 - 100): 42
You completed the game. 1 star.

ch03$ ./a.out
Enter your score (1 - 100): -42
Impossible score, must be positive.
```

但也許我們的遊戲很特別，有四星級的表現（哇！）。檔案 *ch03/stars2.c*（*https://oreil. ly/uXLDr*）展示了如何使用另一個 if 子句來救援！

```c
#include <stdio.h>

int main() {
  int score = 0;
  printf("Enter your score (1 - 100): ");
  scanf("%d", &score);
  if (score > 100) {
    printf("Bad score, must be between 1 and 100.\n");
  } else if (score == 100) {
    printf("Perfect score!! 4 stars!!\n");
  } else if (score >= 85) {
    printf("Great! 3 stars!\n");
  } else if (score >= 50) {
    printf("Good score! 2 stars.\n");
  } else if (score >= 1) {
    printf("You completed the game. 1 star.\n");
```

```
    } else {
      // 因為我們有了一個負數才到這裡
      printf("Impossible score, must be positive.\n");
    }
  }
```

還有一些輸出範例來驗證我們的新最高分是否有效：

```
ch03$ gcc stars2.c
ch03$ ./a.out
Enter your score (1 - 100): 100
Perfect score!! 4 stars!!

ch03$ ./a.out
Enter your score (1 - 100): 64
Good score! 2 stars.

ch03$ ./a.out
Enter your score (1 - 100): 101
Bad score, must be between 1 and 100.
```

您可以無限地繼續這些鏈接。嗯，合情合理。您最終會受到記憶體的限制，並得到不止少數幾個子句，這使得我們很難追尋這些鏈接的流程。如果感覺一條鏈接中有太多的 else/if 區塊，可能值得花一點時間檢查您的演算法，看看是否有其他方法可以分解您的測試。

## if 陷阱

這些 else/if 鏈接的語法暗示了我之前簡要提到的 C 語法的細節。如果子句中只有一個敘述，則 if 和 else 區塊不需要大括號。例如，我們的 *booleans3.c* 可以這樣寫（*ch03/ booleans3_alt.c*（*https://oreil.ly/FrXzk*））：

```
#include <stdio.h>

int main() {
  if (1 == 1)
    printf(" 1 == 1\n");
  else
    printf(" *** Yikes! 1 == 1 returned false\n");
  if (1 != 1)
    printf(" *** Yikes! 1 != 1 returned true\n");
  else
```

```
    printf(" 1 != 1  is false\n");
  // ...
  }
```

您肯定會在網路上遇到這樣的程式碼。它節省了一點輸入,並且可以在測試和敘述很簡單的情況下編寫更緊湊的程式碼。就像我們在原始的 *booleans3.c* 程式碼中所做的那樣,您可以使用大括號來建立帶有單一敘述的區塊。它的工作原理就像在數學運算中使用額外的括號一樣:不是必需的,但對可讀性很有用。當您只有一件事要做時,這主要只是風格問題。但是,由於做兩件或更多的事情總是需要大括號,所以我將堅持在未來的程式碼使用大括號(而且作為一種風格,我更喜歡看到大括號的一致性。)例如,如果我們稍後回來更新一些範例,並且需要添加另一個列印敘述,我們就不必記住要添加大括號;它們會在那裡準備好等待。

如果您不小心,您在 if 敘述中使用的測試也會導致問題。還記得關於 C 會把零視為假,而把任何其他數字視為真的這個註解嗎?一些程式設計師依靠這個事實來編寫非常緊湊的測試。思考一下這個片段:

```
int x;
printf("Please enter an integer: ");
scanf("%i", &x);
if (x) {
  printf("Thanks, you gave us a great number!\n");
} else {
  printf("Oh. A zero. Well, thanks for \"nothing\"! ;)\n");
}
```

if 子句對任何正數或負數都能執行,就好像我們已經建構了一個像是 x != 0 這樣的真實測試,甚至是像 (x < 0 || x > 0) 這樣的更奇特的邏輯運算式。這種樣式被用作(有時是懶惰的)捷徑,用來詢問「這個變數是否有任何值」,在其中會假設零是不可能的值。這是一種相當常見的樣式,儘管我通常更喜歡編寫外顯式測試。

C 使用整數來作為布林值的代理的另一個大怪癖:有一個非常微妙的錯字可能會導致真正的麻煩。看看下一個片段:

```
int first_card = 10;
int second_card = 7;
int total = first_card + second_card;

if (total = 21) {
  printf("Blackjack! %d\n", total);
}
```

如果您好奇的話，請去建立一個程式來嘗試這個問題。當您執行它時，您會發現您總是會得到「Blackjack! 21」 輸出。發生了什麼了呢？仔細查看 if 敘述中的測試。我們是想要使用雙等號來比較運算子 total == 21。透過使用一個等號，我們實際上是在 if 測試中，把值 21 賦值給了我們的 total 變數！C 中的賦值是運算式，就像我們的數學計算一樣。賦值運算式的值會和被賦值的新值相同。結果是這個測試類似於 if (21) ...，因為 21 不是 0，所以它總是正確的。犯這個錯誤很容易令人沮喪。只要注意那些無論您如何更改輸入都似乎總是會執行的 if 敘述。這種行為是要讓您重新檢查正在使用的測試的一種提示。

# switch 敘述

我在第 56 頁的「else if 鏈接」中指出，如果把太多測試鏈接在一起，那麼 if/else if 鏈接會變得難以追尋。但是有時候，您確實需要檢查一堆特定的案例，例如，根據您的尺碼，來決定您最喜歡的線上商店有哪些襯衫有庫存。如果這些情況都涉及相同的變數並且都使用簡單的相等（==）來進行測試，那麼您可以使用 C 中的 switch 敘述作為一個不錯的替代方案。

switch 敘述會接受一個運算式（控制運算式），通常是一個變數或簡單的計算，然後使用 case 標籤來系統化地把該運算式的值和一個或多個常數值進行比較。如果控制運算式的值匹配一個案例，則該值後面的程式碼會開始執行，直到 switch 敘述（始終是一個大括號區塊）結束或程式遇到 break 命令。*ch03/medals.c*（*https://oreil.ly/LVkuZ*）檔案包含一個簡單的範例：

```
#include <stdio.h>

int main() {
  int place;
  printf("Enter your place: ");
  scanf("%i", &place);
  switch (place) {
  case 1:
    printf("1st place! Gold!\n");
    break;
  case 2:
    printf("2nd place! Silver!\n");
    break;
  case 3:
    printf("3rd place! Bronze!\n");
```

```
    break;
  }
}
```

如果您使用三個可能的輸入來編譯並執行該程式幾次，您應該會看到如下結果：

```
ch03$ gcc medals.c
ch03$ ./a.out
Enter your place: 2
2nd place! Silver!

ch03$ ./a.out
Enter your place: 1
1st place! Gold!

ch03$ ./a.out
Enter your place: 3
3rd place! Bronze!
```

酷！正是我們所期望的。但是如果我們註解掉那些 break 行呢？現在讓我們嘗試一下，因為這說明了 switch 的一個關鍵怪癖，它可能會絆倒新程式設計師。這是我們修改後的程式 *ch03/medals2.c*（*https://oreil.ly/MluI4*）：

```
#include <stdio.h>

int main() {
  int place;
  printf("Enter your place: ");
  scanf("%i", &place);
  switch (place) {
  case 1:
    printf("1st place! Gold!\n");
  case 2:
    printf("2nd place! Silver!\n");
  case 3:
    printf("3rd place! Bronze!\n");
  }
}
```

這是使用我們上一次所使用的相同輸入系列的新輸出：

```
ch03$ gcc medals2.c
ch03$ ./a.out
Enter your place: 2
```

```
2nd place! Silver!
3rd place! Bronze!

ch03$ ./a.out
Enter your place: 1
1st place! Gold!
2nd place! Silver!
3rd place! Bronze!

ch03$ ./a.out
Enter your place: 3
3rd place! Bronze!
```

嗯。這真的很奇怪。一旦開始後，程式就會繼續執行 switch 中的敘述，即使它們是不同案例的一部分。雖然這似乎是個壞主意，但它是 switch 的一個特性，而不是一個 bug。這種設計允許您對多個值執行相同的運算。考慮以下片段，它用偶數、奇數和質數來描述 1 到 10 之間的任何數字：

```
printf("Describing %d:\n", someNumber);
switch(someNumber) {
  case 2:
    printf("  only even prime\n");
    break;
  case 3:
  case 5:
  case 7:
    printf("  prime\n");
  case 1:
  case 9:
    // 1 不經常被描述為質數，所以我們讓它為奇數
    printf("  odd\n");
    break;
  case 4:
  case 6:
  case 8:
  case 10:
    printf("  even\n");
    break;
}
```

我們可以用這樣一種方式來安排案例，也就是 switch 會一直執行到 break 的這種特性，可以為我們提供了完全正確的輸出。雖然此特性最常用於收集一系列相關的不同值（例

如我們的偶數），然後給它們相同的區塊來執行，但先列印「prime」修飾詞，然後繼續添加的「奇數」指定詞的流程是有效的，這有時會很方便。

## 處理預設值

switch 中還有一個和可以使用在 if 敘述中的 else 子句類似的特性。有時您希望您的 switch 敘述可以處理所有可能的輸入。但列出幾千個整數甚至是字母表中的每個字母都可能是非常乏味的。通常，您不會有針對這所有數千個選項的唯一性動作。在這些情況下，您可以使用 default 標籤來作為您的最終「案例」，這樣無論控制運算式的值如何，它都會執行。

 技術上，default 可以出現在案例列表中的任何位置，而不僅僅是作為最終選項。然而，由於 default 案例總是會在遇到時執行，因此讓它包含後續的特定案例是沒有意義的。

例如，在我們的 *Medals.c* 程式中，沒有登上領獎台的參賽者怎麼辦？嘗試使用大於三的數字再次執行它。您得到了什麼？什麼都沒有。沒有錯誤，沒有輸出，什麼都沒有。讓我們編寫 *ch03/medals3.c*（*https://oreil.ly/l1AHK*）並使用 default 選項來列印一則訊息，至少證明我們看到了輸入：

```c
#include <stdio.h>

int main() {
  int place;
  printf("Enter your place: ");
  scanf("%i", &place);
  switch (place) {
  case 1:
    printf("1st place! Gold!\n");
    break;
  case 2:
    printf("2nd place! Silver!\n");
    break;
  case 3:
    printf("3rd place! Bronze!\n");
    break;
  default:
    printf("Sorry, you didn't make the podium.\n");
  }
}
```

編譯並執行這個新程式，並嘗試一些大於 3 的值：

```
ch03$ gcc medals3.c
ch03$ ./a.out
Enter your place: 8
Sorry, you didn't make the podium.

ch03$ ./a.out
Enter your place: 88
Sorry, you didn't make the podium.

ch03$ ./a.out
Enter your place: 5792384
Sorry, you didn't make the podium.
```

真迷人！無論我們給出什麼大於 3 的數字，我們都會得到一些回饋，顯示了我們已經處理了該輸入。這正是我們想要的。我們甚至可以把 default 和包含多案例區塊的 switch 敘述一起使用。讓我們在獎牌描述程式 *ch03/medals4.c*（*https://oreil.ly/lS1tv*）中添加一個「Top 10」等級：

```
#include <stdio.h>

int main() {
  int place;
  printf("Enter your place: ");
  scanf("%i", &place);
  switch (place) {
  case 1:
    printf("1st place! Gold!\n");
    break;
  case 2:
    printf("2nd place! Silver!\n");
    break;
  case 3:
    printf("3rd place! Bronze!\n");
    break;
  case 4:
  case 5:
  case 6:
  case 7:
  case 8:
  case 9:
  case 10:
```

```
    printf("Top 10! Congrats!\n");
    break;
  default:
    printf("Sorry, you didn't make the podium.\n");
  }
}
```

再編譯一次，然後用一些輸入來執行它：

```
ch03$ gcc medals4.c
ch03$ ./a.out
Enter your place: 4
Top 10! Congrats!

ch03$ ./a.out
Enter your place: 1
1st place! Gold!

ch03$ ./a.out
Enter your place: 20
Sorry, you didn't make the podium.

ch03$ ./a.out
Enter your place: 7
Top 10! Congrats!
```

太棒了。這裡是給您的快速家庭作業。修改 *Medals4.c*，如果您獲得第 4 或第 5 名，您會被標記為「亞軍（runner up）」。第 6 到第 10 名仍應列為前 10 名（top 10）（這是一個小變化。您可以對照在 *ch03/medals5.c*（*https://oreil.ly/W7uci*）中我的答案來檢查您的答案。）

# 三元運算子和條件賦值

在精實程式碼中，得到大量使用的最後一個條件主題是條件賦值（conditional assignment）的概念。C 包含一個三元運算子 ?:，它需要三個運算元。它允許您以非常緊湊的語法來使用兩個值其中之一。這個三元運算式的結果確實是一個值，就像 C 中的任何其他運算式一樣，所以您可以在任何合法使用值的地方使用 ?:。

?: 的語法使用布林運算式作為第一個運算元、然後是問號；然後是布林值為真時要評估的運算式、然後是冒號、最後是布林值為假時要評估的一個替代運算式。

使用三元運算子的一個很好的範例是獲取兩個值中較小的一個。考慮一個用來處理某個圖形設計工作的兩個投標簡單程式。不幸的是，預算是驅動因素，因此您需要接受最低出價。

```
int winner = (bid1 < bid2) ? bid1 : bid2;
```

非常緊密！即使只是閱讀這些三元運算式也需要一些練習，但是一旦您掌握了它，我想您會發現它是一個非常方便的運算子。另一種方法是有點冗長的 if/else：

```
int winner;
if (bid1 < bid2) {
  winner = bid1;
} else {
  winner = bid2;
}
```

這當然不是一個糟糕的替代方案，但它肯定更為冗長。另外，有時三元方法確實可以簡化事情。還記得第 48 頁「比較運算子」中關於布林運算式的第一個程式 *booleans.c* 嗎？我們不得不忍受把 1 解釋為「真」而將 0 解釋為「假」這件事。我們最終在 *booleans3. c* 中列印了美好的敘述，但是我們不得不使用那個相當冗長的 if/else 樣式。但是，使用 ?:，我們可以直接在 printf() 敘述中進行人性化的輸出。試試 *ch03/booleans4.c*（*https://oreil.ly/Hnumr*）並看看您的想法：

```
#include <stdio.h>

int main() {
  printf(" 1 == 1  : %s\n", 1 == 1 ? "true" : "false");
  printf(" 1 != 1  : %s\n", 1 != 1 ? "true" : "false");
  printf(" 5 < 10  : %s\n", 5 < 10 ? "true" : "false");
  printf(" 5 > 10  : %s\n", 5 > 10 ? "true" : "false");
  printf("12 <= 10 : %s\n", 12 <= 10 ? "true" : "false");
  printf("12 >= 10 : %s\n", 12 >= 10 ? "true" : "false");
}
```

這是我們更新後的輸出：

```
ch03$ gcc booleans4.c
ch03$ ./a.out
 1 == 1  : true
 1 != 1  : false
 5 < 10  : true
```

```
 5 > 10  : false
12 <= 10 : false
12 >= 10 : true
```

好多了。

要包裝在 *booleans3.c* 中的每一個 if/else 區塊中的列印呼叫有點痛苦。不僅煩人，如果您進行任何更改，印出的文本中的共享部分可能會不同步。例如，如果您在行首發現拼寫錯誤，則必須確保在 if 子句中和 else 子句中的 printf() 都修復了開頭。忘記一個或另一個實在太容易了。

在任何您可以透過使用不同的條件敘述或運算子來避免此類的重複程式碼的時機，都值得考慮要不要那麼做。但不要過分熱心；如果您的 if/else 鏈接感覺是可讀的並產生正確的輸出，那仍然是一個不錯的選擇。

# 迴圈敘述

您可以僅使用變數以及我們目前介紹的輸入、輸出和分支敘述來解決一些有趣的問題。但電腦真正閃耀的地方之一，發生在當您需要重複一個測試或一批敘述時。要執行重複，您可以使用 C 的迴圈（*loop*）敘述其中之一。您的程式會執行所有的（可選）敘述，並在這些敘述結束時「迴圈」到開頭並再次執行它們。通常您不希望該迴圈永遠執行，因此每個迴圈敘述，都有一個條件來檢查並查看迴圈何時應該停止。

## for 敘述

程式設計中出現的一種重複型別是重複一個區塊特定的次數。例如，為一周中的每一天做某事，或者處理前 5 行輸入，甚至只是從 1 數到 10。實際上，讓我們看看數到 10 的 for 迴圈，如圖 3-1 中標記了迴圈的部分（請隨意輸入或開啟 *ch03/ten.c*（*https://oreil.ly/qqDiQ*）檔案。）。起初它可能看起來有點亂，但隨著時間的推移它會變得熟悉。

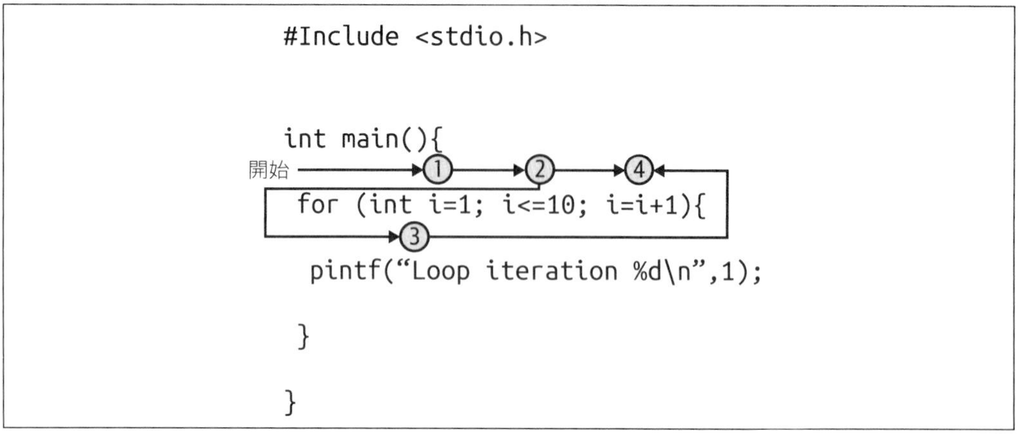

```
                    #Include <stdio.h>


            int main(){
開始 ──────────────▶①──────▶②──────▶④◀──
            │  for (int i=1; i<=10; i=i+1){   │
            ──────────③──────────────────────
                 pintf("Loop iteration %d\n",1);

            }


            }
```

圖 3-1　帶註解的 for 迴圈

在我們查看迴圈的細節之前，以下是它的輸出：

```
ch03$ gcc ten.c
ch03$ ./a.out
Loop iteration: 1
Loop iteration: 2
Loop iteration: 3
Loop iteration: 4
Loop iteration: 5
Loop iteration: 6
Loop iteration: 7
Loop iteration: 8
Loop iteration: 9
Loop iteration: 10
```

❶　（int i = 1）這是我們的迴圈變數。我們會使用和普通變數相同的宣告和初始化語法。迴圈的這部分總是會首先執行，並且只在迴圈開始時執行一次。

❷　（i <= 10）這是查看迴圈何時停止的測試。只要此測試傳回真，迴圈就會執行。如果這個條件是假 —— 即使是第一次被檢查時 —— 迴圈也會結束。

❸　接下來執行迴圈主體，假設 ❷ 中的測試傳回真。

❹　（i = i + 1）完成主體後，評估此調整運算式。該運算式通常會把我們的迴圈變數遞增或遞減一。在這一步之後，控制會跳回 ❷ 來看迴圈是否應該繼續。

初始化、檢查何時結束以及調整都非常有彈性。您可以使用任何您喜歡的名稱，並且可以按任意數量來進行遞增或遞減。如果出於任何原因需要使用連續字元，您甚至可以把 char 型別用於變數。

讓我們嘗試一些更簡單的 for 迴圈來練習它的語法和流程。我們會初始化我們的迴圈變數、檢查以確保我們應該啟動迴圈、執行主體中的敘述、執行調整，然後檢查是否應該繼續。重複整個流程（Lather. Rinse. Repeat.）[4]。我們將嘗試一些具有不同調整的迴圈，包括可用於向後計數的遞減，*ch03/more_for.c*（*https://oreil.ly/jzGZe*）：

```c
#include <stdio.h>
int main() {
  printf("Print only even values from 2 to 10:\n");
  for (int i = 2; i <= 10; i = i + 2) {
    printf("  %i\n", i);
  }
  printf("\nCount down from 5 to 1:\n");
  for (int j = 5; j > 0; j = j - 1) {
    printf("  %i\n", j);
  }
}
```

以下是我們的輸出：

```
ch03$ gcc more_for.c
ch03$ ./a.out
Print only even values from 2 to 10:
  2
  4
  6
  8
  10

Count down from 5 to 1:
  5
  4
  3
  2
  1
```

---

4 您知道很多洗髮精的瓶子都帶有洗頭演算法嗎？但是不要太嚴格地遵循演算法：很多時候指令真的很簡單，就像「起泡、沖洗、重複（lather, rinse, repeat）」，這是一個無限迴圈！它並沒有檢查您何時重複足夠多次。

嘗試調整迴圈中的一些值並重新編譯。您能一次倒數二嗎？您能數到 100 嗎？您能透過每次加倍來從 1 數到 1,024 嗎？

## 遞增捷徑

像我們在那些調整運算式中那樣地遞增或遞減變數是一項非常常見的任務（即使在迴圈之外），C 支援許多用於這種類型的更改的捷徑。考慮以下形式的敘述：

```
var = var op value

// 範例
i = i + 1
y = y * 5
total = total - 1
```

其中 var 是某個變數，op 是表 2-6 中的算術運算子之一。如果您在程式碼中使用此樣式，則可以使用複合賦值（compound assignment）：

```
var op= value

// 轉換後的範例
i += 1
y *= 5
total -= 1
```

更進一步，任何時候要對變數中加或減 1 時，都可以使用更簡潔的變體：

```
var++ 或 var--

// 進一步轉換後的範例
i++
total--
```

 您可能會看到遞增和遞減捷徑的「前序（prefix）」版本，也就是 ++i 或 --total。這些變體是合法的，並且有一個微妙的區別，不過像我們正在 for 迴圈中那樣使用時不會發揮作用[5]。

---

[5] 這裡是一個快速的書呆子細節，如果您好奇的話。**前序**運算子位於它們要運算的值或運算式之前。i-- 運算式包含一個**後序**（*postfix*）運算子的範例 —— 它位於值或運算式之後。在 C 中，所有像 + 或 * 或 == 這樣的二元運算子都是**中序**（*infix*）運算子，會位於運算元之間。

---

您不必使用這些緊湊的選項，但它們很受歡迎，您肯定會在 Stack Overflow 等程式設計網站或 Arduino 範例中遇到它們。

## for 的陷阱

在我們處理 C 中的其他迴圈選項之前，我想指出一些會絆倒您的 for 迴圈細節。

也許 for 迴圈語法中最重要的元素，是位於迴圈設定中間的條件。您需要確保條件會允許迴圈開始，以及可以讓迴圈停止的更明顯的那個必要能力。考慮這個迴圈片段：

```
for (int x = 1; x == 11; x++) {
  // ....
}
```

迴圈的表面意圖是要計數到 10 —— 透過在 x 等於 11 時停止。但條件必須評估為真才能讓迴圈執行，因此您不能只看最後的情況。

您還需要確保您的條件和調整運算式是同步的。我最喜歡的錯誤之一是建立一個迴圈來倒數或往回數，但我忘記使用遞減運算：

```
for (int countdown = 10; countdown > 0; countdown++) {
  // ....
}
```

我顯然在這個設定的最後一部分應該說 countdown--，但遞增是如此普遍，幾乎成為肌肉記憶。看看這個迴圈。您能看到會發生什麼嗎？這個迴圈不會移動到停止條件，而是會向前並繼續執行相當長的一段時間。令人難過的是，編譯器在這裡並不能真正幫助我們，因為這種語法是完全合法的。該錯誤是一個邏輯錯誤，因此必須由作為程式設計師的您來抓出它。

另一個容易犯的大錯誤和 for 迴圈設定的語法有關。請注意，運算式是用分號而不是逗號分隔：

```
for (int bad = 1, bad < 10, bad++) {
  // ....
}

for (int good = 1; good < 10; good++) {
  // ....
}
```

這個細節很容易錯過，您可能至少會犯一次這樣的錯誤。不過，在這裡，編譯器會幫您捕捉到：

```
ch03$ gcc bad_ten.c
ten.c: In function 'main':
ten.c:4:23: error: expected '=', ',', ';', 'asm' before '<=' token
    4 |   for (int bad = 1, bad <= 10, bad++) {
      |                         ^~
ten.c:7:1: error: expected expression before '}' token
    7 | }
      | ^
ten.c:7:1: error: expected expression before '}' token
ten.c:7:1: error: expected expression before '}' token
```

這當然很容易修復，但在您學習的時候要注意這件事情。這些類型的錯誤是您在直接輸入程式碼，而不是從線上資源中剪貼程式碼時經常遇到的（然後修復！）。出於這個原因，我確實會建議您手動輸入本書中的一些程式列表。

# while 敘述

執行特定數量的迭代無疑是電腦程式設計中的一項流行任務。但是進行迴圈直到滿足一些更通用的條件也很常見。在 C 中，更通用的迴圈是 while 迴圈。它有一個簡單的條件作為它唯一真正的語法元素。如果條件為真，則執行迴圈主體。然後跳回去檢查條件……然後重複。

這種類型的迴圈非常適合無法預測需要掃描多少份資訊的輸入。讓我們嘗試一個簡單的程式來計算一些數字的平均值。至關重要的是，我們會允許使用者輸入盡可能多（或盡可能少）的數字。我們會要求他們輸入一個哨符（*sentinel*）值，以指出他們已經完成了給我們新的數字這件事。哨符可以是和預期值明顯不同的任何值。我們會在我們的條件中使用它，以讓我們知道什麼時候停止。例如，讓我們向使用者詢問 1 到 100 之間的數字。然後我們可以使用 0 來作為哨符。以下是 *ch03/average.c*（*https://oreil.ly/KmxH4*）：

```
#include <stdio.h>

int main() {
  int grade;
  float total = 0.0;
  int count = 0;
  printf("Please enter a grade between 1 and 100. Enter 0 to quit: ");
  scanf("%i", &grade);
```

```
` while (grade != 0) {
    total += grade;
    count++;
    printf("Enter another grade (0 to quit): ");
    scanf("%i", &grade);
  }
  if (count > 0) {
    printf("\nThe final average is %.2f\n", total / count);
  } else {
    printf("\nNo grades were entered.\n");
  }
}
```

以下是使用不同輸入的兩個範例執行：

```
ch03$ gcc average.c
ch03$ ./a.out
Please enter a grade between 1 and 100. Enter 0 to quit: 82
Enter another grade (0 to quit): 91
Enter another grade (0 to quit): 77
Enter another grade (0 to quit): 43
Enter another grade (0 to quit): 14
Enter another grade (0 to quit): 97
Enter another grade (0 to quit): 0

The final average is 67.33

ch03$ ./a.out
Please enter a grade between 1 and 100. Enter 0 to quit: 0

No grades were entered.
```

我們透過向使用者詢問第一個數字來讓事情順利進行。然後，我們會在 while 敘述中使用該回應。如果他們第一次輸入 0，我們就結束了。和 for 迴圈不同，從不執行的 while 迴圈並不少見。在某些合理的情況下，您可能需要迭代一個可選任務，例如，關閉智慧家庭中的所有燈。但因為可選，有時這意味著您根本不需這樣做；如果燈已經熄滅了，那麼就無事可做。

不過，假設他們給了我們一個有效的數字，我們開始了迴圈。把他們的輸入加到一個分別的變數中，我們會在其中儲存到目前為此的 total。（在程式設計中，這有時被稱為累加器（*accumulator*）。）我們還增加了第三個變數 count，以追蹤使用者給了我們多少數字。

我們提示使用者輸入下一個數字（或 0 退出）。我們得到他們的輸入，並且該值會再次用於 while 迴圈的條件。如果最近的成績有效，則把它加到總成績中並重複。

完成迴圈後，我們列印結果。我們使用 if/else 敘述來把最終結果包裝成一個漂亮、人性化的句子。如果他們在開頭輸入 0，我們會注意到沒有要列印的平均值。否則（else）我們以小數點後兩位的精準度來列印平均值。

## do/while 變體

C 中的最後一個迴圈敘述是 do/while（有時僅稱為 do 迴圈）。正如您可能從名稱中猜到的那樣，它類似於 while 迴圈，但有一個很大的不同。do 迴圈會自動保證迴圈主體至少會執行一次。它是透過在主體執行之後而不是之前檢查迴圈條件來做到這一點。如果您知道您至少需要執行一輪，那就太好了。我們的平均成績程式實際上就是一個很好的範例。我們必須至少向使用者詢問一個成績。如果他們立即給我們一個 0，我們就結束了，這很好。如果他們給了我們一個有效的數字，我們就會累積我們的總數並再次詢問。使用 do 迴圈並在最後面對我們的計數進行小的調整，我們可以避免 *ch03/average2.c*（*https://oreil.ly/ILhdW*）中重複的 scanf() 呼叫：

```c
#include <stdio.h>

int main() {
  int grade;
  float total = 0.0;
  int count = 0;
  do {
    printf("Enter a grade between 1 and 100 (0 to quit): ");
    scanf("%i", &grade);
    total += grade;
    count++;
  } while (grade != 0);
  // 我們最終時把哨符算作一個分數，所以要撤消它
  count--;
  if (count > 0) {
    printf("\nThe final average is %.2f\n", total / count);
  } else {
    printf("\nNo grades were entered.\n");
  }
}
```

輸出基本相同：

```
ch03$ gcc average2.c
ch03$ ./a.out
Enter a grade between 1 and 100 (0 to quit): 82
Enter a grade between 1 and 100 (0 to quit): 91
Enter a grade between 1 and 100 (0 to quit): 77
Enter a grade between 1 and 100 (0 to quit): 43
Enter a grade between 1 and 100 (0 to quit): 14
Enter a grade between 1 and 100 (0 to quit): 97
Enter a grade between 1 and 100 (0 to quit): 0

The final average is 67.33
```

差別不大 —— 實際上在結果上沒有差別 —— 但是只要您可以在不損害功能的情況下刪除程式碼行，您就可以減少出現錯誤的機會。這總是一件好事！

## 巢套

把迴圈和條件敘述添加到您的指令表中，會大大擴展您可以解決的問題。但它還可以更好：您可以在迴圈中巢套 if 敘述來觀察錯誤情況、在 if 中放置 while 來等待感測器、或者在另一個 for 迴圈中使用 for 迴圈來遍歷表格資料。請記住，所有這些控制敘述仍然只是敘述，它們可以在任何其他允許使用更簡單敘述的地方使用。

讓我們使用這種巢套能力來進一步改進我們的平均程式。我們知道零是「完成」值，但我們說我們想要的是 1 到 100 之間的值。如果使用者給我們一個負數會發生什麼呢？大於 100 的數字呢？如果您仔細查看 *average2.c* 中的程式碼，您會發現我們並沒有做太多的事情。我們不會退出或扔掉它。如果我們像在 *ch03/average3.c*（*https://oreil.ly/alYI8*）中那樣在迴圈中使用 if/else 敘述，我們可以做得更好：

```
#include <stdio.h>

int main() {
  int grade;
  float total = 0.0;
  int count = 0;
  do {
    printf("Enter a grade between 1 and 100 (0 to quit): ");
    scanf("%i", &grade);
    if (grade >= 1 && grade <= 100) {
      // 有效！算進來。
```

```
      total += grade;
      count++;
    } else if (grade != 0) {
      // 無效，而且不是我們的哨符，因此印出錯誤訊息並繼續。
      printf("    *** %d is not a valid grade. Skipping.\n", grade);
    }
  } while (grade != 0);

  if (count > 0) {
    printf("\nThe final average is %.2f\n", total / count);
  } else {
    printf("\nNo grades were entered.\n");
  }
}
```

酷。我們甚至修復了在 *average2.c* 中 count 變數的小問題，因為在那裡即使第一個輸入
是 0，我們也因為執行了 do/while 迴圈的整個主體，而讓我們必須把 count 減 1。非常
好的升級！

讓我們用一些簡單的輸入來測試這個程式，這樣我們就可以驗證平均值中沒有包含壞的
值：

```
ch03$ gcc average3.c
ch03$ ./a.out
Enter a grade between 1 and 100 (0 to quit): 82
Enter a grade between 1 and 100 (0 to quit): -82
    *** -82 is not a valid grade. Skipping.
Enter a grade between 1 and 100 (0 to quit): 43
Enter a grade between 1 and 100 (0 to quit): 14
Enter a grade between 1 and 100 (0 to quit): 9101
    *** 9101 is not a valid grade. Skipping.
Enter a grade between 1 and 100 (0 to quit): 97
Enter a grade between 1 and 100 (0 to quit): 0

The final average is 59.00
```

我們可以檢查數學：$82 + 43 + 14 + 97 = 236. 236 \div 4 = 59$。這和我們的結果相匹配，所
以我們的巢套 if/else 是有效的。萬歲！

當您使用巢套控制敘述來建構更複雜的程式時,您可能會遇到需要在迴圈正常完成之前退出迴圈的情況。令人高興的是,您在討論 switch 敘述時看到的 break 命令可用來立即退出迴圈。一些程式設計師會試圖避免這種「作弊」,但有時我認為它實際上使程式碼更具可讀性。

一個常見的使用案例是在迴圈中間遇到來自使用者輸入的錯誤。與其嘗試在迴圈條件中添加額外的邏輯,不如使用 if 敘述來測試錯誤,如果確實收到錯誤,則直接 break。

## 巢套迴圈和表格

讓我們試試另一個範例。我提到對表格資料使用巢套的 for 迴圈。我們可以使用這個想法在 *ch03/multiplication.c*(*https://oreil.ly/mQQbs*)中來產生小學經典的乘法表:

```c
#include <stdio.h>

int main() {
  int tableSize = 10;
  for (int row = 1; row <= tableSize; row++) {
    for (int col = 1; col <= tableSize; col++) {
      printf("%4d", row * col);
    }
    printf("\n"); // final newline to move to the next row
  }
}
```

這個程式很小。這種重複性任務,是程式可以非常有效率處理的類型。產生的表格如下:

```
ch03$ gcc multiplication.c
ch03$ ./a.out
   1    2    3    4    5    6    7    8    9   10
   2    4    6    8   10   12   14   16   18   20
   3    6    9   12   15   18   21   24   27   30
   4    8   12   16   20   24   28   32   36   40
   5   10   15   20   25   30   35   40   45   50
   6   12   18   24   30   36   42   48   54   60
   7   14   21   28   35   42   49   56   63   70
   8   16   24   32   40   48   56   64   72   80
   9   18   27   36   45   54   63   72   81   90
  10   20   30   40   50   60   70   80   90  100
```

真令人欣慰！而且您不會受限於兩個迴圈。您可以使用三個迴圈來處理三維資料，如以下程式碼片段所示：

```
for (int x = -5; x <= 5; x++) {
  for (int y = -5; y <= 5; y++) {
    for (int z = -5; z <= 5; z++) {
      // 用您的三維 (x, y, z) 坐標做些事
      // 或者使用更多的巢套元素，像是檢查原點
      if (x == 0 && y == 0 && z == 0) {
        printf("We found the origin!\n");
      }
    }
  }
}
```

您可以包裝在程式碼中的複雜性（幾乎）沒有盡頭，甚至可以解決最棘手的問題。

## 變數作用域

關於 C 中的巢套敘述，要記住的一件重要事情，是該語言會在它的區塊中強制執行**變數作用域**（*variable scope*）。例如，如果您建立一個用於 for 迴圈的變數，則該變數在迴圈完成後會無法使用。對於在區塊內（例如，在一對大括號內）或在 for 迴圈的設定中所宣告的任何變數都是如此。區塊結束後，該變數將不再可存取（有時您會聽到程式設計師談論變數的**可見性**（*visibility*），這是同一個想法。）。

大多數情況下，您不必對這個主題進行太多思考，因為您自然會傾向於在您宣告變數的地方使用變數，這很好。但是在複雜的程式碼結構中，您可能會忘記了宣告變數的位置，這可能會導致問題。

讓我們升級我們的乘法表程式，詢問使用者他們想要生成多大的表格（在合理範圍內！）。我們會允許從 1 到 20 的任何表格大小。我們把使用者的回應儲存在兩個迴圈都可以使用的變數中。試試下面的程式（*ch03/multiplication2.c*（*https://oreil.ly/0z424*））並注意註解，這些註解突顯了變數不可見的一些潛在問題區域。

```
#include <stdio.h>

int main() {
  int tableSize;
  printf("Please enter a size for your table (1 - 20): ");
  scanf("%i", &tableSize);
  if (tableSize < 1 || tableSize > 20) {
```

```
      printf("We can't make a table that size. Sorry!\n");
      printf("We'll use the default size of 10 instead.\n");
      tableSize = 10;
  }
  for (int row = 1; row <= tableSize; row++) {        ❶
    // row 和 tableSize 兩者都在作用域中

    for (int col = 1; col <= tableSize; col++) {      ❶
      // row, col, 和 tableSize 全都在作用域中

      printf("%4d", row * col);                       ❷
    }
    // col 現在不在作用域中                              ❸
    printf("\n"); // 最後的換行以移到下一列
  }
  // row 現在也不在作用域中，但 tableSize 還是可用
}
```

❶  您可以看到我們的 `tableSize` 變數在兩個迴圈中都是可見的。

❷  顯然，`row` 變數在由 `col` 變數驅動的迴圈中可見。

❸  但是一旦內層 `for` 迴圈完成了給定列的值的列印工作，`col` 變數會「超出作用域」
    並且無法使用。

但是，如果您嘗試存取超出作用域的內容會發生什麼呢？很高興的是，編譯器通常會抓
到您的錯誤。例如，如果我們嘗試在目前列印換行字元來結束一列的地方列印 `col` 的最
終值，我們將收到如下錯誤：

```
ch03$ gcc multiplication2.c
multiplication2.c: In function 'main':
multiplication2.c:19:20: error: 'col' undeclared (first use in this function)
   19 |      printf("%d\n", col); // final newline to move to the next row
      |                     ^~~
```

犯這些錯誤永遠不會致命。您只需要閱讀錯誤訊息並找出導致問題的程式碼片段。如果
在迴圈或區塊結束後**確實**需要使用特定變數，則必須在區塊之前定義該變數。例如，我
們可以在宣告 `tableSize` 的同一位置宣告我們的兩個迴圈變數 `row` 和 `col`，以讓它們在
`main()` 函數中的任何地方都是可見的。我們在 `for` 迴圈中的初始化步驟中不會用它們的
`int` 型別來宣告這些變數，而只是賦值起始值，就像在 *ch03/multiplication3.c*（*https://*
*oreil.ly/yTDBc*）中一樣：

```
#include <stdio.h>

int main() {
  int tableSize, row, col;
  printf("Please enter a size for your table (1 - 20): ");
  scanf("%i", &tableSize);
  if (tableSize < 1 || tableSize > 20) {
    printf("We can't make a table that size. Sorry!\n");
    printf("We'll use the default size of 10 instead.\n");
    tableSize = 10;
  }
  // 注意因為我們在上面宣告了 row 和 col，我們不會
  // 在 for 迴圈的內部包含 "int" 型別宣告
  for (row = 1; row <= tableSize; row++) {
    for (col = 1; col <= tableSize; col++) {
      printf("%4d", row * col);
    }
    printf("\n");
  }
  printf("\nFinal variable values:\n");
  printf("  row == %d\n  col == %d\n  tableSize == %d\n", row, col, tableSize);
}
```

如果我們用 5 的寬度來執行我們的新版本，那麼，這是我們的輸出：

```
ch03$ gcc multiplication3.c
ch03$ ./a.out
Please enter a size for your table (1 - 20): 5
    1    2    3    4    5
    2    4    6    8   10
    3    6    9   12   15
    4    8   12   16   20
    5   10   15   20   25

Final variable values:
  row == 6
  col == 6
  tableSize == 5
```

所以我們可以看到會導致迴圈停止的 row 和 col 的最終值。有點簡潔，但也有點容易引起問題。由於這些潛在問題，我並不贊成使用具有廣泛或全域作用域的變數。如果您有充分的理由，並且需要在不同的區塊中使用特定的變數，那沒問題，只要確保您是有意地宣告這些變數，而不是僅僅為了讓程式能夠編譯即可。

# 習題

在本章中，我們已經看到了幾種不同的控制敘述流程的結構。希望您在閱讀時一直在嘗試和調整範例。但是沒有什麼像使用它那樣能幫助您適應一種新的語言或新的敘述。一遍又一遍的用。再用一遍。:) 為此，如果您願意，可以在繼續閱讀之前嘗試以下練習。

1. 列印出三角形圖案。您可以在程式中規定大小或詢問使用者，就像我們對乘法表所做的那樣。例如：

```
exercises$ ./a.out
Please enter a size for your triangle (1 - 20): 5
*
**
***
****
*****
```

2. 列印出置中的由星號構成的金字塔圖案，如下所示：

```
exercises$ ./a.out
Please enter a size for your triangle (1 - 20): 5
    *
   * *
  * * *
 * * * *
* * * * *
```

3. 把列和行標籤添加到我們的乘法表中，如下所示：

```
exercises$ ./a.out
Please enter a size for your table (1 - 20): 5
      1   2   3   4   5
  1   1   2   3   4   5
  2   2   4   6   8  10
  3   3   6   9  12  15
  4   4   8  12  16  20
  5   5  10  15  20  25
```

4. 寫一個猜數字遊戲。現在，只需自己選擇一個數字並把它儲存在 secret 之類的變數中。（我們將在第 7 章中介紹讓電腦為我們選擇一個亂數。）告訴使用者範圍的界限是什麼，並在他們猜測時，給他們關於他們的猜測是低於還是高於 secret 的提示。玩您的遊戲可能看起來像這樣：

```
exercises$ ./a.out
Guess a number between 1 and 50: 25
Too low! Try again.
Guess a number between 1 and 50: 38
Too low! Try again.
Guess a number between 1 and 50: 44
Too high! Try again.
Guess a number between 1 and 50: 42
*** Congratulations! You got it right! ***
```

5. 嘗試實現歐基里德演算法（Euclid's algorithm）來找到兩個數共有的最大公約數。用
   虛擬程式碼（*pseudocode*）（英文敘述像程式碼般排列，偶爾會使用「=」這樣的運
   算子；它是一種描述某些程式步驟的方式，而不需要真正的程式碼）表示時，演算法
   如下：

```
Start with two positive numbers, a and b
While b is not zero:
  Is a greater than b?
    Yes: a = a - b
    No: b = b - a
Print a
```

您可以在程式中設定這兩個值或要求使用者輸入它們。要檢查您的程式是否正確，3,456
和 1,234 的最大公約數是 2，而 432 和 729 的最大公約數是 27。

如果您想了解我是如何解決這些問題的，您可以查看 *ch03/exercises*（*https://oreil.ly/
BDw5K*）資料夾中的各種解答。但我鼓勵您在查看我的解答之前先嘗試自己解決它們。
有很多很多方法可以解決每個習題，把您自己的方法與我的方法進行比較，可以幫助強
化我們所涵蓋的敘述的語法和目的。

# 下一步

我們在本章中介紹的分支和重複敘述是電腦程式解決問題的能力的核心。它們讓採用現
實世界的演算法並把它轉換為程式碼成為可能。了解 C 的控制敘述會帶來額外的好處，
讓您為其他經常借用 C 語法的程式設計語言做好準備。

不過，還有更多的語法需要介紹。在下一章中，我們將了解 C 是如何處理用於儲存大型
串列的最流行工具之一：陣列。著眼於為更有限的微控制器編寫 C 程式碼的目標，我們
還將了解如何使用 C 來運算電腦中最小的東西：位元。

第四章

# 位元和（許多）位元組

在我們開始使用第 5 章中的函數之類的東西來建構更複雜的程式之前，我們應該介紹 C 中兩個更有用的儲存類別：陣列和單一位元。這些並不是像 int 或 double 這樣的不同的型別，但它們在處理微小事物或大量事物時很有用。事實上，陣列（*array*）的概念 —— 也就是項目的順序性串列 —— 非常有用，我們不得不在第 24 頁的「獲取使用者輸入」中作弊，並在沒有太多解釋的情況下使用它來以字串的形式儲存使用者的輸入。

我們還討論了布林值的概念，也就是是或否、真或假、1 或 0。特別是在處理微控制器時，您通常會收集一小組的感測器或開關，它們提供了開 / 關值。C 的正常儲存選項意味著會把整個 char（8 位元）或 int（16 位元）用於追蹤這些微小的值。這感覺有點浪費，而且確實如此。C 有一些技巧可以用來更有效率地儲存此類資訊。在本章中，我們會透過宣告陣列然後存取和運算它們的內容來解決大問題，以及如何使用最小的東西（bit）（咳咳）。（而且我保證不會再說更多的雙關語。盡量啦。）

## 用陣列儲存多個東西

幾乎不可能找到一個不使用陣列來解決實際問題的 C 程式。如果您必須使用任何型別的值的任何集合，那麼這些值最終幾乎肯定會以陣列形式表達。成績單、學生名單、美國各州縮寫列表等等等等等。即使是我們的微型機器，也可以使用陣列來追蹤 LED 燈條上的顏色。毫不誇張地說，陣列在 C 中無處不在，所以讓我們仔細看看要如何使用它們。

# 建立和處理陣列

正如我所提到的，我們在第 2 章（第 24 頁的「獲取使用者輸入」）中使用了一個陣列來允許一些使用者輸入。讓我們重溫該程式碼（*ch04/hello2.c*（*https://oreil.ly/HnAfB*））並把注意力放在字元陣列上：

```c
#include <stdio.h>

int main() {
  char name[20];

  printf("Enter your name: ");
  scanf("%s", name);
  printf("Well hello, %s!\n", name);
}
```

那麼這個 char name[20] 宣告到底是做什麼的呢？它建立了一個名為「name」的變數，其基本型別為 char，但它是一個陣列，因此您可以獲得儲存多個 char 的空間。在本案例中，我們要求了 20 個位元組，如圖 4-1 所示。

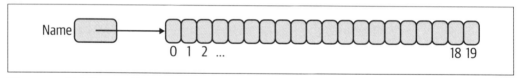

圖 4-1　一個名為 name 的 char 型別空陣列

當我們執行程式時，這個陣列變數會發生什麼呢？當您輸入名稱並按鍵盤上的 Return 鍵時，您輸入的字元會被放置在陣列中。由於我們使用了 scanf() 及其字串（%s）格式欄位，我們會自動獲得一個尾隨空元（'\0' 或有時是 '\000'），用來標記字串的結尾。在記憶體中，name 變數現在如圖 4-2 所示。

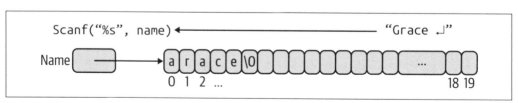

圖 4-2　表達字串的 char 陣列

陣列末尾的空字元是字串的特性；這並不是管理其他型別陣列的方式。字串通常儲存在字串長度已知之前所設定的陣列中，並且使用這個 '\0' 標記，就像我們在第 72 頁的「while 敘述」中所做的那樣，來標記有用的輸入的結束。C 中的所有字串處理函數都希望看到這個終止字元，您可以在自己處理字串的工作中指望它的存在。

現在，當我們在隨後的 printf() 呼叫中再次使用 name 變數時，我們可以回顯所有儲存的字母，且空字元會告訴 printf() 何時該停止，即使 name 沒有佔用整個陣列。相反的，列印一個沒有終止字元的字串會導致 printf() 在陣列末尾繼續執行，並可能導致程式當掉。

## 長度與容量

我們不是分配了 20 個字元槽位嗎？如果我們的名字（例如「Grace」）沒有佔據所有的位置，它們在做什麼？令人高興的是，最後一個空字元相當巧妙地解決了這個難題。我們確實有空間容納更長的名字，比如「Alexander」甚至「Grace Hopper」；無論陣列有多大，空字元總是標記字串的結束。

如果您以前沒有使用過 C 或其他語言中的字元，那麼空字元的概念可能會令人困惑。它是數值為 0（零）的字元。這和空格字元（ASCII 32）或數字 0（ASCII 48）（'\n' ASCII 10）不同。您通常不必擔心要手動添加或放置這些空值，但重要的是要記住它們會出現在字串的末尾，即使它們從未被列印出來。

但是如果名稱對於配置的陣列來說太長了怎麼辦？讓我們來了解一下！再次執行程式並輸入更長的名稱：

```
ch04$ ./a.out
Enter your name: @AdmiralGraceMurrayHopper
Well hello, @AdmiralGraceMurrayHopper!
*** stack smashing detected ***: terminated
Aborted (core dumped)
```

真是有趣。所以我們宣告的容量是一個相當硬性的限制 —— 如果我們溢出（overflow）陣列就會出錯[1]。很高興能知道這件事！我們總是需要在使用之前預留足夠的空間[2]。

如果我們不能提前知道陣列中有多少個槽位時怎麼辦呢？C 的 sizeof 運算子可以提供幫助。它可以告訴您變數或型別的大小（以位元組為單位）。對於簡單型別，這就是 int 或 char 或 double 的長度。對於陣列，它是配置的總記憶體量。這意味著只要我們知道陣列的基本型別，就可以知道陣列中有多少個槽位。讓我們嘗試為會計分類帳製作一個 double 值的陣列。我們會假裝不知道可以儲存多少個值，並使用 sizeof 來找出它。看看 *ch04/capacity.c*（*https://oreil.ly/O3DfB*）：

```c
#include <stdio.h>

int main() {
  double ledger[100];
  printf("Size of a double: %li\n", sizeof (double));
  printf("Size of ledger: %li\n", sizeof ledger);
  printf("Calculated ledger capacity: %li\n", sizeof ledger / (sizeof (double)));
}
```

請注意，當詢問型別的大小時，您需要括號。編譯器需要這個額外的上下文，來把關鍵字視為運算式。對於像 ledger 這樣已經符合運算式定義的變數，我們可以不使用它們。讓我們執行我們的小程式。輸出如下：

```
ch04$ gcc capacity.c
ch04$ ./a.out
Size of a double: 8
Size of ledger: 800
Calculated ledger capacity: 100
```

不錯。由於我們確實知道製作的陣列有多大，我們可以把選擇的大小和計算結果進行比較。兩者有匹配（呼！）。但在某些情況下，您會從獨立來源獲得資訊，也不一定總是知道陣列的大小。請記住，有像是 sizeof 之類的工具，它們可以幫助您理解這些資訊。

---

1 出錯的具體方式可能會有所不同。您的作業系統或版本、編譯器版本，甚至系統執行時的條件都會影響輸出。關鍵是要小心不要溢出您的陣列。

2 gcc stack-protector 選項可用於偵測某些緩衝區的溢出，並在溢出可被惡意使用之前中止程式。這是一個預設關閉的編譯時旗標。

## 初始化陣列

到目前為止，我們已經建立了空陣列或載入了在執行時由使用者輸入的資料的 char 陣列。就像更簡單的變數型別一樣，C 允許您在定義陣列時對它進行初始化。

對於任何的陣列，您都可以在一對大括號內提供一串列的值，用逗號分隔它們。這裡有一些範例：

```
int days_in_month[12] = { 31, 28, 31, 30, 31, 30, 31, 31, 30, 31, 30, 31 };
char vowels[6] = { 'a', 'e', 'i', 'o', 'u', 'y' };
float readings[7] = { 8.9, 8.6, 8.5, 8.7, 8.9, 8.8, 8.5 };
```

請注意，陣列的宣告大小和為了初始化陣列而提供的值的數量相匹配。在這種情況下，C 允許一個很好的速記：您可以省略應該要出現在方括號之間的外顯式設定大小。編譯器會配置正確的記憶體容量，以完全適合初始化串列。這意味著我們可以像這樣重寫我們之前的程式碼片段：

```
int days_in_month[] = { 31, 28, 31, 30, 31, 30, 31, 31, 30, 31, 30, 31 };
char vowels[] = { 'a', 'e', 'i', 'o', 'u', 'y' };
float readings[] = { 8.9, 8.6, 8.5, 8.7, 8.9, 8.8, 8.5 };
```

然而，字串是一種特殊情況。C 支援字串文字（*string literal*）的概念。這意味著您可以使用雙引號之間的字元序列來作為值。您可以使用字串文字來初始化 char[] 變數。您可以在幾乎任何允許字串變數的地方使用它。（我們在第 63 頁的「三元運算子和條件賦值」中看到了這一點，其中我們使用三元運算子（?:）來把真假值列印為單字而不是 1 或 0。）

```
// 使用字串文字對 char 陣列進行特殊初始化
char secret[] = "password1";

// printf() 格式字串通常是字串文字
printf("Hello, world!\n");

// 我們也可以列印文字
printf("The value stored in %s is '%s'\n", "secret", secret);
```

您也可以透過在大括號內提供單一字元來初始化字串，但這通常更難閱讀。您必須記住要包含終止空字元，而且這種較繁瑣的選項和使用字串文字相比，並沒有提供任何其他真正的優勢。

## 存取陣列元素

建立陣列後，您可以使用方括號來存取陣列中的各個元素。您在方括號內給出一個索引號碼，其中第一個元素的索引值為 0。例如要從我們之前的陣列中列印第二個母音或 7 月的天數：

```
printf("The second vowel is: %c\n", vowels[1]);
printf("July has %d days.\n", days_in_month[6]);
```

如果打包到一個完整的程式中，這些敘述將產生以下輸出：

```
The second vowel is: e
July has 31 days.
```

但是我們在方括號內提供的值不需要是一個固定的數字。它可以是任何能產生整數的運算式。（如果您有足夠的記憶體，它可以是 long 或其他更大的整數型別。）這意味著您可以使用計算式或變數作為索引。例如，如果我們把「目前月份」儲存在一個變數中，並使用月份的典型值 —— 一月是 1、二月是 2、等等 —— 那麼我們可以使用以下程式碼來列印七月的天數：

```
int month = 7;
printf("July (month %d) has %d days.", month, days_in_month[month - 1]);
```

存取這些成員的簡便性和靈活性是陣列如此受歡迎的部分原因。經過一些練習，您會發現它們不可或缺！

 方括號內的值需要「在界限內」，否則執行時會出錯。例如，如果您嘗試像 7 月那樣列印第 15 個月的天數，您會看到類似「Invalid（month 15）has -1574633234 days」之類的資訊。C 不會阻止您 —— 注意我們沒有導致程式崩潰 —— 但我們也沒有得到一個可用的值。為陣列中的無效槽位賦值（assign）一個值（我們接下來討論）是導致緩衝區溢出（buffer overflow）的方式。這個經典的安全漏洞是由於利用陣列作為儲存緩衝區的概念而得名。您透過把值賦值給實際陣列之外的陣列來精確地「溢出」它。如果您很幸運（或者非常狡猾），您可以編寫可執行程式碼，並欺騙電腦來執行您的命令而不是預期的程式。

## 改變陣列元素

您還可以使用方括號表示法來更改給定陣列位置的值。例如，我們可以更改 2 月的天數以適應閏年：

```
if (year % 4 == 0) {
    // 請原諒這天真的閏年計算 :)
    days_in_month[1] = 29;
}
```

當您擁有更多動態資料時，這種類型的宣告後賦值（post-declaration assignment）會很方便（甚至通常是必要的）。例如，對於我們稍後將介紹的 Arduino 專案，您可能希望保留 10 個最近的感測器讀數。宣告陣列時不會有這些讀數。因此，您可以留出 10 個槽位，稍後再填入：

```
float readings[10];
// ... 在這裡放些有趣的東西來設定感測器並讀取它
readings[7] = latest_reading;
}
```

只需確保提供和陣列相同型別（或至少相容）的值。例如，我們的 readings 陣列需要浮點數。如果我們把一個字元賦值給其中一個槽位，它會「擬合」該槽位，但會產生一個奇怪的答案。將字母 x 賦值給讀數 readings[8]，最終會把小寫 x 的 ASCII 值（120）作為 float 值 120.0 放入槽位中。

## 迭代陣列

使用變數來作為索引的能力使得使用整個陣列成為一個簡單的迴圈任務。我們可以使用 for 迴圈來列印出所有 days_in_month 計數，例如：

```
for (int m = 0; m < 12; m++) {
    // 記住陣列從 0 開始，但人類從 1 開始
    printf("Days in month %d is %d.\n", m + 1, days_in_month[m]);
}
```

此程式碼片段會產生以下輸出。我們可以了解陣列和迴圈的組合有多麼強大。只需一點點程式碼，我們就會得到一些相當有趣的輸出：

```
Days in month 1 is 31.
Days in month 2 is 28.
Days in month 3 is 31.
Days in month 4 is 30.
```

```
Days in month 5 is 31.
Days in month 6 is 30.
Days in month 7 is 31.
Days in month 8 is 31.
Days in month 9 is 30.
Days in month 10 is 31.
Days in month 11 is 30.
Days in month 12 is 31.
```

您可以根據需要隨意地使用陣列的元素。您不用只限於把它們列印出來。作為另一個範例，我們可以從我們的 readings 陣列來計算平均讀數，如下所示：

```
float readings[] = { 8.9, 8.6, 8.5, 8.7, 8.9, 8.8, 8.5 };

// 使用我們的 sizeof 技巧來獲取元素的數量
int count = sizeof readings / sizeof (float);
float total = 0.0;
float average;
for (int r = 0; r < count; r++) {
  total += readings[r];
}
average = total / count;
printf("The average reading is %0.2f\n", average);
```

這個範例突顯了您在僅僅幾章中學到了多少 C！如果您想進行更多練習，請把此程式碼片段建構成一個完整的程式。編譯並執行它以確保它正常運作（順帶一提，平均值應該是 8.70。）然後添加更多變數來捕獲最高和最低的讀數。您需要一些 if 敘述來幫忙完成。您可以在本章範例中的 *arrays.c* 中，看到一種可能的解決方案。

## 字串回顧

我提到字串實際上只是 char 型別的陣列，並具有語言本身支援的一些額外功能，例如文字。但是由於字串代表了和使用者交流的最簡單的方式，所以我想強調更多您可以在 C 中使用字串來做什麼。

## 初始化字串

我們已經看到了如何宣告和初始化一個字串。如果您提前知道字串的值，則可以使用文字（literal）。如果您不知道那個值是什麼，您仍然可以宣告該變數，然後使用 scanf() 來詢問使用者要儲存什麼文本。但是如果您想兩者都做呢？賦值一個初始預設值，然後讓使用者提供一個可選的新值來覆寫預設值？

令人高興的是，您可以做到這件事，但您必須提前計劃一下。當您第一次宣告變數時使用預設值，然後再讓使用者在執行時根據需要來提供不同的值可能很誘人。這可行，但它需要向使用者提出一個額外的問題（「您想改變背景顏色嗎，是或否？」）並且還假設使用者會提供一個有效值作為替代品。這樣的假設通常是安全的，因為在您學習一門新語言時，您可能是唯一的使用者。但是在您會和他人共享的程式中，最好不要假設使用者會做什麼事。

字串文字也讓人很容易認為您可以像使用 int 或 float 變數一樣，簡單地覆寫現有字串。但是字串實際上只是一個 char[]，並且在宣告陣列時，除了可選的初始化之外，陣列是不可被賦值的。

這些限制都可以透過使用函數之類的東西來克服，我們將在第 5 章中探討。事實上，需要能夠在執行時操作字串的函數非常有用，它們已經被捆綁到它們自己的程式庫，我將在第 158 頁的「stdlib.h」中進行介紹。

現在，我想讓您記住，字串文字可以讓字元陣列的初始化變得簡單易讀，但從本質上講，C 中的字串並不像數字和個別字元。

## 存取個別字元

但我確實想重申，字串只是陣列。您可以用和存取任何其他陣列成員相同的語法，來存取字串中的各個字元。例如，我們可以透過查看詞中的每個字元來確定給定詞是否包含逗號。以下是 *ch04/comma.c*（*https://oreil.ly/UWgY6*）：

```
#include <stdio.h>

int main() {
  char phrase[] = "Hello, world!";
  int i = 0;
  // 一直迴圈直到字串結束
  while (phrase[i] != '\0') {
    if (phrase[i] == ',') {
      printf("Found a comma at position %d.\n", i);
      break;
    }
    // 嘗試下個字元
    i++;
  }
  if (phrase[i] == '\0') {
    // 可惡。直到字串結束都沒有匹配到。
```

```
        printf("No comma found in %s\n", phrase);
    }
}
```

這個程式實際上多次使用了字串的陣列性質。我們的迴圈條件取決於存取字串的單一字元，就像在幫助回答最初問題的 if 條件一樣。我們在最後測試一個單獨的字元，來看看我們是否發現了什麼。我們將在第 7 章中介紹幾個和字串相關的函數，但希望您能了解如何使用良好的迴圈和方括號在陣列中一次移動一個字元，來完成複製或比較字串之類的運算。

## 多維陣列

這可能不是很明顯，因為字串本身已經是一個陣列，但是您還可以在 C 中儲存一個字串的陣列。但是因為在宣告這樣一個陣列時沒有可以使用的「字串型別」，您要怎麼做呢？事實證明 C 支援**多維陣列**（*multidimensional array*）的想法，因此您可以像其他陣列一樣建立 char[] 的陣列：

```
char month_names[][];
```

看起來很一般。但是該宣告中不明顯的是這一對方括號對所指的內容。像這樣宣告一個二維陣列時，第一個方括號對可以認為是列索引，第二個是行索引。另一種思考方式是，第一個索引告訴您我們要儲存**多少個字元陣列**，第二個索引告訴您每個陣列有**多長**。

我們知道有多少個月，小小的研究可以告訴我們最長的名字是九月（September），有九個字母。為我們的終止空字元再添加一個，我們可以像這樣精確地定義我們的 month_names 陣列：

```
char month_names[12][11];
```

您還可以初始化這個二維陣列，因為我們知道月份的名稱並且不需要使用者輸入：

```
char month_names[12][11] = {
    "January", "February", "March", "April", "May", "June", "July",
    "August", "September", "October", "November", "December"
};
```

但是在這裡我透過使用字串文字來進行初始化，所以 month_names 陣列的第二個維度並不明顯。第一個維度是月份，第二個（隱藏的）維度是組成月份名稱的各個字元。如果您正在使用其他沒有這種字串文字捷徑的資料型別，則可以使用巢套的大括號列表，如下所示：

```
int multiplication[5][5] = {
  { 0, 0, 0,  0,  0 },
  { 0, 1, 2,  3,  4 },
  { 0, 2, 4,  6,  8 },
  { 0, 3, 6,  9, 12 },
  { 0, 4, 8, 12, 16 }
};
```

假設編譯器能夠決定多維結構的大小可能很誘人，但遺憾的是，您必須為第一個維度之外的每個維度提供容量。例如，對於我們的月份名稱，我們可以在開始時不使用「12」來表示有多少個名稱，但不能不使用「11」來表示任何單一名稱的最大長度：

```
// 這個捷徑可以
char month_names[][11] = { "January", "February" /* ... */ };

// 這個捷徑不行
char month_names[][] = { "January", "February" /* ... */ };
```

您最終會內化這些規則，但是如果您犯了一個小錯誤，編譯器（和許多編輯器）總是會抓到您。

## 存取多維陣列中的元素

對於我們的月份名稱陣列，可以直接存取任何特定的月份。它看起來就像存取任何其他一維陣列的元素：

```
printf("The name of the first month is: %s\n", month_names[0]);

// 輸出：The name of the first month is: January
```

但是我們要如何存取 multiplication 二維陣列中的元素呢？我們會使用兩個索引：

```
printf("Looking up 3 x 4: %d\n", multiplication[3][4]);

// 輸出： Looking up 3 x 4: 12
```

請注意，在這個乘法表中，把零當作是第一個索引值的這種潛在奇怪用法，被證明是一個有用的元素。索引「0」為我們提供了一列 —— 或一行 —— 有效的乘法答案。

當有兩個索引時，如果要列印出所有資料，則需要兩個迴圈。我們可以把我們在第 77 頁的「巢套迴圈和表格」中所做的事情用來存取我們儲存的值，而不是直接產生數字。這是來自 *ch04/print2d.c*（*https://oreil.ly/3gr8L*）的列印片段：

```
for (int row = 0; row < 5; row++) {
  for (int col = 0; col < 5; col++) {
    printf("%3d", multiplication[row][col]);
  }
  printf("\n");
}
```

這是我們排版精美的表格：

```
ch04$ gcc print2d.c
ch04$ ./a.out
  0  0  0  0  0
  0  1  2  3  4
  0  2  4  6  8
  0  3  6  9 12
  0  4  8 12 16
```

我們將在第 6 章看到更多定製的多維儲存區的其他選項。在短期內，請記住您可以使用更多方括號來建立更多維度。雖然大多數時候您可能會使用一維陣列，不過表格已經夠常見，而且空間資料通常可以擬合到 3 維的「立方體」。雖然很少有程式設計師需要，尤其是我們這些專注於微控制器的程式設計師，但 C 確實支援更高階的陣列。

# 儲存位元

陣列讓我們能夠相對輕鬆地儲存真正大量的資料。另一方面，C 有幾個運算子可用於處理非常少量的資料。事實上，您可以使用絕對最小的資料片段：單一位元。

當 C 在 1970 年代開發時，每個位元組的記憶體都是昂貴的，因此很珍貴。正如我在本章開頭所指出的，如果您需要用一個特定的變數來儲存布林值的答案，那麼使用 16 位元的 int 或甚至只使用 8 位元的 char 都會有點浪費。尤其是如果您有一個這樣的變數陣列，它可能會變得非常浪費。如今，桌上型電腦可以在不眨眼（或 LED）的情況下管理這種類型的浪費，但我們的微控制器通常需要它們可以獲得的所有儲存空間的幫助。

# 二進位、八進位、十六進位

在我們處理 C 中存取和運算位元的運算子之前，讓我們回顧一下討論二進位（binary）值的一些符號。如果我們有一個位元，用 0 或 1 就足夠了，這很容易。但是，如果我們想在一個 int 變數中儲存十幾個位元，我們需要一種方法來描述該 int 的值。技術上，int 會有十進位（以 10 為底）表達法，但以 10 為底並不能清楚地映射到各個位元。為此，八進位（octal）和十六進位（hexadecimal）表達法會更加清楚。（二進位或以 2 為底的表達法顯然是最清楚的，但大數字在二進位中會變得很長。八進位和十六進位 —— 通常只寫成「hex」—— 是一個很好的折衷方案。）

當我們談論數字時，我們經常隱含地使用以 10 為底的數字，這要歸功於我們手上可用的數字（哦，明白了嗎？）。電腦沒有手（機器人除外），也不以 10 為底。它們使用二進位。兩個數字，0 和 1，組成了它們的整個世界。如果把三個二進位數字分成一組，則可以表達 0 到 7 的十進位數字，也就是總共八個數字，因此它是以 8 為底或八進位。添加第四個位元後，您可以表達 0 到 15，它涵蓋了十六進位的各個「數字」。表 4-1 顯示了所有四個底中的前 16 個值。

表 4-1　十進位、二進位、八進位和十六進位的數字

| 十進位 | 二進位 | 八進位 | 十六進位 | 十進位 | 二進位 | 八進位 | 十六進位 |
|---|---|---|---|---|---|---|---|
| 0 | 0000 0000 | 000 | 0x00 | 8 | 0000 1000 | 010 | 0x08 |
| 1 | 0000 0001 | 001 | 0x01 | 9 | 0000 1001 | 011 | 0x09 |
| 2 | 0000 0010 | 002 | 0x02 | 10 | 0000 1010 | 012 | 0x0A / 0x0a |
| 3 | 0000 0011 | 003 | 0x03 | 11 | 0000 1011 | 013 | 0x0B / 0x0b |
| 4 | 0000 0100 | 004 | 0x04 | 12 | 0000 1100 | 014 | 0x0C / 0x0c |
| 5 | 0000 0101 | 005 | 0x05 | 13 | 0000 1101 | 015 | 0x0D / 0x0d |
| 6 | 0000 0110 | 006 | 0x06 | 14 | 0000 1110 | 016 | 0x0E / 0x0e |
| 7 | 0000 0111 | 007 | 0x07 | 15 | 0000 1111 | 017 | 0x0F / 0x0f |

您可能會注意到，我總是為二進位欄顯示八個數字，為八進位顯示三個，為十六進位顯示兩個。位元組（8 位元）是在 C 中使用的一個十分常見的單位。二進位數通常以四個一組的形式來顯示，需要盡可能多的組來涵蓋所討論的最大數字。因此，例如對於一個 8 位元的完整位元組，它可以儲存 0 到 255 之間的任何值，您會看到一個包含了兩組四位數的二進位值。同理，三位數的八進位值可以顯示任意位元組的值，而十六進位數則需要兩位數。另請注意，十六進位文字不區分大小寫。（十六進位字首中的「x」也不會，但大寫的「X」可能更難區分。）

在本書後半部分使用微控制器時，我們會不時使用二進位表達法，但如果您在 HTML、CSS，或類似的標記語言中，編寫任何的樣式文本（styled text），您可能已經遇到過十六進位數字。這些文件中的顏色通常會用十六進位值來表示，一個位元組為紅色、一個位元組為綠色、一個位元組為藍色，偶爾還有一個位元組為 alpha（透明度）。因此，忽略 alpha 頻道的全紅色將是 FF0000。既然您知道兩個十六進位數字可以代表一個位元組，那麼讀取這樣的顏色值可能會更容易。

為了幫助您習慣這些不同的底數，請嘗試填寫表 4-2 中的缺漏值。（您可以透過本章末尾的表 4-4 表格來檢查您的答案。）順便說一下，這些數字沒有任何特定的順序。我想讓您保持警覺！

表 4-2　底數之間的轉換

| 十進位 | 二進位 | 八進位 | 十六進位 |
|---|---|---|---|
| 14 | | 016 | |
| | 0010 0000 | | |
| | | 021 | 11 |
| 50 | | | 32 |
| | | 052 | |
| | | | 13 |
| 167 | | | |
| | 1111 1001 | | |

現代瀏覽器可以直接在搜尋欄中為您轉換底數，因此您可能不需要記住一個位元組中可能會存在的所有 256 個值。但是，如果您能夠估計一個十六進位值的大小，或決定八進位的 ASCII 碼是字母還是數字的話，仍然會很有用。

## C 中的八進位和十六進位文字

C 語言具有用八進位和十六進位表達數字文字的特殊選項。八進位文字以簡單的 0 作為字首開始，但如果您想保持所有值的寬度相同，則可以有多個零，就像我們在底數表中所做的那樣。對於十六進位值，您可以使用字首 0x 或 0X。您通常會把「X」字元的大小寫和用在十六進位值中任何 A-F 數字的大小寫匹配，但這只是一個慣例。

以下是一個片段，展示了如何使用其中一些字首：

```
int line_feed = 012;
int carriage_return = 015;
```

```
int red = 0xff;
int blue = 0x7f;
```

一些編譯器支援非標準字首或字尾來表達二進位文字，但正如「非標準」限定詞所暗示的那樣，它們不是官方 C 語言的一部分。

## 八進位和十六進位值的輸入和輸出

printf() 函數具有內建的格式說明符，可幫助您產生八進位或十六進位輸出。八進位值可以用 %o 說明符來列印，十六進位可以用 %x 或 %X 來顯示，這取決於您想要小寫還是大寫的輸出。這些說明符可以和使用任何底數的任何整數型別變數或運算式一起使用，這使得 printf() 成為從十進位轉換為八進位或十六進位的一種非常簡單的方法。我們可以使用迴圈和單一 printf() 來輕鬆產生類似於表 4-1 的表（減去二進位行），也可以利用格式說明符的寬度和填充選項，來獲得我們想要的三個八進位數字和兩個十六進位數字。看看 *ch04/dec_oct_hex.c*（*https://oreil.ly/59f56*）：

```
#include <stdio.h>

int main() {
  printf(" Dec  Oct   Hex\n");
  for (int i = 0; i < 16; i++) {
    printf(" %3d  %03o  0x%02X\n", i, i, i);
  }
}
```

請注意，我們只是為三行中的每一行重用完全相同的變數。另請注意，在列印十六進位版本時，我手動添加了「0x」字首 —— 它並不包含在 %x 或 %X 格式中。以下是前面和後面幾行：

```
ch04$ gcc dec_oct_hex.c
ch04$ ./a.out
 Dec  Oct   Hex
   0  000  0x00
   1  001  0x01
   2  002  0x02
   3  003  0x03
 ...
  13  015  0x0D
  14  016  0x0E
  15  017  0x0F
```

做得好。這就是我們想要的輸出。在使用了 scanf() 的輸入端，格式說明符以一種有趣的方式運作。它們都依然用來從使用者那裡獲取數字輸入。不同的說明符現在會對您輸入的數字執行基本轉換。如果指定十進位輸入（%d），則不能使用十六進位值。相反的，如果您指定十六進位輸入（%x 或 %X）並且只輸入阿伯數字（也就是您不使用任何 A-F 數字），則該數字仍會從底數 16 進行轉換。

> 說明符 %d 和 %i 通常可以互換。在 printf() 呼叫中，它們會產生相同的輸出。然而，在 scanf() 呼叫中，%d 選項會要求您輸入一個簡單的以 10 為底數的數字。%i 說明符則允許您使用各種 C 文字字首來輸入不同底數的值，例如用 0x 來輸入十六進位數。

我們可以用一個簡單的轉換器程式 *ch04/rosetta.c*（*https://oreil.ly/NU9Wc*）來說明這一點，它會根據輸出把不同的輸入轉換為所有三個底數。我們可以在程式中設定我們期望的輸入型別，但使用 if/else 區塊來讓我們容易調整它（儘管仍然需要重新編譯。）。

```c
#include <stdio.h>

int main() {
  char base;
  int input;

  printf("Convert from? (d)ecimal, (o)ctal, he(x): ");
  scanf("%c", &base);

  if (base == 'o') {
    // 取得八進位輸入
    printf("Please enter a number in octal: ");
    scanf("%o", &input);
  } else if (base == 'x') {
    // 取得十六進位輸入
    printf("Please enter a number in hexadecimal: ");
    scanf("%x", &input);
  } else {
    // 假設十進位輸入
    printf("Please enter a number in decimal: ");
    scanf("%d", &input);
  }
  printf("Dec: %d,  Oct: %o,  Hex: %x\n", input, input, input);
}
```

以下是一些範例執行結果：

```
ch04$ gcc rosetta.c

ch04$ ./a.out
Convert from? (d)ecimal, (o)ctal, he(x): d
Please enter a number in decimal: 55
Dec: 55,  Oct: 67,  Hex: 37

ch04$ ./a.out
Convert from? (d)ecimal, (o)ctal, he(x): x
Please enter a number in hexadecimal: 37
Dec: 55,  Oct: 67,  Hex: 37
ch04$ ./a.out
Convert from? (d)ecimal, (o)ctal, he(x): d
Please enter a number in decimal: 0x37
Dec: 0,  Oct: 0,  Hex: 0
```

真有趣。前兩次執行按計劃進行。第三次執行沒有產生錯誤，但也沒有真正起作用。這裡所發生的是 scanf() 的一種「特性」。它非常努力地帶入十進位數。它在我們的輸入中找到了字元 0，這是一個有效的十進位數字，因此它開始剖析該字元。但它接下來遇到了 x 字元，該字元對於底數為 10 的數字無效。這就造成剖析的結束，而我們的程式會把值 0 轉換為三個底數中的每一個。

嘗試自己執行這個程式並切換幾次模式。您得到期望的行為嗎？您能引起任何錯誤嗎？

知道了我們對 %i 和 scanf() 中的其他數字說明符之間的區別做了什麼之後，您能明白要如何讓這個程式更簡單一些嗎？在沒有大 if 敘述的情況下，應該可以接受三個底數中的任何一個作為輸入。我會把這個問題留給您作為習題，但您可以在本章程式碼範例中的 *rosetta2.c* 檔案中看到一個可能的解決方案。

# 位元運算子

從像 C 這樣的有限硬體開始，意味著除了列印或讀取二進位資料之外，偶爾也會在位元級別上處理資料。C 透過位元運算子（*bitwise operator*）來支援這項工作。這些運算子允許您調整 int 變數（當然還有 char 或 long）中的各個位元。我們將在第 10 章看到這些功能在 Arduino 微控制器中的一些有趣用途。

表 4-3 描述了這些運算子並顯示了一些使用了以下兩個變數的範例：

```
char a = 0xD; // 二進位的 1101
char b = 0x7; // 二進位的 0111
```

表 4-3　C 中的位元運算子

| 運算子 | 名稱 | 描述 | 範例 |
|---|---|---|---|
| & | 按位元且（bitwise and） | 兩個位元都必須為 1 才能產生 1 | a & b == 0101 |
| \| | 按位元或（bitwise or） | 任一位元為 1 時會產生 1 | a \| b == 1111 |
| ! | 按位元非（bitwise not） | 產生與輸入位元相反的結果 | ~a == 0010 |
| ^ | 按位元互斥或（bitwise xor） | 互斥或（eXclusive OR），不匹配的位元會產生 1 | a ^ b == 1010 |
| << | 左移 | 把位元向左移動幾個位置 | a << 3 == 0110 1000 |
| >> | 右移 | 把位元向右移動幾個位置 | b >> 2 == 0001 |

技術上您可以把位元運算子應用於任何變數型別以調整特定位元。不過，它們很少用於浮點型別。您通常會選擇一個足夠大的整數型別，以容納您需要的許多個別的位元。因為它們正在「編輯」給定變數的位元，所以您經常看到它們和複合賦值運算子（op=）一起使用。例如，如果您有五個 LED，您可以使用單一 char 型別變數來追蹤它們的開 / 關狀態，如以下程式碼片段所示：

```
char leds = 0; // 從所有都是關開始，0000 0000

leds |= 8;     // 開啟從右數來第 4 個 LED，0000 1000
leds ^= 0x1f;  // 切換所有燈，0001 0111
leds &= 0x0f;  // 關閉第 5 個 LED，其他保持不變，0000 0111
```

五個 int 或 char 值可能不會影響您是否可以在微控制器上儲存或執行程式，即使是對只有 1 或 2 KB 記憶體的微控制器來說，但這些小儲存需求確實會累積。如果您正在追蹤具有數百或數千盞燈的 LED 面板，那麼把它們的狀態儲存的緊密程度確實會有所不同。一種大小很少適合所有人，因此請記住您的選擇，並選擇一種在易用性和您擁有的任何資源限制之間取得平衡的大小。

## 混合位元和位元組

現在我們掌握了足夠多的 C 元素，可以開始編寫一些真正有趣的程式碼了。我們可以結合之前關於位元、陣列、型別、迴圈和分支的所有討論，來挑戰在文本中編碼二進位資料的主流方法。用於透過資源有限的裝置網路來傳輸二進位資料的一種格式，是把它轉換為簡單的文本行。這被稱為「base64」編碼，並且仍然用於電子郵件附件的影像等事物。64 是來自於一個事實，也就是這種編碼使用了 6 位元塊，並且 2 的 6 次方就是 64。我們會使用數字、小寫字母、大寫字母和其他基本上任意選擇的字元，通常是加號（+）和斜線（/）[3]。

對於這種編碼，值 0 到 25 是大寫字母 A 到 Z。值 26 到 51 是小寫字母 a 到 z。值 52 到 61 是數字 0 到 9，最後，值 62 是加號，63 是斜線。

但是位元組不是 8 位元長嗎？對，它們是。這正是我們最近的所有主題發揮作用的地方！我們可以使用這些新知識來把這些 8 位元塊更改為 6 位元塊。

圖 4-3 顯示了一個把三個位元組轉換為 base64 文本字串的小範例。這些恰好是有效 JPEG 檔案的前幾個位元組，但您可以使用任何您喜歡的來源。當然，這是相當微不足道的二進位資料，但它將驗證我們的演算法。

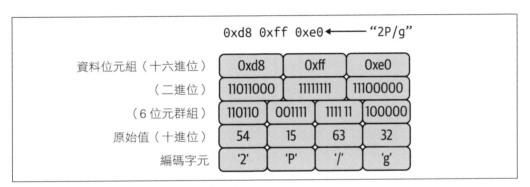

圖 4-3　使用編碼來從 8 位元變成 6 位元塊

在我們的範例中，我們總共有 9 個位元組要編碼，但實際上我們只想一次取 3 個位元組，如圖所示，然後再重複。聽起來像是一個迴圈的工作！我們可以使用我們的任何迴圈，但我們將使用 for 迴圈，因為我們知道從哪裡開始和結束，並且可以按三來計數。為了方便討論，我們將從來源陣列中提取三個位元組到三個變數中。

```
unsigned char source[9] = { 0xd8,0xff,0xe0,0xff,0x10,0x00,0x46,0x4a,0x46 };
char buffer[4] = { 0, 0, 0, 0 };

for (int i = 0; i < 9; i += 3) {
```

---

3　作為另外一對額外字元的範例，base64url 變體使用了減號（「-」）和底線（「_」）。

```
    unsigned char byte1 = source[i];
    unsigned char byte2 = source[i + 1];
    unsigned char byte3 = source[i + 2];
    // ...
}
```

下一個重要步驟是要把四個 6 位元塊放入我們的 `buffer`。我們可以使用我們的位元運算子來獲取我們需要的東西。回顧表 4-3。`byte1` 的最左邊的六個位元，組成了我們的第一個 6 位元塊。在這種情況下，我們可以把這 6 個位元右移兩個槽位：

```
    buffer[0] = byte1 >> 2;
```

酷！做完一個，還有三個。但是，第二個 6 位元塊有點混亂，因為它使用了 `byte1` 中的兩個剩餘位元和 `byte2` 中的四個位元。有幾種方法可以做到這一點，但我們會按順序處理這些位元，並會把 `buffer` 中下一個槽位的賦值分解為兩個步驟：

```
    buffer[1] = (byte1 & 0x03) << 4;    ❶
    buffer[1] |= (byte2 & 0xf0) >> 4;   ❷
```

❶　首先，從 `byte1` 中取出右邊的兩個位元並把它們往左移動四個空格，以便為我們的 6 位元塊的其餘部分騰出空間。

❷　現在，從 `byte2` 中取出左邊的 4 個位元，把它們往右移動 4 個空格，然後將它們放入 `buffer[1]` 中，而不會影響該變數的上半部分。

做完一半了！我們可以對第三個 6 位元塊做一些非常相似的事情：

```
    buffer[2] = (byte2 & 0x0f) << 2;
    buffer[2] |= (byte3 & 0xc0) >> 6;
```

在本案例中，我們獲取並移動 `byte2` 的右側四個位元，然後把它們移動到兩個槽位，以便為 `byte3` 的左側兩個位元騰出空間。但是像以前一樣，我們必須先把這兩個位元一直移動到最右邊。我們的最後一個 6 位元塊是另一個簡單的塊。我們只需要正確的 6 位元 `byte4`，不需要移動：

```
    buffer[3] = byte3 & 0x3f;
```

萬歲！我們已成功完成 3x8 位元到 4x6 位元的轉換！現在我們只需要列印出 `buffer` 陣列中的每個值。聽起來像另一個迴圈。如果您還記得我們的 base 64「數字」有五個範圍，那看來需要某種條件敘述。我們可以在一個 `switch` 中列出所有 64 個情況，但這感覺很乏味（至少它會非常的自我說明。）。`if/else if` 鏈接應該做得很好。在任何特定的分支中，我們都會做一些字元數學運算來獲得正確的值。當您閱讀下一個片段時，看看您是否能弄清楚這個字元數學是如何發揮它的魔力的：

```c
for (int b = 0; b < 4; b++) {
  if (buffer[b] < 26) {
    // 值為 0 - 25，因此是大寫字母
    printf("%c", 'A' + buffer[b]);
  } else if (buffer[b] < 52) {
    // 值為 26 - 51，因此是小寫字母
    printf("%c", 'a' + (buffer[b] - 26));
  } else if (buffer[b] < 62) {
    // 值為 52 - 61，因此是數字
    printf("%c", '0' + (buffer[b] - 52));
  } else if (buffer[b] == 62) {
    // 我們的 "+" 情況，不需要數學，只要印出它
    printf("+");
  } else if (buffer[b] == 63) {
    // 我們的 "/" 情況，不需要數學，只要印出它
    printf("/");
  } else {
    // 唉呀！錯誤。我們應該不會到達這裡。
    printf("\n\n Error! Bad 6-bit value: %c\n", buffer[b]);
  }
}
```

字元數學有意義嗎？由於 char 是整數型別，因此您可以「加」到字元。如果我們在字元 A 上加一，會得到 B。在 A 上加二，會得到 C，以此類推。對於小寫字母和數字，我們首先必須重新對齊已緩衝值，讓它們處於從零開始的範圍內。最後兩種情況很簡單，因為我們有一個直接映射到一個字元的值。希望我們永遠不會碰到 else 子句，但這正是這些子句的用途。如果我們有什麼問題，列印出警告！

呼！這些是一些令人印象深刻的活動零件。如果您想建構可以和其他微型裝置或雲端進行通信的微型裝置，例如會向您的手機發送圖片的微型安全攝影機，這些正是您會碰到的活動零件。

讓我們把它們和有效的 C 程式所需的其他部份組合在一個列表（*ch04/encode64.c*（*https://oreil.ly/Ibp52*））中：

```c
#include <stdio.h>

int main() {
  // 手動的指明一些位元組用來現在編碼
```

```c
unsigned char source[9] = { 0xd8,0xff,0xe0,0xff,0x10,0x00,0x46,0x4a,0x46 };
char buffer[4] = { 0, 0, 0, 0 };

// sizeof(char) == 1 位元組，因此以位元組為單位的陣列的大小也就是它的長度
int source_length = sizeof(source);
for (int i = 0; i < source_length; i++) {
  printf("0x%02x ", source[i]);
}
printf("==> ");
for (int i = 0; i < source_length; i += 3) {
  unsigned char byte1 = source[i];
  unsigned char byte2 = source[i + 1];
  unsigned char byte3 = source[i + 2];

  // 現在移動適當的位元到我們的緩衝區中
  buffer[0] = byte1 >> 2;
  buffer[1] = (byte1 & 0x03) << 4;
  buffer[1] |= (byte2 & 0xf0) >> 4;
  buffer[2] = (byte2 & 0x0f) << 2;
  buffer[2] |= (byte3 & 0xc0) >> 6;
  buffer[3] = byte3 & 0x3f;

  for (int b = 0; b < 4; b++) {
    if (buffer[b] < 26) {
      // 值為 0 - 25，因此是大寫字母
      printf("%c", 'A' + buffer[b]);
    } else if (buffer[b] < 52) {
      // 值為 26 - 51，因此是小寫字母
      printf("%c", 'a' + (buffer[b] - 26));
    } else if (buffer[b] < 62) {
      // 值為 52 - 61，因此是數字
      printf("%c", '0' + (buffer[b] - 52));
    } else if (buffer[b] == 62) {
      // 我們的 "+" 情況，不需要數學，只要印出它
      printf("+");
    } else if (buffer[b] == 63) {
      // 我們的 "/" 情況，不需要數學，只要印出它
      printf("/");
    } else {
      // 唉呀！錯誤。我們應該不會到達這裡。
      printf("\n\n Error! Bad 6-bit value: %c\n", buffer[b]);
    }
  }
```

```
    }
    printf("\n");
  }
```

和往常一樣，我鼓勵您自己輸入程式，進行您想要的任何調整或添加任何註解，以幫助您記住所學的內容。您也可以編譯 *encode64.c* 檔案，然後執行它。這是輸出：

```
ch04$ gcc encode64.c
ch04$ ./a.out
0xd8 0xff 0xe0 0xff 0x10 0x00 0x46 0x4a 0x46  ==> 2P/g/xAARkpG
```

非常非常酷。順便說一句，恭喜！那是一段不平凡的程式碼。您應該感到驕傲。但是，如果您想真正測試您的技能，請嘗試編寫自己的解碼器來反轉這個過程。如果您從上面的輸出開始，您會得到原來的九個位元組嗎？（您可以對照我的答案來檢查您的答案：*ch04/decode64.c*（*https://oreil.ly/exGqM*）。）

# 轉換答案

無論您是否處理了解碼 base64 編碼的字串，希望您自己嘗試轉換表 4-2 中的值。您可以在這裡比較您的答案。或者使用 *rosetta.c* 程式！

表 4-4　底數轉換答案

| 十進位 | 二進位 | 八進位 | 十六進位 |
|---|---|---|---|
| 14 | 0000 1110 | 016 | 0E |
| 32 | 0010 0000 | 040 | 20 |
| 17 | 0001 0001 | 021 | 11 |
| 50 | 0011 0010 | 062 | 32 |
| 42 | 0010 1010 | 052 | 2A |
| 35 | 0001 0011 | 023 | 13 |
| 167 | 1010 0111 | 247 | A7 |
| 249 | 1111 1001 | 371 | F9 |

# 下一步

C 對簡單陣列的支援為幾乎任何型別的資料開闢了廣闊的儲存和檢索選項世界。您確實必須注意您希望使用的元素數量，但在這些界限內，C 的陣列非常有效。如果您只儲存小的、是或否、開或關型別的值，C 有幾個運算子，可以把這些值壓縮到更大資料型別（如 int）的各個位元中。現代桌上型電腦很少需要如此關注細節，但本書後半部分中的一些 Arduino 選項會非常關心！

下一步是什麼呢？好吧，我們的程式變得足夠有趣，以至於我們想要開始把邏輯分解為可管理的切片。例如，想想這本書。它不是由一個過長的連續句子組成的。它分為章節。反過來，這些章節又被分成幾個小節。這些小節又被分為段落。討論單一段落通常比討論整本書更容易。C 允許您為自己的邏輯執行這種類型的分解。一旦您有了可被消化的區塊中的邏輯，您就可以像使用 printf() 和 scanf() 函數一樣使用這些區塊。讓我們潛入吧！

# 第五章

# 函數

到目前為止，我們已經看到了各種賦值敘述和控制流程的選項，您現在已經準備好解決幾乎所有的電腦問題了。但是解決一個問題原來只是問題的一半。無論您是為了工作還是為了娛樂而寫程式，您總是需要回到您已經寫好的程式碼。您可能正在修復一個小錯誤或添加一個缺失的功能。您可能正在使用以前的專案作為新專案的起點。在所有這些時刻，程式碼的可維護性幾乎和讓程式碼可以正常運作的初始努力一樣重要。在解決問題的同時分解問題以讓它易於管理可以對最終編寫的程式碼產生有益的影響 —— 而這也會對它的可讀性和可維護性產生有益的影響。

這種在解決整體問題的過程中解決較小問題的想法的核心是*函數*（*function*）或*程序*（*procedure*）的使用。函數可以幫助您封裝邏輯 —— 您正在學習編寫的敘述和控制結構。在 C 中，您可以編寫和呼叫任意數量的函數[1]。C 並沒有真正區分「函數」和「程序」這兩個詞，儘管有些語言會（在那些語言中，差別通常在於一段程式碼是傳回一個值還是只是執行一組敘述。）我將會主要使用*函數*這個術語，但如果您在這裡或在您的任何其他閱讀過程中看到有關程序（或*常式*（*routine*），同樣的東西）的討論，它仍然是指您可以從其他程式碼區塊呼叫的程式碼區塊。

---

1 當然是在合理範圍內。或者更確切地說，在您電腦的資源限制的範圍內。現在的桌上型系統有如此多的記憶體，要寫出太多的函數會很困難。但是，在我們的微控制器上，我們必須更加小心。

# 熟悉的函數

實際上，我們一直在使用函數。main() 程式碼區塊是一個函數。在我們的第一個「Hello, World」程式中，我們使用了 printf() 函數來產生一些輸出。我們使用 scanf() 函數來獲取使用者的輸入。這兩個函數都來自我們程式中包含的 stdio.h 程式庫。

# 函數流程

這些函數內部發生了什麼呢？「呼叫」它們是什麼意思？函數和程序是流程控制的另一種形式。它們允許您以有序的方式在程式碼區塊之間跳轉，並在完成後返回您原來的位置。圖 5-1 更正式地說明了這個流程。

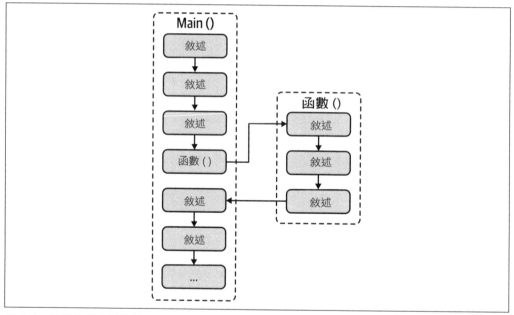

圖 5-1 　透過函數遵循控制流程

這個流程就是我說的呼叫（call）函數的意思。您從目前的敘述轉到函數的第一個敘述。您透過函數（順便說一句，它也可以包含對其他函數的呼叫）工作，然後返回。在回來的路上，您可以攜帶結果回來，但這是可選的。例如，我們不會使用 printf() 和 scanf() 呼叫的任何傳回值（會有一個，但我們可以放心地忽略它。）。然而，我們確實依賴許多函數的傳回值來了解像是兩個字串是否匹配、一個字元是否是一個數字，或者某個數字的平方根是多少。

我們將在第 7 章看到許多構成 C 語言「標準程式庫」的函數。但我們也不必只依賴標準函數。C 允許我們建立自己的函數。圖 5-2 顯示了函數的基本結構。

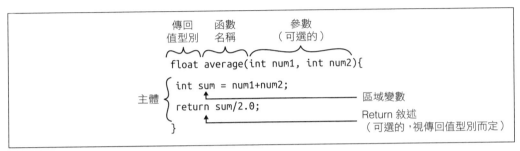

圖 5-2　C 函數的基本部分

我們將在本章中介紹函數的這些關鍵部分的所有變體。

# 簡單函數

C 函數的最簡單形式是我們只跳轉到該函數，執行其敘述，然後返回。我們不會傳遞任何資訊，也不會期望它傳回任何資訊。這可能聽起來有點無聊甚至浪費，但它對於把大型程式分解為可管理的部分非常有用。它還使得重用（reuse）流行的程式碼區塊成為可能。例如，您的程式可能附帶一些有用的說明指令。在使用者卡關的任何地方，您都可以把它們列印到畫面上來幫助他們解開卡關。您可以把這些指令放在一個函數中：

```
void print_help() {
  printf("This program prints a friendly greeting.\n");
  printf("When prompted, you can type in a name \n");
  printf("and hit the return key. Max length is 24.\n");
}
```

注意一下我們函數的型別；這是一個新的型別。這個 void 型別會告訴編譯器這個函數沒有傳回值。C 的預設值是像我們的 main() 函數一樣傳回一個 int，但是函數可以傳回 C 支援的任何型別的值 —— 包括根本沒有值，就像我們在這裡所做的那樣。

C 中的函數名稱遵循和變數名稱相同的規則。您必須以字母或底線開頭，然後可以有任意數量的後續字母、數字或底線。此外，和變數一樣，您不能使用表 2-4 中的任何保留字。

然後，我們可以在需要輕推使用者或在他們尋求幫助時呼叫此函數。這裡是 *ch05/help_demo.c*（*https://oreil.ly/LilAh*）程式的其餘部分。我們會在程式啟動時列印幫助資訊，如果使用者在提示輸入名稱時只按下 Return 鍵，我們會再次列印它。

```c
#include <stdio.h>

void print_help() {
  printf("This program prints a friendly greeting.\n");
  printf("When prompted, you can type in a name \n");
  printf("and hit the return key. Max length is 24.\n");
}

int main() {
  char name[25];

  do {
    // 呼叫我們新出爐的幫助函數！
    print_help();

    // 現在提示使用者，但如果他們輸入一個 'h'，
    // 用幫助訊息重來一次
    printf("Please enter a name: ");
    scanf("%s", name);
  } while (name[0] == 'h' && name[1] == '\0');

  // 好了，我們得有一個用來打招呼的名字！
  printf("Hello, %s!\n", name);
}
```

這是輸出：

```
ch05$ gcc help_demo.c
ch05$ ./a.out
This program prints a friendly greeting.
When prompted, you can type in a name
and hit the return key. Max length is 24.
Please enter a name: h
This program prints a friendly greeting.
When prompted, you can type in a name
and hit the return key. Max length is 24.
Please enter a name: joe
Hello, joe!
```

請注意，在重用我們簡單的 print_help() 函數時，我們並沒有節省多少程式碼行。有時，使用函數更多的是關於一致性，而不是減少空間或複雜度。如果我們最終想改變程式的運作方式，例如，要同時詢問使用者的姓名和位址，我們可以只更新這一個函數，並且在任何使用它的地方都會自動受益於新的內容。

# 向函數發送資訊

雖然像 print_help() 這樣的簡單函數派上用場的次數令人吃驚，但更多時候您會需要傳遞一些函數可以用來完成工作的資訊。回想一下我們向使用者打招呼的第二次迭代。我們提示他們輸入姓名，然後列印個性化的問候語。我們可以建立一個具有相同量身訂做能力的函數。為此，我們將指定一個函數參數（*parameter*）。

參數放在一對括號內，看起來很像變數宣告。在非常真實的意義上，它們就是變數宣告。但是參數和變數之間有一些關鍵的差別。首先，您必須為每個參數提供一個型別。您不能「搭載」另一個參數的型別，即使第二個型別也是相同的。其次，您不能初始化參數。參數會從呼叫函數時所提供的引數（*argument*）來獲取初始值。以下是一些有效和無效的範例：

```
// 正確有效的參數宣告：
void average(double v1, double v2, double v3) { ...
void plot(int x, int y) { ...
void printUser(char *name, long id) { ...

// 不正確的宣告：
void bad_average(double v1, v2, v3) { // 每個參數都需要一個型別
void bad_plot(int x; int y) { // 用逗號分隔參數
void bad_print(char *name, long id = 0) { // 不要初始化參數
```

名稱「參數」和「引數」只是程式設計師對變數和值的說法。但是在和其他開發人員討論您的程式結構時，使用不同的名稱很有用。當您說「參數」時，其他程式設計師知道您正在談論要定義一個函數及其輸入。相比之下，當您談論引數時，很明顯您的意思是傳遞給您正在呼叫的已定義函數的值。了解此術語還可以幫助您在線上搜尋幫助時提出更明確的問題。

## 傳遞簡單型別

讓我們嘗試把一些東西傳遞給一個函數並使用它們。帶有參數的典範函數，是計算數值平均值的函數。我們可以定義一個會接受兩個浮點數並列印出平均值的函數，如下所示：

```
void print_average(float a, float b) {
  float average = (a + b) / 2;
  printf("The average of %.2f and %.2f is %.2f\n", a, b, average);
}
```

我們現在可以從程式的其他部分來呼叫 `print_average()`，如下所示：

```
float num1, num2;
printf("Please enter two numbers separated by a space: ");
scanf("%f %f", &num1, &num2);
print_average(num1, num2);
```

請注意，我們的參數 `a` 和 `b` 不會和我們用作引數的變數 `num1` 和 `num2` 共享名稱。把參數和引數聯繫起來的不是事物的名稱，而是它們的位置。第一個引數，無論是文字值、變數還是運算式，都必須和第一個參數的型別匹配，並會用來為第一個參數提供其起始值。第二個引數會和第二個參數一起使用，依此類推。以下所有對 `print_average()` 的呼叫都是有效的：

```
float x = 17.17;
float y = 6.2;
print_average(3.1415, 2.71828);
print_average(x, y);
print_average(x * x, y * y);
print_average(x, 3.1415);
```

把引數傳遞給函數是 C 程式設計的基礎。我們不會在這裡查看輸出，而是看一下 *ch05/averages.c*（*https://oreil.ly/v9VLq*）。執行它，看看您是否得到您期望的輸出。嘗試添加一些您自己的變數或使用 `scanf()` 來獲取更多輸入，然後列印更多平均值。這絕對是一個練習會得到回報的案例！

## 把字串傳遞給函數

但是我們的個性化問候功能呢？我們可以或多或少地像傳遞其他型別一樣傳遞字串（同樣的，實際上只是一個 `char` 陣列）。和其他參數一樣，我們不給陣列參數一個初始值，所以方括號總是空的：

```
void greet(char name[]) {
  printf("Hello, %s\n", name);
}
```

當我們呼叫 greet() 時，我們會使用整個陣列作為參數，類似於我們把字串變數傳遞給 scanf() 函數的方式。我們重用了變數 name，因為它對我們的程式和 greet() 函數有意義。引數和參數並不需要像這樣的匹配。事實上，這種對齊方式很少見。我們將在第 123 頁的「變數作用域」中查看函數中的參數和傳遞給它的引數之間的這種區別。

您經常會看到以「*」字首而不是「[]」括號字尾宣告的陣列參數（例如，void greet(char *name)）。這是以指標使用為中心的有效表達法。我們將在第 6 章中討論指標，在那裡我將更詳細地介紹陣列變數的工作原理，包括它們的記憶體配置以及和函數一起使用。

這裡是一個完整的程式 *ch05/greeting.c*（*https://oreil.ly/FTudJ*），它定義並使用了 greet()：

```
#include <stdio.h>

void print_help() {
  printf("This program prints a friendly greeting.\n");
  printf("When prompted, you can type in a name \n");
  printf("and hit the return key. Max length is 24.\n");
}

void greet(char name[]) {
  printf("Hello, %s\n", name);
}

int main() {
  char name[25];

  // 首先，告訴他們要如何使用程式
  print_help();

  // 現在，提示他們輸入一個名字 ( 只要一次 )
  printf("Please enter your name: ");
  scanf("%s", name);

  // 最後，使用我們的 name 引數來呼叫我們新的歡迎函數
  greet(name);
}
```

這是幾次執行的輸出：

```
ch05$ gcc greeting.c
ch05$ ./a.out
This program prints a friendly greeting.
When prompted, you can type in a name
and hit the return key. Max length is 24.
Please enter your name: Brian
Hello, Brian
ch05$ ./a.out
This program prints a friendly greeting.
When prompted, you can type in a name
and hit the return key. Max length is 24.
Please enter your name: Vivienne
Hello, Vivienne
```

希望那裡沒有什麼太令人驚訝的。如上所述，我們將在第 6 章重新討論把陣列作為參數傳遞。在這個範例中我們指定 char[] 參數的方式並沒有錯，但這不是唯一的方法。

## 多種型別

這可能已經很明顯了，但我想指出，函數定義中的參數串列可以混合和匹配型別。您不限於一種型別。例如，我們可以編寫一個 repeat() 函數，它會接受一個要列印的字串和一個 count 來告訴我們要列印多少次字串：

```
void repeat(char thing[], int count) {
  for (int i = 0; i < count; i++) {
    printf("%d: %s\n", i, thing);
  }
}
```

酷！如果我們使用單字「Dennis」和數字 5 來呼叫 repeat()，我們會得到以下輸出：

```
// repeat("Dennis", 5);
0: Dennis
1: Dennis
2: Dennis
3: Dennis
4: Dennis
```

好吧，這個小測驗的答案至少是一個提示。:) 您能想出一種方法來列印上面輸出中的索引號，以便它們會從 1 開始到 5，而不是現在擁有的不太人性化的 0 到 4 嗎？

## 退出函數

每個程式設計師面臨的一個常見問題，是確保函數的輸入是適當的。例如，在我們漂亮的 repeat() 函數的情況下，我們想要一個正數的 count，以便我們實際得到一些輸出。如果我們得到一個錯誤的數字並且不想完成其餘的功能，我們該怎麼辦呢？幸運的是，C 提供了一種可以隨時退出函數的方法：return 敘述。

在嘗試執行列印迴圈之前，我們可以升級 repeat() 以檢查 count 是否正確：

```
void repeat(char thing[], int count) {
  if (count < 1) {
    printf("Invalid count: %d. Skipping.\n", count);
    return;
  }
  for (int i = 0; i < count; i++) {
    printf("%d: %s\n", i, thing);
  }
}
```

好多了。如果提供了負數，repeat() 的第一個版本不會發生崩潰等事情，但使用者不會看到任何輸出並且不知道為什麼。測試合法值或期望值通常是一個好主意 —— 特別是如果您正在編寫其他人可能最終也會使用的程式碼。

## 傳回資訊

函數也可以傳回資訊。您可以在定義中指定一種資料型別，例如 int 或 float，然後使用 return 敘述來送回一個實際值。當您呼叫這樣的函數時，您可以把該傳回值儲存在一個變數中，或者在任何允許使用值或運算式的地方使用它。

例如，我們可以使用 print_average() 並把它轉換為計算平均值的函數並只是傳回平均值，而不是列印任何內容。這樣您就可以自由地使用客製化訊息來自行列印平均值。或者您可以在其他一些計算中使用平均值。

這是這類函數的簡單版本：

```
float calc_average(float a, float b) {
  float average = (a + b) / 2;
  return average;
}
```

我們現在用了 float，而不是 void 型別。所以我們的 return 敘述應該包含一個浮點值、變數或運算式。在此範例中，我們計算平均值並把它儲存在一個名為 average 的臨時變數中。然後我們把該變數和 return 一起使用。重要的是要注意傳回的是一個值。當我們完成函數時，average 變數會消失，但它的最終值會被送回。

由於我們確實傳回了一個值，因此 calc_average() 之類的函數通常會跳過臨時變數。您可以在 return 中執行這個簡單的計算，如下所示：

```
float calc_average(float a, float b) {
  return (a + b) / 2;
}
```

您不會在這裡失去任何可讀性，但這可能是因為這是一個非常直接的計算。對於更大或更複雜的函數，請隨意使用更舒適或更易於維護的方法。

## 使用傳回值

為了獲取該平均值，我們會把對 calc_average() 函數的呼叫放在我們通常會看到文字或運算式的地方。我們可以把它賦值給一個變數，我們可以在 printf() 敘述中使用它，我們可以把它包含在更大的計算中。它的型別是 float，所以在任何可以使用浮點值或變數的地方，都可以呼叫 calc_average()。

以下是 *ch05/averages2.c*（*https://oreil.ly/ALwA3*）中的一些範例：

```
float avg = calc_average(12.34, 56.78);
float triple = 3 * calc_average(3.14, 1.414);
printf("The first average is %.2f\n", avg);
printf("Our tripled average is %.2f\n", triple);
printf("A direct average: %.2f\n", calc_average(8, 12));
```

在這些敘述中的每一個中，您都可以看到 calc_average() 是如何用在 float 之處。圖 5-3 說明了第一個賦值敘述的流程。

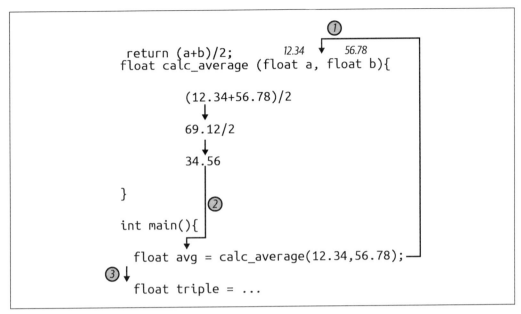

圖 5-3　呼叫 calc_average() 的流程

❶　呼叫 calc_average() 會把控制權轉移給函數；它的參數是從引數來初始化的。

❷　一旦函數完成其工作，把控制權連同要儲存在 avg 中的結果一起傳回給 main 函數。

❸　回復原始函數中的處理敘述。

如果您使用 calc_average() 函數和前面的程式碼片段來建構自己的程式，您應該會看到類似以下的輸出：

```
ch05$ gcc averages2.c
ch05$ ./a.out
The first average is 34.56
Our tripled average is 6.83
A direct average: 10.00
```

如果您想嘗試這些範例，您可以建立自己的檔案，或者編譯並執行 *averages2.c*。作為一個練習，您該如何擴充 calc_average() 函數來產生三個輸入的平均值呢？

## 忽略傳回值

如果 C 中的傳回值沒有用，則不需要使用它。我在介紹 `printf()` 函數時沒有提到這一點，但它實際上傳回了一個 `int`：寫入了多少位元組的計數。不相信？試試看！如果您不想自己寫，我把這段程式碼放在 *ch05/printf_bytes.c*（*https://oreil.ly/rDKBc*）中：

```
printf("This is a typical print statement.\n");
int total_bytes = printf("This is also a print statement.\n");
printf("The previous printf displayed %d bytes.\n", total_bytes);
```

此程式碼片段將產生以下輸出：

```
ch05$ gcc printf_bytes.c
ch05$ ./a.out
This is a typical print statement.
This is also a print statement.
The previous printf displayed 32 bytes.
```

C 對 `printf()` 的所有三次呼叫都很滿意。第一個和第三個呼叫也傳回一個計數，但我們忽略它（沒有不良影響）。我們從第二次呼叫中獲取計數只是為了證明 `printf()` 實際上確實傳回了一個值。通常，您呼叫一個傳回值的函數正是因為您想要那個傳回值。然而，有些函數帶有副作用，而它們才是真正的目標，而不是傳回值。`printf()` 就是這樣一個函數。有時去追蹤程式寫入的位元組數很有用（例如，向雲端服務報告感測器讀數的微控制器可能有無法超過的每日或每月限制），但您可能需要使用 `printf()` 因為您想要一些文字出現在螢幕上。

## 巢套呼叫和遞迴

如果您查看本章的任何完整程式檔案，例如 *ch05/greeting.c*（*https://oreil.ly/fBCrG*）或 *ch05/averages2.c*（*https://oreil.ly/BPwIl*），您可能會注意到我們遵循一個簡單的樣式：定義一個函數，定義 `main()` 函數，然後在 `main()` 的內部呼叫我們的第一個函數。但這不是唯一有效的安排。正如我將在第 11 章中向您展示的那樣，例如只需一點額外的程式碼，您就可以交換 `main()` 和 `calc_average()` 的位置。

我們也可以自由地從其他函數的內部呼叫我們的函數。我們可以建立一個新程式來重現和 *averages.c* 中的原始 `print_average()` 函數完全相同的輸出，但會使用 *averages2.c* 中的 `calc_average()` 函數來獲得實際平均值。

這是完整的 *ch05/averages3.c*（*https://oreil.ly/c3Ssi*），因此您可以看到我們放置不同函數的位置以及呼叫這些函數的位置：

```c
#include <stdio.h>

float calc_average(float a, float b) {
  return (a + b) / 2;
}

void print_average(float a, float b) {
  float average = calc_average(a, b);
  printf("The average of %.2f and %.2f is %.2f\n", a, b, average);
}

int main() {
  float num1, num2;
  printf("Please enter two numbers separated by a space: ");
  scanf("%f %f", &num1, &num2);
  print_average(num1, num2);

  float x = 17.17;
  float y = 6.2;
  print_average(3.1415, 2.71828);
  print_average(x, y);
  print_average(x * x, y * y);
  print_average(x, 3.1415);
}
```

如果執行它，輸出將類似於第 112 頁的「傳遞簡單型別」中的第一個範例：

```
ch05$ gcc averages3.c
ch05$ ./a.out
Please enter two numbers separated by a space: 12.34 56.78
The average of 12.34 and 56.78 is 34.56
The average of 3.14 and 2.72 is 2.93
The average of 17.17 and 6.20 is 11.68
The average of 294.81 and 38.44 is 166.62
The average of 17.17 and 3.14 is 10.16
```

真聰明。實際上，我們一直都在依賴這個功能。在我們的第一個「Hello, World」程式中，我們從 main() 函數中呼叫 printf() 函數 —— 它確實是一個真正的函數，只是由內建的標準 I/O 程式庫定義的函數。

所有用來解決實際問題的 C 程式，都會使用這種基本樣式。編寫函數是為了解決更大問題的一小部分。其他函數會呼叫這些函數來把小答案組合成一個更大的整體。有些問題太大了，您會有好幾層呼叫呼叫函數的函數。但我們操之過急了，我們會繼續練習較為簡單的函數。當您習慣於定義和呼叫它們時，隨著您解決更複雜的問題，您自然會開始建構更複雜的階層結構。

## 遞迴函數

除非您使用過其他語言，否則這件事可能並不明顯，但 C 函數也被允許呼叫自身。這稱為遞迴（recursion），這種自我呼叫函數稱為遞迴（recursive）函數。如果您曾和程式設計師打過交道，也許您聽過一個關於遞迴定義的令人驚訝的準確笑話：「我查了字典裡的遞迴。它說：『參見遞迴。』」誰說書呆子沒有幽默感？;-)

但是笑話中的定義，確實暗示了您如何用 C 來編寫遞迴函數。只有一個重要的警告：您需要有一種方法來停止遞迴。如果笑話中的主題是一台電腦，那麼它會處於一個無休止的迴圈中，查找單字，然後被告知要查找單字，然後被告知要查找單字，等等等等，無限循環。如果您用 C 來編寫這樣的函數，最終程式會消耗光您電腦中的所有記憶體並崩潰。

為了避免這種崩潰，遞迴函數至少有兩個分支。一個分支，一個基底案例（base case），會進行終止。它會產生一個具體的值並完成。另一個分支則進行某種計算並遞迴。這種「某種計算」必須最終導致基底案例。如果這聽起來有點令人困惑，請不要驚慌[2]！我們可以用實際程式碼更好地說明這個過程。

也許最著名的遞迴演算法之一是計算費伯那西數（Fibonacci number）的演算法。您可能會從高中數學中回憶起這些。以 13 世紀的一位義大利數學家命名，它們是從兩個數字（一個 0 和一個 1 或兩個 1）的簡單起點建構的序列的一部分。您把這兩個數字相加以產生第三個數字。您把第二個和第三個相加以產生第四個，依此類推。所以第 n 個費伯那西數是前一個數和前前一個數的和。更正式的說法是這樣的：

    F(n) = F(n - 1) + F(n - 2)

在這裡，函數 F() 是根據函數 F() 定義的。啊哈！遞迴！那麼這在 C 中是什麼樣子的呢？讓我們來看看。

---

2　如果您想體驗書呆子幽默的巔峰，請查看 Douglas Adams 的銀河便車指南（*The Hitchhiker's Guide to the Galaxy*）。「不要驚慌」一詞以大而顯眼的大寫表現。

我們會首先定義一個函數，該函數會接受一個 int 作為參數並傳回一個 int。如果傳遞給我們的值是零或一，我們會分別傳回零或一，作為序列定義的一部分。（所以更正式地說，F(0) == 0 以及 F(1) == 1。）這聽起來很簡單：

```c
int fibonacci(int n) {
  // 基底案例 0
  // 我們會作弊並對負數也傳回零
  if (n <= 0) {
    return 0;
  }
  // 基底案例 1
  if (n == 1) {
    return 1;
  }
  // 遞迴呼叫會在這裡
}
```

我們有個關鍵部分：有明確答案的基底案例（或案例們，例如我們的 0 和 1）。如果我們得到一些大於一的整數，我們會陷入遞迴呼叫。那看起來像什麼？就像任何其他函數呼叫一樣。它的特別之處在於，在我們的範例中，我們會呼叫正在定義的函數，在我們的案例中是 fibonacci()。我們在介紹遞迴時提到的「某種計算」是我們正式定義中的 n - 1 和 n - 2 元素：

```c
// 遞迴呼叫
return fibonacci(n - 1) + fibonacci(n - 2);
```

讓我們把所有這些放在一個完整的程式（*ch05/fib.c*（*https://oreil.ly/8xBXV*））中，該程式會列印一些樣本費伯那西數：

```c
#include <stdio.h>

int fibonacci(int n) {
  // 基底案例 0
  // 我們對負數也偷懶的傳回零
  if (n <= 0) {
    return 0;
  }
  // 基底案例 1
  if (n == 1) {
    return 1;
  }
```

```
  // 遞迴呼叫
  return (fibonacci(n-1) + fibonacci(n-2));
}

int main() {
  printf("The 6th Fibonnaci number is: %d\n", fibonacci(6));
  printf("The 42nd Fibonnaci number is: %d\n", fibonacci(42));
  printf("The first 10 Fibonacci numbers are:\n");
  for (int f = 0; f < 10; f++) {
    printf("  %d", fibonacci(f));
  }
  printf("\n");
}
```

如果我們執行它，我們將得到以下輸出：

```
ch05$ gcc fib.c
ch05$ ./a.out
The 6th Fibonnaci number is: 8
The 42nd Fibonnaci number is: 267914296
The first 10 Fibonacci numbers are:
  0  1  1  2  3  5  8  13  21  34
```

很酷。但它是如何運作的？似乎不可能賦值來自需要相同函數來計算值的函數的值！圖 5-4 顯示了 fibonacci() 使用微小值 4 所發生的情況。

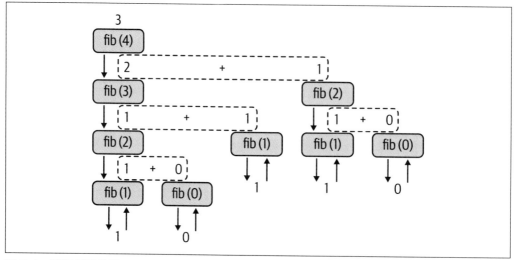

圖 5-4　遞迴呼叫堆疊

如果這個過程看起來仍然有點複雜，請給它時間。一般來說，您使用函數越多，就越容易閱讀（和建立！）更有趣的函數，例如我們的遞迴式費伯那西範例。

但它對電腦來說很複雜。遞迴可能會太深而導致電腦記憶體不足。即使您的遞迴程式碼沒有那麼深，它仍然需要相當長的時間來處理。嘗試更改程式以顯示第 50 個費伯那西數，而不是第 42 個。有注意到它在那一步暫停了嗎？如果沒有，恭喜您擁有強大的系統！嘗試把它提高到 60 或 70。您最終會變得夠高，以至於函數呼叫的絕對數量會阻塞您的 CPU。請記住，遞迴最好適度。

還值得指出的是，大多數遞迴演算法都有對應物，它們會使用更普通的技巧，例如迴圈。但有時使用迴圈比遞迴選項複雜得多。在適當的情況下，遞迴透過把某些問題分解為更小的問題，從而使解決這些問題變得更簡單。例如，在處理音訊和視訊串流中非常常見的快速傅立葉轉換（Fast Fourier Transform, FFT）是一種相當複雜的演算法，它具有更易於理解和實作的遞迴解決方案。

# 變數作用域

我沒有在我們的平均計算函數中明確強調這個細節，但是您可以在函數中宣告您需要的任何型別的任何變數。這些通常被稱為區域（local）變數，因為它們位於函數內部，並在函數完成時被刪除。讓我們回顧一下我們在第 112 頁的「傳遞簡單型別」中編寫的第一個 print_average() 函數：

```
void print_average(float a, float b) {
  float average = (a + b) / 2;
  printf("The average of %.2f and %.2f is %.2f\n", a, b, average);
}
```

這裡，變數 a 和 b 是函數的參數，average 是區域變數。區域變數並沒有什麼特別之處，但是因為它們儲存在定義它們的函數中，所以可以在不同的函數之間重用名稱。考慮兩個分別計算兩個和三個參數的平均值的函數：

```
void print_average_2(float a, float b) {
  float average = (a + b) / 2;
  printf("The two numbers average out to %.2f\n", average);
}

void print_average_3(float a, float b, float c) {
```

```
  float average = (a + b + c) / 3;
  printf("The three numbers average out to %.2f\n", average);
}
```

這兩個函數都宣告了一個名為 average 的區域變數，但它們是兩個完全獨立的變數。即使它們共享一個名稱，編譯器也不會混淆它們。事實上，即使發出呼叫的函數也有一個 average 變數，它們也不會混淆。每個區域變數都完全包含在它的函數中：

```
float calc_average_2(float a, float b) {
  float average = (a + b) / 2;
  return average;
}

int main() {
  float avg1 = calc_average_2(18.5, 21.1);
  float avg2 = calc_average_2(16.3, 19.4);
  float average = calc_average_2(avg1, avg2);
  printf("The average of the two averages is: %.2f\n", average);
}
```

太棒了。這意味著我們可以專注於使用適合我們在給定函數中所做的任何工作的名稱。我們不必追蹤在其他函數甚至 main() 中使用了哪些變數。這使我們作為程式設計師的工作變得更加容易。

## 全域變數

但是，作為程式設計師，您無疑會遇到全域（*global*）變數還有區域變數。全域變數和區域變數有點相反。當區域變數包含在函數或迴圈區塊中時，全域變數是隨處可見的。迴圈或函數完成後區域變數會消失，但全域變數仍然會存在。

這種可見性和持久性，可以讓全域變數對於要在多個函數中共享或重用的任何值都非常有吸引力。但是破壞一個全域變數非常容易，因為任何函數都可以看到它並修改它。這是一個範例（*ch05/globals.c*（*https://oreil.ly/5tgaO*）），其中包含我們在函數內部和 main() 內部使用的全域變數：

```
#include <stdio.h>

char buffer[30];

void all_caps() {
  char diff = 'a' - 'A';
```

```
  for (int b = 0; b < 30 && buffer[b] != 0; b++) {
    if (buffer[b] >= 'a' && buffer[b] <= 'z') {
      // 我們有一個小寫字母，因此改變 char 陣列的這個槽位
      // 成為它的大寫版本
      buffer[b] -= diff;
    }
  }
}

int main() {
  printf("Please enter a name or phrase: ");
  scanf("%[^\n]s", buffer);
  printf("Before all_caps(): %s\n", buffer);
  all_caps();
  printf("After all_caps(): %s\n", buffer);
}
```

這是執行程式的輸出：

```
ch05$ gcc globals.c
ch05$ ./a.out
Please enter a name or phrase: This is a test.
Before all_caps(): This is a test.
After all_caps(): THIS IS A TEST.
```

請注意，我們從沒有更改 main() 中變數的值，但我們可以看到（並且可以列印）在 all_caps() 函數中所做的更改。

 我在 *globals.c* 中使用的格式字串可能看起來很奇怪。scanf("%s", buffer) 本身會在第一個空白處停止掃描字串。在範例輸出中，這意味著只有單字「This」會被捕獲到 buffer 中。[^\n] 限定符借用了正規運算式（*https://oreil.ly/3A6ll*）領域的一些語法，表示「除換行字元之外的任何字元」。這讓我們可以輸入帶有空格的短語，並捕獲直到換行字元為止的所有單字作為單一字串。

有時使用全域變數是非常有用的。特別是在像 Arduino 這樣的小型系統上，這種安排有時可以為您節省幾個位元組。但您確實必須小心。如果太多的函數使用和改變一個全域變數，那麼對出錯時正在發生的事情進行除錯就會變得非常混亂。如果您沒有令人信服的理由來使用全域變數，我建議把共享值作為參數，傳遞給任何需要它們的函數。

## 遮蔽全域變數

關於全域變數的另一個重要問題是，您仍然可以在函數中宣告一個和全域變數同名的區域變數。我們說這樣的區域變數遮蔽（mask）了全域變數。您在函數內執行的任何列印、計算或運算都只會影響區域變數。而且，如果您還需要存取全域變數的話，那您就沒那麼好運了。查看一下 *ch05/globals2.c*（*https://oreil.ly/KO8Fe*）：

```c
#include <stdio.h>

char buffer[30];

void all_caps() {
  char buffer[30] = "This is a local buffer!";
  char diff = 'a' - 'A';
  for (int b = 0; b < 30 && buffer[b] != 0; b++) {
    if (buffer[b] >= 'a' && buffer[b] <= 'z') {
      // 我們有一個小寫字母，因此改變 char 陣列的這個槽位
      // 成為它的大寫版本
      buffer[b] -= diff;
    }
  }
  printf("Inside all_caps(): %s\n", buffer);
}

int main() {
  printf("Please enter a name or phrase: ");
  scanf("%[^\n]s", buffer);
  printf("Before all_caps(): %s\n", buffer);
  all_caps();
  printf("After all_caps(): %s\n", buffer);
}
```

並把之前的 *globals.c* 的輸出和此輸出進行比較：

```
ch05$ gcc globals2.c
ch05$ ./a.out
Please enter a name or phrase: A second global test.
Before all_caps(): A second global test.
Inside all_caps(): THIS IS A LOCAL BUFFER!
After all_caps(): A second global test.
```

您可以在這裡看到，在 main() 方法中，全域 buffer 變數沒有更新，儘管這可能是我們想要做的。同樣的，除非必要，否則我不建議使用全域變數。有時他們的便利會贏得您的青睞，這沒問題。只是要保持警惕和深思熟慮。

# main() 函數

隨著我們擴展對 C 函數的知識，我們在本章中多次提到了 main() 函數。main() 確實是一個真正的、常規的 C 函數，其主要（哈！）差別是，它被當作可執行 C 程式啟動的函數。既然它「只是一個函數」，我們可以從它裡面傳回一個值嗎？我們可以傳遞參數給它嗎？如果可以，用於填充這些參數的引數來自哪裡？您確實可以傳回值以及宣告參數。如果您有興趣，最後一節會更詳細地介紹 main()。幸運的是，到目前為止我們一直使用的簡單 main()，將繼續滿足我們的精實範例。

## 傳回值和 main()

但我們還沒有真正深入了解 main() 宣告的細節。您可能已經對我們給 main() 函數一個型別（int）的事實感到奇怪，儘管我們從未在該函數中編寫過 return 敘述。但事實證明我們可以！

大多數作業系統使用某種機制，來決定您執行的程式是成功完成還是由於某種原因失敗。Unix 及其衍生產品，以及 MS DOS，使用數值來滿足此目的。傳回值為零通常被認為是成功，其他任何的值都是失敗。「其他任何的值」留下了相當廣泛的失敗選項，某些程式確實使用了這些選項。如果您編寫殼層（shell）腳本或 DOS 批次處理（batch）檔案，您可能已經使用這些傳回值，來準確地找出特定命令失敗的原因，並盡可能緩解問題。

到目前為止，在我們的任何範例中，我都沒有在 main() 函數中包含 return。那麼到底發生了什麼？編譯器只是簡單地建構了一個程式，它會內隱式地提供 0 作為那個 int 傳回值。讓我們透過檢查我們的第一個程式 *hello.c* 的退出狀態來看看。

首先，讓我們編譯並執行程式。現在我們可以跟進並向作業系統詢問該傳回值。在 Unix/Linux 和 macOS 系統上，您可以檢查 $? 特殊變數：

```
ch01$ gcc -o hello hello.c
ch01$ ./hello
Hello, world
ch01$ echo $?
0
```

在 Windows 系統上，您可以檢查 %ERRORLEVEL% 變數：

```
C:\Users\marc\Documents\smallerc> gcc -o hello.exe hello.c

C:\Users\marc\Documents\smallerc> hello
Hello world

C:\Users\marc\Documents\smallerc>echo %ERRORLEVEL%
0
```

但是那個「0」可能會讓人覺得有點不可信，因為這是用於未定義或未初始化變數的常見值。讓我們編寫一個新程式 *ch05/exitcode.c*（*https://oreil.ly/vHOfd*），它會傳回一個外顯式的非零值來證明正在傳回一些東西。

我們會提示使用者查看他們想要成功還是失敗。這是一個愚蠢的提示，但它允許您在不重新編譯的情況下嘗試這兩個選項：

```c
#include <stdio.h>

int main() {
  char answer;
  printf("Would you like to succeed (s) or fail (f)? ");
  scanf("%c", &answer);
  if (answer == 's') {
    return 0;
  } else if (answer == 'f') {
    return 1;
  } else {
    printf("You supplied an unsupported answer: %c\n", answer);
    return 2;
  }
}
```

讓我們用幾個不同的答案來編譯並執行這個程式，看看我們在透過作業系統檢查退出碼時得到了什麼。（為了簡潔起見，我只會顯示 Linux 的輸出，但 macOS 和 Windows 都類似。）

```
ch05$ gcc exitcode.c
ch05$ ./a.out
Would you like to succeed (s) or fail (f)? s
ch05$ echo $?
0
```

```
ch05$ ./a.out
Would you like to succeed (s) or fail (f)? f
ch05$ echo $?
1
ch05$ ./a.out
Would you like to succeed (s) or fail (f)? invalid
You supplied an unsupported answer: i
ch05$ echo $?
2
```

這個簡單的程式，暗示了更複雜的程式可能會如何使用這些退出碼來提供有關所發生情況的更多詳細資訊。但請注意，最後程式仍然會退出。這些值是可選的，但如果您計畫編寫最終會以腳本形式出現的工具程式，這些值可能會很有用。

# 命令行引數和 main()

把引數傳遞給 main() 又怎麼樣呢？令人高興的是，您可以使用命令行和另外第二個選項，來定義有助於完成該任務的 main。此替代版本如下所示：

```
int main(int argc, char *argv[]) { // ...
```

argc 參數是「引數計數」，而 argv 字串陣列是「引數值」串列。argv 型別中的星號可能有點令人驚訝。argv 變數確實是一個字元陣列的陣列，類似於第 92 頁的「多維陣列」中的二維 char 陣列，但這是一個更彈性的版本。它是一個 char 指標（*pointer*）陣列（由那個星號來表達）。我們將在第 6 章中介紹指標，在那裡我們可以深入了解細節。現在，請把 argv 視為一個字串陣列。

啟動程式時，您從命令行儲存 argv 陣列。一切都以字串形式出現，但如果您需要的話，您可以把它們轉換為其他東西（嗯，數字或字元）。這是一個簡短的程式 *ch05/argv.c*（*https://oreil.ly/1SiYk*），用於說明存取引數時如何進行「幫助旗標」的常見檢查。如果第一個命令行引數是 -h，我們會列印一則幫助訊息並忽略其他引數。否則，我們會把它們全部列出，每行一個：

```
#include <stdio.h>

void print_help(char *program_name) {
  printf("You can enter several command-line arguments like this:\n");
  printf("%s this is four words\n", program_name);
}
```

```
int main(int argc, char *argv[]) {
  if (argc == 1) {
    printf("Only the name of the program '%s' was given.\n", argv[0]);
  } else if (argc == 2) {
    // 可能是要求幫助
    int len = sizeof(argv[1]);
    if (len >= 2 && argv[1][0] == '-' && argv[1][1] == 'h') {
      print_help(argv[0]);
    } else {
      printf("Found one, non-help argument: %s\n", argv[1]);
    }
  } else {
    printf("Found %c command-line arguments:\n", argc);
    for (int i = 0; i < argc; i++) {
      printf("  %s\n", argv[i]);
    }
  }
}
```

當您使用一些隨機單字來執行 *argv.c* 時，您應該會看到它們被列出：

```
ch05$ gcc argv.c
ch05$ ./a.out this is a test!
Found  command-line arguments:
  ./a.out
  this
  is
  a
  test!
```

但是如果您只使用特殊的 -h 引數，您應該得到我們的幫助資訊：

```
ch05$ ./a.out -h
You can enter several command-line arguments like this:
./a.out this is four words
ch05$ gcc -o argv argv.c
ch05$ ./argv -h
You can enter several command-line arguments like this:
./argv this is four words
```

嘗試自己執行幾次。如果您想嘗試一個相當進階的練習，請建立一個會把一個由數字所構成的字串轉換為整數的函數，然後使用該函數來把您在命令行中傳遞的所有數字相加。這是預期輸出的範例：

```
./sum 22 154 6 73
The sum of these 4 numbers is 255
```

如果您想看看我是如何解決這個問題的，您可以在 *sum.c* 檔案中查看我的解答。

 您可能認為將字串轉換為數字是一項常見任務，而且 C 已經有一個函數來處理它，您基本上是對的。有一個稱為 atoi()（ascii 到整數）的函數，它是標準程式庫 *stdlib.h* 的一部分。我們將在第 7 章中研究程式庫，但是這個小小的添加可以節省大量的體力勞動。如果您準備進行另一個快速練習，請嘗試 include stdlib.h 標頭並使用 atoi() 函數來完成解答的替代變體。或者看看我在 *sum2.c* 中的解答。

# 下一步

我們現在已經獲得了所有最大的積木了。您可以開始建構一些非常有趣的程式，以使用前面章節中的各種控制結構和我們在此處介紹的函數，來解決實際問題。但是 C 可以做得更多，當我們開始期待在微控制器上工作時，這些「更多」裡的其中一些會變得至關重要。

在接下來的兩章中，我們將處理指標並使用程式庫來完善我們的 C 技能。然後我們就可以潛入 Arduino 的世界，享受一個充滿樂趣的世界！

# 第六章

# 指標和參照

對於處理裝置驅動程式或嵌入式系統等低階問題的人來說,能夠合理地直接存取記憶體是 C 語言的最大特性之一。C 為您提供了能夠以微觀方式管理位元組的工具。當您需要擔心每一位元的可用記憶體時,這可能是一個真正的福音,然而擔心您使用的每一位元記憶體也可能是一個真正的痛苦。但是,當您想要掌控所有事時,擁有這個選項是件好事。本章涵蓋了找出事物在記憶體中的位置(它們的位址(*address*))以及使用指標(*pointer*)來儲存和使用這些位址的基礎知識,這類變數會儲存其他變數的位址。

## C 中的位址

當我們在討論使用 scanf() 來讀取整數和浮點數等基本型別和把字串作為字元陣列來讀取時,我們已經觸及了指標的概念。您可能還記得對於數字,我提到了所需的 & 字首。該字首可以被認為是一個「之位址(address of)」運算子或函數。它會傳回一個數值,告訴您 & 後面的變數在記憶體中的位址。我們實際上可以列印出那個位址。看看 *ch06/ address.c*(*https://oreil.ly/z9TrR*):

```c
#include <stdio.h>

int main() {
  int answer = 42;
  double pi = 3.1415926;
  printf("answer's value: %d\n", answer);
  printf("answer's address: %p\n", &answer);
```

```
    printf("pi's value: %0.4f\n", pi);
    printf("pi's address: %p\n", &pi);
}
```

在這個簡單的程式中,我們建立了兩個變數並對其進行了初始化。我們使用一些 `printf()` 敘述來顯示它們的值和它們在記憶體中的位址。如果我們編譯並執行這個範例,我們會看到:

```
ch06$ gcc address.c
ch06$ ./a.out
answer's value: 42
answer's address: 0x7fff2970ee0c
pi's value: 3.1416
pi's address: 0x7fff2970ee10
```

我應該說這裡大致上將是我們會看到的;您的設定可能與我的不同,因此位址可能不會完全匹配。事實上,只是成功地連續執行這個程式幾乎肯定也會導致不同的位址。程式載入到記憶體中的位址,取決於無數因素。如果這些因素中的任何一個不同,則位址也可能不同。

在接下來的所有範例中,注意哪些位址會靠近哪些其他位址會更有用。確切的值並不重要。

獲取儲存在 answer 或 pi 中的值很簡單,這是我們從第 2 章開始就一直在做的事情。但是使用變數的位址是新的事情。我們甚至需要一個新的 `printf()` 格式說明符 %p 來列印它們!該格式說明符的助記符是「指標」,它與「位址」密切相關。通常,指標是指儲存位址的變數,即使您會看到人們把一特定值稱為指標。您還會遇到術語*參照*(*reference*),它和指標同義,但在談論函數參數時會更常用。例如,線上教程會說「當您傳遞一個參照給這個函數時⋯⋯」。它們意味著您把某個變數的位址傳遞給函數,而不是變數的值。

但回到我們的範例。那些列印出來的指標值肯定看起來像是個大數字!情況並非總是如此,但在具有數吉位元組(gigabyte)甚至數兆位元組(terabyte)的 RAM,並使用邏輯位址來幫助分離和管理多個程式的系統上,這種情況並不少見。這些值代表什麼?它們是我們程序(process)的記憶體中儲存變數值的槽位。圖 6-1 說明了我們簡單範例的記憶體中的基本設定。

即使沒有弄清楚位址的確切十進位值,您也可以看到它們非常接近。事實上,pi 的位址比 answer 的位址大四個位元組。我機器上的一個 int 是四個位元組,所以希望您能看到其中的關連。在我的系統上，double 是 8 個位元組。如果我們在範例中添加第三個變數，您能猜出它的位址是什麼嗎？

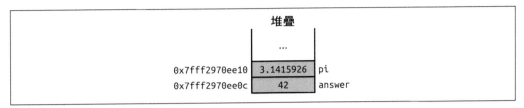

圖 6-1　變數值和位址

讓我們一起來試試吧。程式 *ch06/address2.c*（*https://oreil.ly/6gdjU*）添加了另一個 int 變數，然後列印它的值和位址：

```
#include <stdio.h>

int main() {
  int answer = 42;
  double pi = 3.1415926;
  int extra = 1234;
  printf("answer's value: %d\n", answer);
  printf("answer's address: %p\n", &answer);
  printf("pi's value: %0.4f\n", pi);
  printf("pi's address: %p\n", &pi);
  printf("extra's value: %d\n", extra);
  printf("extra's address: %p\n", &extra);
}
```

這是我們的三變數版本的輸出：

```
ch06$ gcc address2.c
ch06$ ./a.out
answer's value: 42
answer's address: 0x7fff9c827498
pi's value: 3.1416
pi's address: 0x7fff9c8274a0
extra's value: 1234
extra's address: 0x7fff9c82749c
```

嗯，實際上變數並沒有按照我們宣告它們的順序來儲存。多麼奇怪啊！如果仔細觀察，您會發現 answer 仍然先被儲存（位址 0x...498），然後是四個位元組後的 extra（0x...49c），然後是四個位元組後的 pi（0x...4a0）。編譯器通常會以它認為有效率的方式來排列事物——而有效率的排序並不總是和我們的原始碼一致。因此，即使順序有點令人驚訝，我們仍然可以看到所有變數都堆疊在一起，其空間與它們的型別所指示的空間完全相同。

## NULL 值和指標錯誤

*stdio.h* 標頭包含一個方便的值 NULL，我們可以在需要談論「空」指標或未初始化的指標時使用它。您可以把 NULL 賦值給指標變數，或者在比較運算中使用它來查看特定指標是否有效。如果您一直喜歡在宣告變數時為其賦值初始值，NULL 是那個和指標一起使用的值。例如，我們可以宣告兩個變數，一個 double 和一個指向 double 的指標。我們會用「空無一物」來初始化它們，但稍後再填充它們：

```
double pi = 0.0;
double *pi_ptr = NULL;
// ...
pi = 3.14156;
pi_ptr = &pi;
```

每當您無法信任指標的來源時，您都應該檢查 NULL 指標。例如在一個指標被傳遞給您的函數內部：

```
double messyAreaCalculator(double radius, double *pi_ptr) {
  if (pi_ptr == NULL) {
    printf("Could not calculate area with a reference to pi!\n");
    return 0.0;
  }
  return radius * radius * (*pi_ptr);
}
```

當然，這不是計算圓面積的最簡單方法，但開頭的 if 敘述是一種常見的樣式。這是一個簡單的保證，讓您有一些東西可以使用。如果您忘記檢查指標並嘗試解參照（dereference）它，您的程式（通常）會停止，您可能會看到以下錯誤：

```
Segmentation fault (core dumped)
```

即使您無法對空指標做任何事情，但如果您在使用它之前檢查它，您可以給使用者一個更好的錯誤資訊並避免崩潰。

## 陣列

陣列和字串呢？那些會像更簡單的型別一樣進入堆疊嗎？它們的位址會落在記憶體的同一通用部分中嗎？讓我們建立幾個陣列變數，看看它們落在哪裡，以及它們佔用了多少空間。*ch06/address3.c*（*https://oreil.ly/UA5ZK*）有我們的陣列。我添加了一個列印大小的輸出，以便我們可以輕鬆地驗證配置了多少空間：

```c
#include <stdio.h>

int main() {
  char title[30] = "Address Example 3";
  int page_counts[5] = { 14, 78, 49, 18, 50 };
  printf("title's value: %s\n", title);
  printf("title's address: %p\n", &title);
  printf("title's size: %lu\n", sizeof(title));
  printf("page_counts' value: {");
  for (int p = 0; p < 5; p++) {
    printf(" %d", page_counts[p]);
  }
  printf(" }\n");
  printf("page_counts's address: %p\n", &page_counts);
  printf("page_counts's size: %lu\n", sizeof(page_counts));
}
```

這是我們的輸出：

```
title's value: Address Example 3
title's address: 0x7ffe971a5dc0
title's size: 30
page_counts' value: { 14 78 49 18 50 }
page_counts's address: 0x7ffe971a5da0
page_counts's size: 20
```

編譯器再次重新排列了我們的變數，但我們可以看到 `page_counts` 陣列的大小是 20 個位元組（5 x 每個 `int` 4 個位元組），並且那個 `title` 是在 `page_counts` 之後的 32 個位元組處取得位址。（您可以忽略位址的共同部分並進行一些數學運算：0xc0 – 0xa0 == 0x20 == 32。）那麼額外的 12 個位元組是什麼呢？陣列會有一些額外開銷，編譯器已經為它騰出空間。令人高興的是，我們（作為程式設計師或使用者）不必擔心這種額外開銷。作為程式設計師，我們可以看到編譯器肯定會為陣列本身保留足夠的空間。

## 區域變數和堆疊

那麼，那個「空間」究竟被放置在哪裡呢？從廣義上講，空間是從我們電腦的記憶體中配置的，也就是它的 RAM。對於在函數中定義的變數（請記住第 127 頁的「main() 函數」中的 main() 是一個函數），空間是在**堆疊**（*stack*）上配置的。那是用來指記憶體中在進行各種函數呼叫時，建立和儲存所有區域變數的位置的術語。組織和維護這些記憶體配置，是作業系統的主要工作之一。

考慮下一個小程式 *ch06/do_stuff.c*（*https://oreil.ly/C5xCP*）。像往常一樣，我們有 main() 函數，還有另一個函數 do_stuff()，嗯，是用來做一些事情的。並不是花俏的事情，但它仍然會建立並列印 int 變數的詳細資訊。即使是無聊的函數，也會使用堆疊並能幫忙說明函數呼叫會如何在記憶體中組合在一起！

```
#include <stdio.h>

void do_stuff() {
  int local = 12;
  printf("Our local variable has a value of %d\n", local);
  printf("local's address: %p\n", &local);
}

int main() {
  int count = 1;
  printf("Starting count at %d\n", count);
  printf("count's address: %p\n", &count);
  do_stuff();
}
```

這是輸出：

```
ch06$ gcc do_stuff.c
ch06$ ./a.out
Starting count at 1
count's address: 0x7fff30f1b644
Our local variable has a value of 12
local's address: 0x7fff30f1b624
```

您可以看到 main() 中的 count 和 do_stuff() 中的 local 的位址彼此靠近。它們都在堆疊上。圖 6-2 顯示了具有更多上下文的堆疊。

---

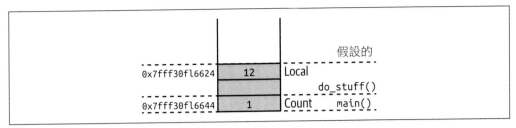

圖 6-2　堆疊上的區域變數

這就是「堆疊」這個名字的由來：函數呼叫會疊上去。如果 do_stuff() 要呼叫其他函數，該函數的變數將會堆積在 local 之上。當任何函數完成時，它的變數都會從堆疊中取出。這種堆疊可以持續很長時間，但不會永遠持續下去。例如，如果您沒有像第 120 頁的「遞迴函數」中那樣為遞迴函數提供適當的基底案例，那麼這種失控的堆疊配置最終會導致您的程式崩潰。

您可能已經發現到圖 6-2 中的位址實際上在減少。堆疊的起點可以在配置給我們程式的記憶體的開始處，此時位址會往上計數，或者是在配置空間的末尾，此時位址會往下計數。您看到的版本取決於架構和作業系統。但是，堆疊的概念及其增長方向保持不變。

堆疊還包含傳遞給函數的任何參數，以及稍後在函數中宣告的任何迴圈或其他變數。考慮這個片段：

```c
float average(float a, float b) {
  float sum = a + b;
  if (sum < 0) {
    for (int i = 0; i < 5; i++) {
      printf("Warning!\n");
    }
    printf("Negative average. Be careful!\n");
  }
  return sum / 2;
}
```

在此程式碼片段中，堆疊會包含以下元素的空間：

- average() 本身的 float 傳回值

- float 參數 a

- float 參數 b

- float 區域變數 sum

- 用於迴圈的 int 變數 i（只在 sum < 0 時）

堆疊非常通用！幾乎所有和特定函數有關的東西都會從堆疊中獲取它的記憶體。

## 全域變數和堆積

但是沒有連接到任何特定函數的全域變數呢？它們被分配在稱為**堆積**（*heap*）的單獨記憶體部分中。如果「堆積」聽起來有點混亂，的確是。您的程式需要的任何不屬於堆疊的記憶體都會放在堆積中。圖 6-3 說明了如何考慮堆疊和堆積。

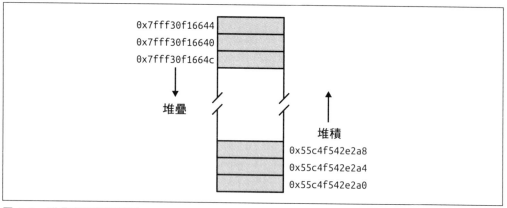

**圖 6-3　堆疊與堆積記憶體**

當您執行程式時，堆疊和堆積共享一個邏輯記憶體區塊。當您進行函數呼叫時，堆疊會增長（在此案例中從「頂部」向下）。隨著函數完成它們的呼叫，堆疊會縮小。全域變數使堆積增長（從「底部」向上）。也可以在堆積中配置大型陣列或其他結構。（本章第 145 頁的「使用陣列來管理記憶體」介紹了如何手動使用該空間中的記憶體。）您可以釋放堆積的某些部分來縮小它，但只要您的程式正在執行，全域變數就會留在其中。

我們將在第 221 頁的「堆疊和堆積」中更詳細地了解這兩個記憶體部分如何互動。隨著堆疊和堆積的增長，中間的閒置空間會變得越來越小。如果它們相遇，您就有麻煩了。如果堆疊不能進一步增長，您會無法再呼叫任何函數。如果您仍然呼叫一個函數，您可能會讓您的程式崩潰。同樣的，如果沒有剩餘的空間供堆積增長，但您嘗試請求一些空間，則電腦別無選擇，只能暫停您的程式。

設法避開這個麻煩是您作為程式設計師的工作。C 語言不會阻止您犯錯，但反過來，當環境決定時，它會給您足夠聰明的空間。第 10 章探討了微控制器上的幾種情況，並討論了一些導航它們的技巧。

# 指標算術

無論您的變數把它的內容儲存在何處，C 都允許您以一種強大（且具有潛在危險）的方式來直接使用位址。我們不會只限於列印出變數的位址來進行簡單檢查。我們還可以把它儲存在另一個變數中。我們也可以使用其他變數來獲取相同的資料並對其進行運算。

看一下 *ch06/pointer.c*（*https://oreil.ly/ONjNE*）以查看使用指向另一個變數的變數的範例。我已經提到了使用指標的幾個關鍵概念：

```
#include <stdio.h>

int main() {
  double total = 500.0;              ❶
  int count = 34;
  double average = total / count;
  printf("The average of %d units totaling %.1f is %.2f\n",
      count, total, average);

  // 現在讓我們重現某些運用指標的工作
  double *total_ptr = &total;        ❷
  int *count_ptr = &count;
  printf("total_ptr is the same as the address of total:\n");
  printf("  total_ptr %p == %p &total\n", total_ptr, &total);

  // 我們可以用 '*' 字首 ( 解參照 ) 來
  // 處理指標所指過去的值
  printf("The current total is: %.1f\n", *total_ptr);
  // 讓我們假裝我們忘了二個單位並修正我們的計數：
  *count_ptr += 2;                   ❸
  average = *total_ptr / *count_ptr;
  printf("The corrected average of %d units totaling %.1f is %.2f\n",
      count, total, average);        ❹
}
```

❶  我們從一組正常的變數開始並執行一個簡單的計算。

❷ 接下來，我們建立具有相應指標型別的新變數。例如，我們建立 double * 型別的 total_ptr 作為指向 double 型別的 total 變數的指標。

❸ 您可以解參照指標以使用或更改它們指向的東西。

❹ 最後，我們證明了原始的非指標變數實際上是透過我們對它的指標對應物所做的工作而改變的。

這是輸出：

```
ch06$ gcc pointer.c
ch06$ ./a.out
The average of 34 units totaling 500.0 is 14.71
total_ptr is the same as the address of total:
  total_ptr 0x7ffdfdc079c8 == 0x7ffdfdc079c8 &total
The current total is: 500.0
The corrected average of 36 units totaling 500.0 is 13.89
```

這輸出不是很令人興奮，但再次證明我們能夠透過 count_ptr 指標編輯變數的值，例如 count。透過指標處理資料是非常進階的事情。如果這個話題仍然感覺有點難以應付，請不要擔心。繼續嘗試這些範例，您將更加熟悉語法，這反過來會幫助您考慮在自己的未來專案中使用指標。

# 陣列指標

我們實際上已經使用過指標了，儘管它被巧妙地偽裝成陣列。回想一下我們在第 39 頁的「scanf() 和剖析輸入」中對 scanf() 函數的擴充使用。當我們想要掃描一個數字時，我們必須和數字變數的名稱一起使用 &。但掃描字串時並不需要那種語法 —— 我們只是簡單地給了陣列的名稱。這是因為 C 中的陣列已經是指標，只是具有預期結構的指標，可以讓讀取和寫入陣列元素變得容易。

事實證明，您可以在不使用方括號的情況下處理陣列的內容。您可以使用和我們在上一個範例中看到的完全相同的解參照。透過解參照，您可以向陣列變數加上和減掉簡單整數，以獲取該陣列中的各個元素。但是這種類型的事情最好透過程式碼來討論。看一下 *ch06/direct_edit.c*（*https://oreil.ly/GPhxA*）：

```
#include <stdio.h>

int main() {
  char name[] = "a.c. Programmer";              ❶
```

```
    printf("Before manipulation: %s\n", name);
    *name = 'A';                              ❷
    *(name + 2) = 'C';                        ❸
    printf("After manipulation: %s\n", name); ❹
}
```

❶ 我們像往常一樣宣告和初始化我們的字串（char 陣列）。

❷ 我們可以解參照陣列變數來讀取或更改第一個字元。這相當於 name[0] = A。

❸ 我們還可以解參照涉及我們的陣列變數的運算式。我們可以加上或減掉 int 值，這意味著在陣列中向前或向後移動一個元素。在我們的程式碼中，這一行等價於 name[2] = C。

❹ 您可以看到陣列變數本身「沒有受到傷害」，儘管我們確實成功地編輯了字串。

繼續編譯並執行程式。這裡是輸出：

```
ch06$ gcc direct_edit.c
ch06$ ./a.out
Before manipulation: a.c. Programmer
After manipulation: A.C. Programmer
```

這種類型的數學和解參照也適用於其他型別的陣列。您可能會在處理陣列的迴圈中看到指標算術，例如，遞增陣列指標相當於移動到陣列中的下一個元素。指標的這種使用可以非常有效率。但是，雖然 *direct_edit.c* 中的簡單處理在過去可能較快，但現代 C 編譯器非常（非常！）擅長優化您的程式碼。

我建議在擔心效能之前先集中精力獲得您想要的答案。第 10 章著眼於 Arduino 平台上的記憶體和其他資源，在這些資源中這種擔憂是有道理的。即使在那裡，優化也不會是您首先關心的問題。

# 函數和指標

作為程式設計師，指標真正開始對您的日常生活產生影響的地方，是當您將它們附加到函數的參數或傳回值時。此功能允許您建立一塊可共享的記憶體，而不用把它設為全域的。請考慮 *ch06/increment.c*（*https://oreil.ly/JJLV4*）中的以下函數：

```
void increment_me(int me, int amount) {
  // 將 "me" 增量 "amount"
  me += amount;
  printf("  Inside increment_me: %d\n", me);
}

void increment_me_too(int *me, int amount) {
  // 將由 "me" 所指向的變數增量 "amount"
  *me += amount;
  printf("  Inside increment_me_too: %d\n", *me);
}
```

您對第一個函數 increment_me() 應該很熟悉。我們之前曾經把值傳遞給函數。在 increment_me() 中，我們可以把 me 加上 amount 來得到正確答案。但是，我們確實只在 main() 方法傳遞了 count 的值。這應該意味著原始的 count 變數將保持不變。

但是 increment_me_too() 使用了一個指標。我們現在可以把參照而不是簡單的值傳遞給 count。在這種作法中，一旦我們返回 main()，我們應該會發現 count 已經更新。讓我們測試一下這個期望。這是一個嘗試這兩個函數的最小 main() 方法：

```
int main() {
  int count = 1;
  printf("Initial count: %d\n", count);
  increment_me(count, 5);
  printf("Count after increment_me: %d\n", count);
  increment_me_too(&count, 5);
  printf("Count after increment_me_too: %d\n", count);
}
```

這是我們得到的輸出：

```
ch06$ gcc increment.c
ch06$ ./a.out
Initial count: 1
  Inside increment_me: 6
Count after increment_me: 1
  Inside increment_me_too: 6
Count after increment_me_too: 6
```

太棒了。我們得到了我們想要的行為。increment_me() 函數不影響從 main() 傳入的 count 值，但 increment_me_too() 確實會影響它。您經常會看到術語「按值傳遞（pass by value）」和「按參照傳遞（pass by reference）」來區分函數處理傳遞給它的引數的方

---

式。請注意，在 `increment_me_too()` 的案例中，我們有一個參照參數和一個值參數。對於混合型別並沒有限制。作為程式設計師，您只需要確保會正確地使用您的函數。

函數還可以傳回指向它們在堆積中所建立的東西的指標。這是外部程式庫中的一個流行技巧，我們將在第 9 章和第 11 章中看到。

# 使用陣列來管理記憶體

如果您提前知道您想要一大塊記憶體來儲存影像或音訊資料，您可以配置您自己的陣列（和結構；參見第 148 頁的「定義結構」）。配置的結果會是一個指標，然後您可以把它傳遞給可能需要處理您的資料的任何函數。用這種方式並不會複製任何儲存空間，並且您可以在使用它們之前檢查，以確保已經獲得所需的所有記憶體。在處理來自未知來源的內容時，這無疑是一個福音。如果沒有足夠的記憶體可用，您可以提供禮貌的錯誤訊息並要求使用者重試，而不是簡單地在沒有解釋的情況下崩潰。

## 使用 malloc() 進行配置

雖然我們通常會保留堆積以用於更大的陣列，但您可以在那裡配置任何您想要的東西。為此，您可以使用 `malloc()` 函數並為它提供所需的位元組數。`malloc()` 函數在另一個標頭檔案 `stdlib.h` 中定義，因此我們必須包含（include）該標頭檔案，類似於我們包含 `stdio.h` 的方式。我們將在第 158 頁的「stdio.h」中看到更多 `stdlib.h` 提供的函數，但現在，只需在頂部我們通常的 `include` 下方添加這一行：

```
#include <stdio.h>
#include <stdlib.h>

// ...
```

有了這個標頭檔案，我們就可以建立一個簡單的程式來說明全域變數和區域變數的記憶體配置，以及我們自己在堆積中客製化的記憶體。看看 *ch06/memory.c*（*https://oreil.ly/zAK5y*）：

```
#include <stdio.h>
#include <stdlib.h>

int result_code = 404;
char result_msg[20] = "File Not Found";

int main() {
```

```
    char temp[20] = "Loading ...";
    int success = 200;
    char *buffer = (char *)malloc(20 * sizeof (char));

    // 我們不會對這些不同的變數做任何事情,
    // 但我們可以印出它們的位址
    printf("Address of result_code:   %p\n", &result_code);
    printf("Address of result_msg:    %p\n", &result_msg);
    printf("Address of temp:          %p\n", &temp);
    printf("Address of success:       %p\n", &success);
    printf("Address of buffer (heap): %p\n", buffer);
}
```

result_code 和 result_msg 的全域宣告以及區域變數 temp 和 success 應該看起來很熟悉。但是看看我們是如何宣告 buffer 的。您可以在實際程式中看到 malloc() 的使用。我們要求 20 個字元的空間。如果需要,您可以指明一個簡單的位元組數,但使用 sizeof 通常會更安全(實際上,通常是必要的),如本範例所示。不同的系統在型別大小和記憶體配置方面會有不同的規則,而 sizeof 提供了一個簡單的防範措施來防止不知情的錯誤。

讓我們看一下輸出中變數的位址:

```
ch06$ gcc memory.c
ch06$ ./a.out
Address of result_code:   0x55c4f49c8010
Address of result_msg:    0x55c4f49c8020
Address of temp:          0x7fffc84f1840
Address of success:       0x7fffc84f1834
Address of buffer (heap): 0x55c4f542e2a0
```

同樣地,不要擔心這些位址的確切值。我們在這裡尋找的是它們的大致位址。希望您可以看到我們使用 malloc() 在堆積中手動建立的全域變數和 buffer 指標,都在大致相同的位址。同樣地,main() 的兩個區域變數也被類似地分組,但在一個不同的位置。

所以 malloc() 會在堆積中為您的資料騰出空間。我們將在第 149 頁的「指向結構的指標」中使用這個配置的空間,但我們需要先看一個密切相關的函數 free()。當您使用 malloc() 來配置記憶體時,您有責任在完成後返還該空間。

# 使用 free() 來解配置

您可能還記得在圖 6-3 的討論中，如果您使用了太多的堆疊或堆積 —— 或者兩者都用完了 —— 您會耗盡記憶體而且您的程式會崩潰。使用堆積的好處之一，是您可以控制何時以及如何從堆積中配置和返還記憶體。當然，正如我剛剛提到的，這個好處的另一面是您必須記住自己做「還回」部分。許多較新的語言可以減輕程式設計師的負擔，因為很容易忘記要自行清理。也許您甚至聽說過這個問題的半官方術語：記憶體洩漏（memory leak）。

要在 C 中返還記憶體並避免此類洩漏，請使用 free() 函數（也來自 *stdlib.h*）。它使用起來非常簡單 —— 您只需傳遞從相對應的 malloc() 呼叫所傳回的指標。因此，在使用完 buffer 後要釋放它，例如：

```
free(buffer);
```

超簡單的！但同樣地，困難的是要記住該使用 free()。這似乎不會是一個問題，但是當您開始使用函數來建立和刪除資料時，它會變得越來越棘手。您呼叫了多少次建立函數？您是否為它們每個都呼叫了相反的移除函數？如果您嘗試刪除從未配置過的東西怎麼辦？所有這些問題都使追蹤您的記憶體使用情況，變得既麻煩又至關重要。

# C 結構

隨著您處理更多有趣的問題，您的資料儲存需求會變得更加複雜。例如，如果您使用 LCD 顯示器，您會使用需要顏色和位置的像素。該位置本身會由 *x* 和 *y* 坐標組成。雖然我們可以建立三個分別的陣列（一個用於所有顏色，一個用於所有 *x* 坐標，最後一個用於 *y* 坐標），但該集合很難在函數之間傳入和傳出，並為錯誤開闢了多種可能性 —— 就像添加了一個顏色但忘記了其中一個坐標。幸運的是，C 包含了 struct 工具，可以為您的新資料需求建立更好的容器。

引用 K&R 的話：「一個結構（*structure*）是一個或多個變數的集合，它們可能是不同型別的，為了方便處理而分組在一個名稱下[1]。」他們接著指出，其他語言以記錄（*record*）來支援這個想法。今天在網路上搜尋您也會遇到複合型別（*composite type*）這個詞。不管您怎麼稱呼它，這個分組變數的功能非常強大。讓我們看看它是如何運作的。

---

1 這種方便的處理方式的結果變成非常方便。Kernighan 和 Ritchie 用一整章的 *The C Programming Language* 來討論這個主題。顯然他們會比我在這裡說的更詳細，所以這裡只是了解這個經典的一個介紹而已。

## 定義結構

要建立自己的結構，請使用 struct 關鍵字和名稱，後面跟大括號內的變數串列。然後，您可以按名稱來存取這些變數，就像按索引來存取陣列元素一樣。這裡是一個我們可以在銀行帳戶程式中使用的簡單範例：

```
struct transaction {
  double amount;
  int day, month, year;
};
```

我們現在有了一個可以和變數一起使用的新「型別」。不再是 int 或 char[]，現在我們有了 struct transaction：

```
int main() {
  int count;
  char message[] = "Your money is safe with us!";
  struct transaction bill, deposit;
  // ...
}
```

count 和 message 的宣告應該看起來很熟悉。下一行宣告了另外兩個變數，bill 和 deposit，它們共享了新的 struct transaction 型別。您可以在使用 int 等原生型別的任何地方使用這種新型別。您可以使用 struct 型別建立區域或全域變數。您可以把結構傳遞給函數或從函數傳回它們。使用結構和函數往往會依賴於指標，但我們會在第 151 頁的「函數和結構」中查看這些細節。

您的結構定義可能非常複雜。它們可以包含多少個變數並沒有真正的限制。一個結構甚至可以包含巢套的 struct 定義！當然，您不想做得太過火，但您確實可以自由地創作您能想像到的任何種類的紀錄。

## 賦值和存取結構成員

一旦定義了結構型別，就可以使用類似於我們處理陣列的語法來宣告和初始化該型別的變數。例如，如果您提前知道一個結構的值，您可以使用大括號來初始化您的變數：

```
struct transaction deposit = { 200.00, 6, 20, 2021 };
```

大括號內的值的順序需要和您在結構定義中列出的變數的順序相匹配。但是您也可以建立一個結構變數並在事後填充它。要指出要賦值的欄位，請使用「點」運算子。您給出結構變數的名稱（在我們目前的範例中為 bill 或 deposit），一個句點，然後是您感興趣的結構的成員，例如 day 或 amount。使用這種方法，您可以按照您喜歡的任何順序來進行賦值：

```
bill.day = 15;
bill.month = 7;
bill.year = 2021;
bill.amount = 56.75;
```

無論您是如何填充結構的，您都可以在需要時，使用相同的點符號來存取結構的內容。例如，要列印交易的任何詳細資訊，我們指明交易變數（在我們的範例中是 bill 或 deposit）、點和我們想要的欄位，如下所示：

```
printf("Your deposit of $%0.2f was accepted.\n", deposit.amount);
printf("Your bill is due on %d/%02d\n", bill.month, bill.day);
```

我們可以把這些內部元素列印到螢幕上。我們可以為它們賦值新的值。我們可以在計算中使用它們。您可以用您的結構中的東西來做任何事情，就像您用其他變數所做的一樣。該結構的目的只是為了更容易把相關的資料放在一起。但這些結構也讓資料保持不同。考慮在我們的 bill 和 deposit 中賦值 amount 變數：

```
deposit.amount = 200.00;
bill.amount = 56.75;
```

即使我們在兩個賦值中都使用了 amount 名稱，也不會混淆您指的是哪個 amount。例如，如果我們在設定完 bill 之後加上一些稅款，這不會影響我們在 deposit 中包含的金額：

```
bill.amount = bill.amount + bill.amount * 0.05;

printf("Our final bill: $%0.2f\n", bill.amount); // $59.59
printf("Our deposit: $%0.2f\n", )                // $200.00
```

希望這種分離是有意義的。藉助結構，您可以把票據和存款作為各自的實體來進行討論，同時了解任一票據或存款的詳細資訊對於該交易來說仍然是唯一的。

## 指向結構的指標

如果您建構了一個封裝正確資料的良好複合型別，您可能會開始在越來越多的地方使用這些型別。您可以把它們用作全域變數和區域變數，或者用作參數型別甚至函數傳回型別。然而，在實際用途上，您會更常看到程式設計師使用的是指向結構的指標而不是結構本身。

要建立（或銷毀）指向結構的指標，您可以使用和簡單型別完全相同的運算子和函數。例如，如果您已經有一個 struct 變數，您可以使用 & 運算子來獲取它的位址。如果您使用 malloc() 建立了結構的實例，則使用 free() 來把該記憶體返還到堆積中。以下是在我們的 struct transaction 型別中使用這些特性和功能的一些範例：

```
struct transaction tmp = { 68.91, 8, 1, 2020 };
struct transaction *payment;
struct transaction *withdrawal;

payment = &tmp;
withdrawal = malloc(sizeof(struct transaction));
```

在這裡，tmp 是一個普通的 struct transaction 變數，我們使用大括號來對它進行初始化。payment 和 withdrawal 都被宣告為指標。我們可以像對 payment 一樣來賦值 struct transaction 變數的位址，也可以像 withdrawal 一樣在堆積上配置記憶體（並在稍後填充）。

然而，當我們去填充 withdrawal 時，我們必須記住我們有的是一個指標，所以 withdrawal 需要解參照才能應用點運算子。不僅如此，點運算子的優先級高於解參照運算子，因此您必須使用括號才能正確地應用運算子。這可能有點乏味，所以我們經常使用另一種表達法來存取 struct 指標的成員。「箭頭」運算子 -> 允許我們在不解參照的情況下使用結構指標。您可以把箭頭放在結構變數的名稱和想要的成員名稱之間，就像使用點運算子一樣：

```
// 使用解參照：
(*withdrawal).amount = -20.0;

// 使用箭頭運算子：
withdrawal->day = 3;
withdrawal->month = 8;
withdrawal->year = 2021;
```

這種差異可能有點令人沮喪，但最終您會習慣的。指向結構的指標提供了一種在程式不同部分之間共享相關資訊的有效方法。它們最大的優點是，指標不會有移動或複製其結構的所有內部部分的額外開銷。當您開始在函數中使用結構時，這種優勢就會變得很明顯。

# 函數和結構

考慮編寫一個函數，以良好的格式來列印出交易的內容。我們可以把結構按原樣傳遞給函數。我們只要在參數列表中使用 `struct transaction` 型別，然後在呼叫它時傳遞一個普通變數：

```
void printTransaction1(struct transaction tx) {
  printf("%2d/%02d/%4d: %10.2f\n", tx.month, tx.day, tx.year, tx.amount);
}
// ...
printTransaction1(bill);
printTransaction1(deposit);
```

非常簡單，但回想一下我們關於函數呼叫是如何和堆疊一起工作的討論。在這個範例中，當我們呼叫 `printTransaction1()` 時，`bill` 或 `deposit` 的所有欄位都必須放入堆疊中。這需要額外的時間和空間。事實上，在最早的 C 語言版本中，這甚至是不允許的！這顯然已經不再正確，但是把指標傳入和傳出函數仍然會更快。這是我們的 `printTransaction1()` 函數的指標版本：

```
void printTransaction2(struct transaction *ptr) {
  printf("%2d/%02d/%4d: %10.2f\n",
      ptr->month, ptr->day, ptr->year, ptr->amount);
}
// ...
printTransaction2(&tmp);
printTransaction2(payment)
printTransaction2(withdrawal);
```

唯一需要進入堆疊的是一個 `struct transaction` 物件的位址。乾淨多了。

以這種方式來傳遞指標有一個有趣的預期特性：我們可以在函數中更改結構的內容。回想一下第 112 頁的「傳遞簡單型別」，如果沒有指標的話，我們最終會透過用來初始化函數參數的堆疊來傳遞值。我們在函數內部對這些參數所做的任何事情都不會影響呼叫函數時的原始引數。

但是，如果我們傳遞一個指標，我們可以使用該指標來更改結構的內部。這些改變會持續存在，因為我們正在實際結構上工作，而不是它的值的副本上。例如，我們可以建立一個函數來為任何交易加上稅金：

```
void addTax(struct transaction *ptr, double rate) {
  double tax = ptr->amount * rate;
```

```
    ptr->amount += tax;
}

// ... 回到 main
    printf("Our bill amount before tax: $%.2f\n", bill.amount);
    addTax(&bill, 0.05);
    printf("Our bill amount after tax: $%.2f\n", bill.amount);
// ...
```

請注意，我們沒有更改 main() 函數中的 bill.amount。我們只需把它的位址連同稅率一起傳遞給 addTax()。以下是這些 printf() 敘述的輸出：

```
Our bill amount before tax: $56.75
Our bill amount after tax: $59.59
```

正是我們所希望的。因為它被證明如此強大，所以透過參照來傳遞結構非常普遍。不是所有東西都需要放在一個結構中，也不是每個結構都必須透過參照來傳遞，但是在大型程式中，您會獲得的組織和效率絕對是有吸引力的。

 這種使用指標來改變結構內容的能力通常是受到偏愛的。但是，如果由於某種原因您不想在使用指標來指向其結構時更改某一成員，請確保不要為該成員賦值任何內容。當然，您總是可以先把該成員的值的副本放入臨時變數中，然後再使用該臨時變數。

# 指標語法回顧

我在本章中介紹了足夠多新的和有些深奧的 C 語法，我想在這裡回顧一下以供快速參考：

- 我們使用 struct 關鍵字來定義了新的資料型別。

- 我們使用「點」運算子（.）來存取結構的內容。

- 我們使用「箭頭」運算子（->）來透過指標存取結構的內容。

- 我們使用 malloc() 為資料配置了自己的空間。

- 我們使用 &（「位址」）和 *（「解參照」）運算子來處理該空間。

- 當我們處理完資料後，我們可以使用 free() 來釋放它的空間。

讓我們在上下文中查看這些新概念和定義。考慮以下程式 *ch06/structure.c*（*https://oreil.ly/xeqqL*）。我沒有在這個稍長的列表中使用標注，而是添加了幾個內聯註解來突顯關鍵點。這樣您就可以在本書快速查找這些詳細資訊，或者如果您正在編寫自己的程式時，也可以在程式碼編輯器中查找這些詳細資訊：

```c
// 包含通常的 stdio，但也包含用於存取 malloc() 和 free() 函數，
// 以及 NULL 的 stdlib
#include <stdio.h>
#include <stdlib.h>
// 我們可以使用 struct 關鍵字來定義新的、複合型別
struct transaction {
  double amount;
  int month, day, year;
};

// 這種新的型別可以用在函數的參數上
void printTransaction1(struct transaction tx) {
  printf("%2d/%02d/%4d: %10.2f\n", tx.month, tx.day, tx.year, tx.amount);
}

// 我們也可以在參數中使用指向該型別的指標
void printTransaction2(struct transaction *ptr) {
  // 檢查以確保我們的指標不是空的
  if (ptr == NULL) {
    printf("Invalid transaction.\n");
  } else {
    // 耶！我們有了一筆交易，用 -> 印出它的細節
    printf("%2d/%02d/%4d: %10.2f\n", ptr->month, ptr->day, ptr->year,
        ptr->amount);
  }
}

// 將結構的指標傳入函數代表我們在必要時
// 可以改變結構的內容
void addTax(struct transaction *ptr, double rate) {
  double tax = ptr->amount * rate;
  ptr->amount += tax;
}

int main() {
  // 我們可以用我們的新型別宣告區域 ( 或全域 ) 變數
  struct transaction bill;
```

```
    // 我們可以用大括號中的初始值進行賦值
    struct transaction deposit = { 200.00, 6, 20, 2021 };

    // 或者我們可以在任何時間使用點運算子來賦值
    bill.amount = 56.75;
    bill.month = 7;
    bill.day = 15;
    bill.year = 2021;

    // 我們可以像其他變數一樣把結構變數傳給函數
    printTransaction1(deposit);
    printTransaction1(bill);

    // 我們也可以使用 malloc() 來建立指向結構的指標並使用它們
    struct transaction tmp = { 68.91, 8, 1, 2020 };
    struct transaction *payment = NULL;
    struct transaction *withdrawal;
    payment = &tmp;
    withdrawal = malloc(sizeof(struct transaction));

    // 使用指標時，我們要不然就必須小心地解參照它
    (*withdrawal).amount = -20.0;
    // 或者使用箭頭運算子
    withdrawal->day = 3;
    withdrawal->month = 8;
    withdrawal->year = 2021;

    // 我們可以任意地將結構指標傳給函數
    printTransaction2(payment);
    printTransaction2(withdrawal);

    // 使用函數和指標來把稅加到我們的帳單中
    printf("Our bill amount before tax: $%.2f\n", bill.amount);
    addTax(&bill, 0.05);
    printf("Our bill amount after tax: $%.2f\n", bill.amount);

    // 在離開之前，釋放我們配置給 withdrawal 的記憶體：
    free(withdrawal);
}
```

和大多數新概念和語法一樣，當您在自己的程式中使用了更多的指標和 malloc() 時，您會更加熟悉它們。從頭開始建立一個解決您感興趣的問題的程式，總是有助於鞏固您對新主題的理解。我正式允許您玩指標！

# 下一步

我們在本章中介紹了一些非常進階的東西。我們查看了程式執行時資料在記憶體中的儲存位置，以及幫助您處理資料位址的運算子（&、*、. 和 ->）和函數（malloc() 和 free()）。許多關於中階和進階程式設計的書籍會在這些概念上花費多個章節，所以如果您需要多讀幾遍這些素材，請不要氣餒。和往常一樣，執行一些您自己修改過的程式碼，會是練習您的理解的好方法。

現在，我們的 C 工具組中有一系列令人印象深刻的工具了！我們可以開始克服複雜的問題，並有機會解決它們。但在許多情況下，我們的問題實際上並不新穎。事實上，很多問題（或者至少是當我們把實際任務分解為可管理的部分時發現的很多子問題）已經被其他程式設計師遇到並解決了。下一章將介紹如何利用這些外部的解決方案。

# 第七章

# 程式庫

C 的最佳特性之一是其編譯後的程式碼中所存在的最小裝飾品。對一些更現代的語言（如 Java）最喜歡的一種狙擊方式是「Hello, World」程式的大小。我們在第 15 頁的「建立一個 C 的 'Hello, World'」中的第一個程式，在我的 Linux 機器上佔用了比 16Kb 多一點的大小，而且沒有使用任何優化。但是，使用 Java 來從同一系統上的獨立可執行檔獲得相同的輸出，需要數千萬位元組和更多的努力來建構。這不是一個完全公平的比較，因為 Java 的 hello 應用程式需要把整個 Java 執行時期（runtime）包裝入可執行檔案中，但這也是重點：C 可以輕鬆地為給定系統建立精實程式碼。

當我們處理諸如「Hello, World」之類的小事情，甚至是過去章節中的大多數範例時，這種輕鬆性是非常好的。但是，當我們準備好進入微控制器和 Arduino 的世界時，我們不得不擔心要重新建立自己的解決方案，來解決一些非常普通的問題。例如，我們編寫了一些自己的函數來比較字串。我們也編寫了一個更進階的程式來編碼 base64 內容。那類的東西很有趣，但我們總是必須從頭開始做這種類型的工作嗎？

令人高興的是，這個問題的答案是：不。C 支援使用*程式庫*（*library*）來快速、友善地擴展其功能的概念，而且不會丟失最終可執行檔的精簡特性。程式庫是一組程式碼，可以匯入到您的專案中以添加新功能，例如處理字串或與無線網路通信。但是使用程式庫的關鍵是您只需要添加一個包含了您需要的功能的程式庫。 Java 的 hello 應用程式會對建立整個圖形化介面和開啟網路連接提供潛在的支援，即使它們不僅僅是用來在終端機視窗中列印一些文本。

例如，使用 Arduino，您會找到大多數流行感測器（如溫度組件或光度電阻器）和輸出（如 LED 和 LCD 顯示器）的程式庫。您無須編寫自己的裝置驅動程式，即可使用一張電子紙或更改 RGB LED 的顏色。您可以載入一個程式庫並開始處理您想要在該電子紙上顯示什麼，而不必擔心要如何進行。

# C 標準程式庫

本書直至目前為止，已經使用了幾個程式庫。即使是我們的第一個程式，也需要 *stdio.h* 標頭才能存取 printf() 函數。我們最近在第 6 章中關於指標的工作需要 *stdlib.h* 標頭中的 malloc() 函數。我們不需要做太多就可以存取這些東西。事實上，我們只是在程式頂部寫了一個 #include 敘述，然後我們就可以繼續了！

這些函數可以如此容易合併的原因，是它們屬於 C 的標準程式庫。每個 C 編譯器或開發環境都會有這個程式庫可用。它可能會在不同的平台上以不同的方式封裝（例如包含或排除數學函數），但您始終可以指望整體內容已準備好被包含了。我無法涵蓋程式庫中的所有內容，但我確實想強調一些有用的函數並提供它們的標頭。在第 170 頁的「把它放在一起」中，我還將介紹在哪裡可以找到處理更廣泛功能的其他程式庫。

## stdio.h

顯然地，我們從一開始就一直在使用 *stdio.h* 標頭。我們已經使用了兩個最有用的函數（出於我們的目的）：printf() 和 scanf()。此標頭中的其他函數圍繞著對檔案的存取這件事。我們將在接下來的章節中使用的微控制器，有時確實具有檔案系統，但我們將要編寫的程式類型不需要那個特定的功能。不過，如果您確實想在桌上型電腦或高效能微控制器上處理檔案，那麼此標頭是一個不錯的起點！

## stdlib.h

我們還從 *stdlib.h* 中看到了一些函數，也就是 malloc() 和 free()。但是這個標頭還有一些更有用的技巧值得一提。

### atoi()

在第 129 頁的「命令行引數和 main()」中，我給了您一個把字串轉換為數字的練習。「額外加分」註釋提到了使用 *stdlib.h* 來存取 C 的標準轉換函數：atoi()。還有兩個其他基本型別的轉換器：atol() 會轉換成 long 值，atof() 則轉換為浮點型別，但與函數名稱中的最後一個字母不相符的是，atof() 會傳回一個 double 值（如果需要，您始終可以把它轉換為較低精準度的 float 型別。）。

這個額外練習的解決方案 *ch07/sum2.c*（*https://oreil.ly/x8J8O*）突顯了如果包含了必要的標頭，轉換會是多麼簡單：

```c
#include <stdio.h>
#include <stdlib.h>

int main(int argc, char *argv[]) {
  int total = 0;
  for (int i = 1; i < argc; i++) {
    total += atoi(argv[i]);
  }
  printf("The sum of these %d numbers is %d\n", argc - 1, total);
}
```

相當容易吧！當然，這是在使用這樣的程式庫函數時我們的希望。您可以自己編寫此轉換程式碼，但如果您能找到合適的程式庫函數來代替，您可以節省大量時間（以及大量除錯功夫）。

請小心這些函數。當它們遇到非數字字元時，他們會停止剖析字串。例如，如果您嘗試把單字「one」轉換為數字，則剖析會立即停止，並且 atoi()（或其他的函數）會傳回 0 而不會出現任何錯誤。如果 0 在您的字串中可以為合法值，則您需要在呼叫它們之前添加自己的有效性檢查。

## rand() 和 srand()

隨機值在許多情況下都扮演著有趣的角色。想要改變您的 LED 燈的顏色？想洗一副虛擬紙牌嗎？需要模擬潛在的通信延遲？亂數（random number）來拯救您了！

rand() 函數會傳回一個介於 0 和一個常數（從技術上講，是一個巨數（*macro*）；更多資訊請參見第 200 頁的「特殊值」）RAND_MAX 之間的偽隨機數（pseudorandom number），它也在 *stdlib.h* 中定義。我說「偽隨機」是因為您得到的「隨機」數字是演算法的產物 [1]。

---

1 該演算法是確定性的（deterministic），雖然對大多數開發人員來說都沒什麼問題，但它並不是真正隨機的。

有一個相關函數 srand() 可用來為亂數產生演算法進行播種（seed）。「種子（seed）」值是演算法在跳來跳去來產生各種各樣的值之前的起點。您可以在每次程式執行時使用 srand() 來提供新值（例如，使用目前的時間戳記（timestamp）），或者您可以使用種子來產生已知的數字串列。這似乎是一件奇怪的事情，但它在測試中很有用。

讓我們嘗試一下這兩個函數來感受一下它們的用法。看看 ch07/random.c（*https://oreil.ly/sst4C*）：

```
#include <stdio.h>
#include <stdlib.h>
#include <time.h>

int main() {
  printf("RAND_MAX: %d\n", RAND_MAX);
  unsigned int r1 = rand();
  printf("First random number: %d\n", r1);
  srand(5);
  printf("Second random number: %d\n", rand());
  srand(time(NULL));
  printf("Third random number: %d\n", rand());
  unsigned int pin = rand() % 9000 + 1000;
  printf("Random four digit number: %d\n", pin);
}
```

讓我們編譯並執行它以查看輸出：

```
ch07$ gcc random.c
ch07$ ./a.out
RAND_MAX: 2147483647
First random number: 1804289383
Second random number: 590011675
Third random number: 1205842387
Random four digit number: 7783

ch07$ ./a.out
RAND_MAX: 2147483647
First random number: 1804289383
Second random number: 590011675
Third random number: 612877372
Random four digit number: 5454
```

那麼，在我的系統上，rand() 傳回的最大值是 2147483647。我們產生的第一個數字應該在 0 到 2147483647 之間，而它也的確是。我們產生的第二個數字會落在相同的範圍內，但它是在我們向 srand() 提供新的種子值之後出現的，所以希望它會和 r1 不同，事實證明的確如此。

但是看看我們第二次執行之輸出中的前兩個「隨機」數字。它們完全一樣！幾乎沒有隨機性。正如我所提到的，rand() 是一個偽隨機產生器。如果您從不呼叫 srand()，那麼產生演算法的預設種子會是 1。但是如果您用一個像 5 這樣的常數來呼叫它，那就再好不過了。這將是一個不同的數字序列，但每次執行程式時，它都是同樣的「不同」序列。

因此，為了獲得不同的偽隨機數，您需要提供一個每次執行程式時都會更改的種子。最常見的技巧是透過包含另一個標頭檔案 *time.h*（參見第 168 頁的「time.h」）並帶入目前的時間戳記（自 1970 年 1 月 1 日以來的秒數）來完成我所做的事情。只要我們不會在一秒鐘內啟動程式兩次，每次執行都會得到新的序列。您可以看到種子在上面的兩次執行中都很好，因為它們的第三個數字確實不同。

有了更好的種子[2]之後，對 rand() 的後續呼叫在執行之間看起來應該是隨機的。我們可以透過為了最後的 PIN 而產生的亂數來看到這種好處。PIN 使用一種流行的技巧來限制範圍內的亂數。您使用餘數運算子來確保獲得適當限制的範圍，然後再加上一個基底值。為了讓 PIN 碼恰好有四位數字，我們使用 1,000 的基底值和 9,000 的範圍（0 到 8,999，包含頭尾（inclusive））。

## exit()

我想要強調的 *stdlib.h* 中的最後一個函數是 exit() 函數。在第 127 頁的「傳回值和 main()」中，我們研究了使用 return 敘述來結束程式，並可選地從 main() 函數傳回一個值，以向作業系統提供一些狀態資訊。

還有一個單獨的 exit() 函數會接受一個 int 引數，該引數被用來作為和 main() 方法中的 return 敘述相同的退出碼值。使用 exit() 和從 main() 返回的區別，在於 exit() 可以從任何函數呼叫並立即退出應用程式。例如，我們可以編寫一個「確認」函數，詢問使用者是否確定要退出。如果他們回答 *y*，那麼我們可以在此時使用 exit()，而不是傳

---

2　我沒有篇幅來介紹好的產生器，但是在網路上搜尋「C random generator」會給您一些有趣的選擇。有更好的演算法，例如 Blum Blum Shub 或 Mersenne Twister，但您也可以找到更好的與硬體相關的產生器。

回一些哨符值給 main()，然後再使用 return。看看 *ch07/areyousure.c*（*https://oreil.ly/ W5lIr*）：

```
#include <stdio.h>
#include <stdlib.h>

void confirm() {
  char answer;
  printf("Are you sure you want to exit? (y/n) ");
  scanf("%c", &answer);
  if (answer == 'y' || answer == 'Y') {
    printf("Bye\n\n");
    exit(0);
    printf("This will never be printed.\n");
  }
}
int main() {
  printf("In main... let's try exiting.\n");
  confirm();
  printf("Glad you decided not to leave.\n");
}
```

這是兩次執行的輸出：

```
ch07$ gcc areyousure.c
ch07$ ./a.out
In main... let's try exiting.
Are you sure you want to exit? (y/n) y
Bye

ch07$ ./a.out
In main... let's try exiting.
Are you sure you want to exit? (y/n) n
Glad you decided not to leave.
```

請注意，當我們使用 exit() 時，我們不會回到 main() 函數，甚至不會完成 confirm() 函數本身的程式碼。我們確實會退出程式並向作業系統提供退出碼。

順便說一句，在 main() 內部，使用 return 或 exit() 幾乎沒有差別，儘管前者會更「禮貌」。（例如，如果您使用 return，完成 main() 函數的任何清理工作仍然會執行。如果您使用 exit()，同樣的清理工作將被跳過。）同樣值得注意的是，像我們一直以來在做的那樣把它放到 main() 主體的結尾，是在沒有錯誤的情況下完成程式的一種很好且流行的方法。

# string.h

字串是如此常見且如此有用，以至於它們甚至有自己的標頭檔案。*string.h* 標頭可以添加到任何除了儲存和列印之外還需要比較或處理字串的程式中。這個標頭描述的函數比我們在這裡有時間介紹的要多，但是我們想在表 7-1 中突顯一些重要的實用程式。

表 7-1　有用的字串函數

| 函數 | 描述 |
| --- | --- |
| strlen(char *s) | 計算字串的長度 ( 不包括最後的空字元 ) |
| strcmp(char *s1, char *s2) | 比較兩個字串。如果 s1 < s2，則傳回 -1，如果 s1 == s2，則傳回 0，如果 s1 > s2，則傳回 1 |
| strncmp(char *s1, char *s2, int n) | 最多比較 s1 和 s2 的 n 個位元組 ( 結果類似於 strcmp) |
| strcpy(char *dest, char *src) | 複製 src 到 dest |
| strncpy(char *dest, char *src, int n) | 將最多 n 個位元組的 src 複製到 dest |
| strcat(char *dest, char *src) | 將 src 附加到 dest |
| strncat(char *dest, char *src, int n) | 將最多 n 個位元組的 src 附加到 dest |

我們可以在一個簡單的程式 *ch07/fullname.c*（*https://oreil.ly/dzycy*）中示範所有這些函數，方法是逐段詢問使用者的全名，然後最後（安全地！）把它們組合在一起。如果我們發現我們正在和 Dennis M. Ritchie 互動，我們會感謝他寫了 C。

```
#include <stdio.h>
#include <string.h>

int main() {
  char first[20];
  char middle[20];
  char last[20];
  char full[60];
  char spacer[2] = " ";

  printf("Please enter your first name: ");
  scanf("%s", first);
  printf("Please enter your middle name or initial: ");
  scanf("%s", middle);
  printf("Please enter your last name: ");
  scanf("%s", last);

  // 首先，組合全名
```

```
    strncpy(full, first, 20);
    strncat(full, spacer, 40);
    strncat(full, middle, 39);
    strncat(full, spacer, 20);
    strncat(full, last, 19);

    printf("Well hello, %s!\n", full);

    int dennislen = 17;  // "Dennis M. Ritchie" 的長度
    if (strlen(full) == dennislen &&
        strncmp("Dennis M. Ritchie", full, dennislen) == 0)
    {
      printf("Thanks for writing C!\n");
    }
}
```

然後一個範例就開始執行了：

```
ch07$ gcc fullname.c
ch07$ ./a.out
Please enter your first name: Alice
Please enter your middle name or initial: B.
Please enter your last name: Toklas
Well hello, Alice B. Toklas!
```

自己試試這個程式。如果您確實輸入了 Dennis 的名字（包括他中間名的首字母後的句點：「M.」），您是否收到了預期的感謝資訊？

 在 strncat() 中把要連接的最大字元數設定為來源字串的長度是一個常見錯誤。相反的，您應該把它設定為目的地中剩餘的最大字元數。您的編譯器可能會用「specified bound X equals source length」訊息來警告您這個錯誤。（當然，X 將是您在呼叫 strncat() 時指定的界限。）這只是一個警告，您很可能正好有來源的長度的剩餘空間。但是，如果您看到警告，請仔細檢查您沒有意外地使用來源的長度。

作為另一個範例，我們可以從第 90 頁的「初始化字串」中重新審視預設值和覆寫陣列的概念。您可以延遲字元陣列的初始化，直到您知道使用者做了什麼。我們可以宣告（但不能初始化）一個字串，把它和 scanf() 一起使用，然後如果使用者沒有給我們一個好的替代值，則傳回預設值。

讓我們用一個有關某個未來的驚人應用程式的背景顏色的問題來試試看。我們可能會假設有一個帶著黑色背景的深色主題。我們可以提示使用者輸入不同的值，或者如果他們想保持預設值，只需按 Return 鍵而不輸入任何值。這裡是 *ch07/background.c*（*https://oreil.ly/a89Jd*）：

```
#include <stdio.h>
#include <string.h>

int main() {
  char background[20];                                      ❶
  printf("Enter a background color or return for the default: ");
  scanf("%[^\n]s", background);                             ❷
  if (strlen(background) == 0) {                            ❸
    strcpy(background, "black");
  }
  printf("The background color is now %s.\n", background);  ❹
}
```

❶ 宣告一個具有足夠容量的字串，但不要把它設定為任何內容。

❷ 從使用者那裡獲取輸入並把它儲存在我們的陣列中。

❸ 如果在提示了使用者之後陣列為空，則儲存我們的預設值。

❹ 顯示來自使用者或我們的預設值的最終值。

以下是一些範例執行，包括我們保留黑色背景的執行：

```
ch07$ gcc background.c
ch07$ ./a.out
Enter a background color or return for the default: blue
The background color is now blue.
ch07$ ./a.out
Enter a background color or return for the default: white
The background color is now white.
ch07$ ./a.out
Enter a background color or return for the default:
The background color is now black.
```

如果您邀請使用者提供一個值，請記住在您的陣列中配置足夠的空間來包含使用者可能給您的任何回應。如果您不能信任您的使用者，scanf() 有另一個技巧可以部署。就像 printf() 中的格式說明符一樣，您可以為 scanf() 中的任何輸入欄位添加寬度。例如，對於之前的範例，我們可以外顯式地把限制更改為 19（為最後一個 `'\0'` 字元保留空間）：

```
scanf("%19[^\n]s", background);
```

十分容易。它看起來確實很密集，但對於有限的裝置來說，這是一個不錯的選擇，在這些裝置中，您可能無法為長舌的使用者配置大量額外空間。

# math.h

*math.h* 標頭宣告了幾個有用的函數，用來執行各種算術和三角計算。表 7-2 包括幾個比較流行的函數。所有這些函數都傳回一個 double 值。

表 7-2　來自 math.h 的好用函數

| 函數 | 描述 |
| --- | --- |
| 三角函數 | |
| cos(double rad) | 餘弦 (cosine) |
| sin(double rad) | 正弦 (sine) |
| atan(double rad) | 反正切 (arctangent) |
| atan2(double y, double x) | 兩個參數的反正切（正 X 軸和點 (x,y) 之間的角度） |
| 根和指數 | |
| exp(double x) | $e^x$ |
| log(double x) | x 的自然對數（以 e 為底） |
| log10(double x) | x 的常用對數（以 10 為底） |
| pow(double x, double y) | $x^y$ |
| sqrt(double x) | x 的平方根 |
| 四捨五入 | |
| ceil(double x) | 天花板函數，x 的下一個較大的整數 |
| floor(double x) | 地板函數，x 的下一個較小的整數 |
| 符號 | |
| fabs(double x)[a] | 傳回 x 的絕對值 |

[a] 奇怪的是，整數型別的絕對值函數 abs() 是在 *stdlib.h* 中宣告。

對於任何需要 int 或 long 答案的情況，您只需要鑄型即可。例如，我們可以編寫一個簡單的程式（*ch07/rounding.c*（*https://oreil.ly/rEMTv*））來平均幾個整數，然後把它們四捨五入到最接近的 int 值，如下所示：

```c
#include <stdio.h>
#include <math.h>

int main() {
  int grades[6] = { 86, 97, 77, 76, 85, 90 };
  int total = 0;
  int average;

  for (int g = 0; g < 6; g++) {
    total += grades[g];
  }
  printf("Raw average: %0.2f\n", total / 6.0);
  average = (int)floor(total / 6.0 + 0.5);
  printf("Rounded average: %d\n", average);
}
```

由於我們（可能）需要幫助編譯器使用這個程式庫，讓我們看一下編譯命令：

```
gcc rounding.c -lm
```

同樣的，*math.h* 在 C 標準程式庫中宣告了函數，但這些函數不一定和其他函數實作在同一個地方。包含我們正在討論的大部分函數的二進位檔案是 *libc*（或 GNU 版本的 *glibc*）。但是，在許多系統上，數學函數存在於單獨的二進位檔案 *libm* 中，它需要尾隨的 **-lm** 旗標以確保編譯器知道要鏈接到數學程式庫中。

您的系統可能會有所不同。嘗試在沒有 **-lm** 選項的情況下進行編譯，以查看您的系統是否會自動包含 *libm*（還是所有函數都已包含在 *libc* 中），這不會有什麼壞處。如果您嘗試在沒有旗標的情況下進行編譯，而且您沒有收到任何錯誤，那麼您的狀況很好！如果您確實需要程式庫旗標，您將看到如下內容：

```
ch07$ gcc rounding.c
/usr/bin/ld: /tmp/ccP1MUC7.o: in function `main':
rounding.c:(.text+0xaf): undefined reference to `floor'
collect2: error: ld returned 1 exit status
```

請自行嘗試（根據需要來使用或不使用程式庫旗標）。您應該會得到 85 這個答案。如果四捨五入是您經常做的事情，您可以編寫自己的函數來簡化事情，避免在呼叫 floor() 並鑄型結果之前要加上 0.5 這個值的這種稍嫌笨拙的工作，弄髒了您的程式碼。

# time.h

此標頭讓您可以存取許多實用程式來幫忙確定和顯示時間。它使用兩種類型的儲存方式來處理日期和時間：一個簡單的時間戳記（具有型別別名 time_t，表達自世界標準時間 1970 年 1 月 1 日以來的秒數）和一個更詳細的結構 struct tm，其中包含以下定義：

```
struct tm {
    int tm_sec;   // 秒 (0 - 60; 允許閏秒)
    int tm_min;   // 分 (0 - 59)
    int tm_hour;  // 時 (0 - 23)
    int tm_mday;  // 月中日期 (1 - 31)
    int tm_mon;   // 月 (0 - 11; 警告！不是 1 - 12)
    int tm_year;  // 年 (自 1900)
    int tm_wday;  // 星期中日期 (0 - 6)
    int tm_yday;  // 年中日期 (0 - 365)
    int tm_isdst; // 日光節約時間旗標
                  // 此旗標可以是三種狀態之一：
                  // -1 == 不適用，0 == 標準時間，1 == 日光節約時間。
}
```

我不會使用這種具有分別欄位的漂亮結構，但如果您正在處理日期和時間的任何工作，它會很有用，就像您可能會在日曆應用程式中發現的那樣。我會不時地使用時間戳記，正如我們已經在第 159 頁的「rand() 和 srand()」中看到的那樣為 srand() 函數提供變化的種子。表 7-3 顯示了一些使用這些簡單值的函數：

表 7-3　使用時間戳記

| 函數 | 描述 |
| --- | --- |
| char *ctime(time_t *t) | 傳回本地時間字串 |
| struct tm *localtime(time_t *t) | 將時間戳記展開為詳細結構 |
| time_t mktime(struct tm *t) | 將結構縮減為時間戳記 |
| time_t time(time_t *t) | 以時間戳記的形式傳回目前時間 |

最後一個函數 time() 的定義可能看起來有點奇怪。它會接受並傳回一個 time_t 指標。您可以使用 NULL 值或指向 time_t 型別變數的有效指標來呼叫 time()。如果使用 NULL，則只會傳回目前的時間。如果提供指標的話，則會傳回目前時間，但指向的變數也會更新為目前的時間。我們處理亂數時只需要使用 NULL 選項，但您會偶然發現一些使用這種樣式的實用工具函數。如果您正在使用堆積記憶體，它會很有用。

# ctype.h

在處理來自使用者的輸入的許多情況下,您需要驗證輸入是否符合某些預期的型別或值。例如,郵遞區號編碼應該是五個數字,美國州的縮寫應該是兩個大寫字母。*ctype.h*標頭檔案宣告了幾個方便的函數來檢查個別字元。它還有兩個幫助函數用來在大寫和小寫之間進行轉換。表 7-4 突顯了其中幾個函數。

表 7-4　使用 ctype.h 來處理字元

| 函數 | 描述 |
| --- | --- |
| 測試 | |
| isalnum(int c) | c 是數字字元還是字母 |
| isalpha(int c) | c 是一個字母嗎 |
| isdigit(int c) | c 是十進位數字嗎 |
| isxdigit(int c) | c 是十六進位數字 ( 不區分大小寫 ) 嗎 |
| islower(int c) | c 是小寫字母嗎 |
| isupper(int c) | c 是大寫字母嗎 |
| isspace(int c) | c 是空格、定位字元、換行字元、歸位字元、垂直定位字元還是換頁字元嗎 |
| 轉換 | |
| tolower(int c) | 傳回 c 的小寫版本 |
| toupper(int c) | 傳回 c 的大寫版本 |

不要忘記您的布林運算子!您可以使用 ! 運算子可以很容易地擴展這些測試來問像是「不是空白」這樣的問題:

```
if (!isspace(answer)) {
    // 不是空白字元,因此繼續
    ...
}
```

 與數學函數在需要 int 的地方獲得 double 結果一樣,*ctype.h* 中的轉換函數會傳回一個 int,但您可以根據需要輕鬆地把它鑄型為 char。

# 把它放在一起

讓我們帶入其中的一些新標頭檔案，並使用前幾章中的一些主題來製作一個更全面的範例。我們將會建立一個結構來把資訊儲存在一個簡單的銀行帳戶中。我們可以使用新的 *string.h* 工具程式為每個帳戶添加名稱欄位。我們將使用 *math.h* 中的函數來計算帳戶餘額的樣本複利支付金額。以下是此範例所需的 include：

```
#include <stdio.h>
#include <stdlib.h>
#include <string.h>
#include <math.h>
```

準備好標頭檔案後，讓我們深入研究並讓程式執行。

# 填寫字串

讓我們透過建立包含字串「名稱」欄位的帳戶型別來開始我們的範例。新結構很簡單：

```
struct account {
  char name[50];
  double balance;
};
```

現在可以在我們的結構建立後，使用我們的字串函數來載入帶有實際內容的 name。我們還可以在函數中使用 malloc()，來建立該結構並傳回我們帳戶的位址。這裡是新的函數，為了便於閱讀，省略了一些安全檢查：

```
struct account *create(char *name, double initial) {
  struct account *acct = malloc(sizeof(struct account));
  strncpy(acct->name, name, 49);
  acct->balance = initial;
  return acct;
}
```

請注意，我在這裡選擇使用 strncpy()。我的想法是我不能保證傳入的 name 參數會剛好合適。既然我寫了整個程式，當然，我一定可以保證這個細節，但這不是重點。我想確定當我允許使用者輸入時，比如提示使用者輸入詳細資訊，我的 create() 函數會有一些安全措施。

讓我們繼續建立一個函數來列印我們的帳戶詳細資訊。希望這段程式碼和在第 6 章的工作看起來很類似。我們還可以啟動 main() 函數來嘗試目前編寫的所有內容：

```
void print(struct account *a) {
  printf("Account: %s\n", a->name);
  printf("Balance: $%.2f\n", a->balance);
}

int main() {
  struct account *checking;
  checking = create("Bank of Earth (checking)", 200.0);
  print(checking);
  free(checking);
}
```

讓我們編譯並執行 *ch07/account1.c*（*https://oreil.ly/i8vvr*）。這裡是我們的輸出：

```
ch07$ gcc account1.c
ch07$ ./a.out
Account: Bank of Earth (checking)
Balance: $200.00
```

萬歲！到目前為止，一切都很好。接下來是計算利息支付。

## 找到我們的利息

使用 *math.h* 程式庫中的 `pow()` 函數，我們可以用一個運算式計算每月的複利。我知道高中時就學過這個公式，但我還是得在需要使用的時候上網查它。然後我們會更新 `main()`，來把一年的利息（5%）加到我們的帳戶，並再次列印出詳細資訊。以下是來自 *ch07/account2.c*（*https://oreil.ly/EAOwS*）的新部分：

```
void add_interest(struct account *acct, double rate, int months) {
  // 將我們目前的餘額放在區域變數中以便於使用
  double principal = acct->balance;
  // 將我們的年利率轉換為每月百分比值
  rate /= 1200;
  // 使用利息公式來計算我們的新餘額
  acct->balance = principal * pow(1 + rate, months);
}

int main() {
  struct account *checking;
  checking = create("Bank of Earth (checking)", 200.0);
  print(checking);

  add_interest(checking, 5.0, 12);
```

```
    print(checking);

    free(checking);
}
```

這看起來很不錯！讓我們編譯並執行 *account2.c*。如果您的系統需要 `-lm` 數學程式庫旗標，編譯時一定要加上：

```
ch07$ gcc account2.c -lm
ch07$ ./a.out
Account: Bank of Earth (checking)
Balance: $200.00
Account: Bank of Earth (checking)
Balance: $210.23
```

一切正常！儘管您正在閱讀的是在我修復了編寫程式碼時所犯的各種小錯誤*之後*的最終輸出。例如，我顛倒了 `strncpy()` 中來源字串和目標字串的順序。第一次就能做好一切是很少見的。編譯器通常會讓您知道您做錯了什麼。您只需返回編輯器並修復它。對錯誤感到自在 —— 並糾正錯誤！—— 是我鼓勵您輸入其中一些範例的原因之一。沒有什麼比實際編寫程式碼更擅長編寫程式碼了。

# 尋找新程式庫

可供您使用的程式庫比我在這裡所能涵蓋的要多得多。確實，就只在 C 標準程式庫中還有更多的函數。您可以透過線上 GNU C Library（*https://oreil.ly/58fLM*）說明文件來進行深入挖掘。

但是，除了標準程式庫之外，還有其他程式庫可以為您的專案提供幫助。對於那些您想要一個專業程式庫的情況，目前您最好的選擇是線上搜尋。例如，如果您想直接和 USB 連接的裝置進行互動，您可以搜尋「C USB library」並從 *https://libusb.info* 找到漂亮的 *libusb*。

您還可以找到一些流行程式庫的列表，但這些列表的品質和維護各不相同。遺憾的是，並沒有像某些語言那樣用於「所有 C 語言」的中央儲存庫。我的建議是查看搜尋結果，尋找指向 GitHub（*https://github.com*）或 gnu.org（*https://gnu.org*）等知名網站的連結。不要害怕閱讀程式庫的原始碼。如果您看到的任何東西引起您的警惕，請特別留意。大多數時候您會得到所您期望的，但在使用您在網上找到的東西時要小心一點。

# 下一步

幫助您把程式碼寫的更好當然是本書的目標之一。在本章中，我們介紹了一些更常見和流行的程式庫（以及我們必須包含以使用它們的函數的標頭）。當然還有更多的程式庫！希望您能看到程式庫和標頭是如何和您自己的程式碼互動的。

接下來我們將處理微控制器，並且我們會開始考慮編寫更緊湊的程式碼。好的程式碼不一定是進行優化工作的先決條件，但它確實有幫助。在繼續前進之前，請隨意回顧過去章節中的一些範例。嘗試做一些改變。嘗試打破東西。試著修理您弄壞的東西。每一次成功的編譯，都應該算作是您程式設計師工作的一個成就。

# 第八章

# 真實世界的 C 與 Arduino

我們已經看到我們的 C 技能從編譯一個簡短的簡單敘述列表，提升到傳遞指標給具有巢套控制流程的函數。但到目前為止，我們一直在終端機視窗中列印結果。這對於證明我們的邏輯是有效的，而且我們的程式正在執行我們期望的工作這些事非常有用，但最終我們會希望程式碼在終端機以外的地方執行，以便能利用所有出色的硬體。在本書的其餘部分，我們將編寫針對微控制器的程式碼。還有什麼比 Arduino 更好的微控制器能讓我們開始呢？

Arduino 系列微控制器已經存在超過 15 年。從專為促進學習和修補而設計的 8 位元 Atmel AVR（*https://oreil.ly/EH7un*）控制器開始，這些小工具迅速普及。如今，您可以找到大量預載了各種感測器和連接的開發板。WiFi、GPS、藍牙，甚至無線電選項都可以輕鬆地加到它裡面。包含了輸入、輸出和容器的生態系統確實令人難以置信。對我們來說，這使得這個平台成為一個完美的目標。您可以使用便宜的控制器和 LED 來開始，然後擴展到機器人、氣象站或無線電控制或幾乎任何其他您喜歡的電子產品領域 [1]。

「取得硬體：Adafruit」小節（第 292 頁）包含有關我將在本書其餘部分中使用的所有微控制器和週邊裝置的資訊。但是任何和 Arduino 相容的微控制器，都適用於我們的大多數範例。

---

[1] 有關 Arduino 詳細資訊的更多（還有更多！）資訊，請查看 J. M. Hughes 所著之 *Arduino: A Technical Reference*（O'Reilly）。

# Arduino IDE（Win、Mac、Linux）

回到第 17 頁的「編譯您的程式碼」中，我們學習了如何把 C 原始碼編譯為我們機器上作業系統的可執行檔案。雖然可以在 Arduino 控制器上執行 C 編譯器，但我們可以使用**跨平台編譯器**（*cross-compiler*）的概念，來讓我們精美的筆記型電腦和桌上型電腦完成繁重的編譯工作，但仍會產生為了 Arduino 建構的二進位檔案。

您可以找到像 `gcc-avr` 這樣的工具來從命令行執行編譯，就像我們對 `gcc` 所做的那樣，但幸運的是，有一個漂亮的 IDE 可以按照標籤上的說明來進行操作。Arduino IDE 是一個整合開發環境，您可以在其中編輯原始碼、編譯它、載入到微控制器並觀看序列控制台以幫助除錯。在該控制台中看到錯誤？那就修復原始碼、重新編譯並重新載入。它可以在所有三個主要平台上執行。

無論您使用何種平台，都可以前往 Arduino Software（*https://oreil.ly/jMXH0*）網頁（參見圖 8-1）並下載相對應的版本。如果您想了解 IDE 的功能背景，可以線上查看 IDE Environment Guide（*https://oreil.ly/FKreY*）。

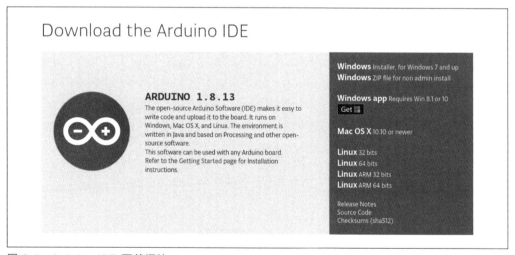

圖 8-1　Arduino IDE 下載網站

讓我們看一下 Windows、macOS 和 Linux 的安裝細節。大多數情況下，Arudino IDE 是一個帶有典型安裝程式的成熟工具，但我想指出一些特定於平台的步驟和陷阱。

# 在 Windows 上安裝

從下載網頁，一定要從 arduino.cc 直接下載其中一個，可以是 ZIP 檔案，也可以是 Windows 7 及更高版本的安裝程式。

> 如果您用 Microsoft Store 來管理應用程式，您可能也注意到了那裡的 Arduino IDE。遺憾的是，有許多報告指稱使用該版本的 IDE 會有困難。它比較舊，且商品列表似乎沒有得到很好的維護。我們建議避免使用此版本，即使下載網頁上有指向商店的連結。

線上指南（*https://oreil.ly/Fa8kZ*）有透過您下載的 *.exe* 檔案來安裝 Arduino IDE 的詳細說明。這是一個相當標準的 Windows 安裝程式；我們唯一的建議是在出現提示時安裝所有可用的組件（如果您不想在桌面或開始功能表中使用捷徑，您當然可以取消選取它們。）。您可能還會被提示安裝一些連接埠和驅動程式，我們也建議您使用它們。如果一切順利，您可以啟動 IDE 並看到一個空的文件，如圖 8-2 所示。

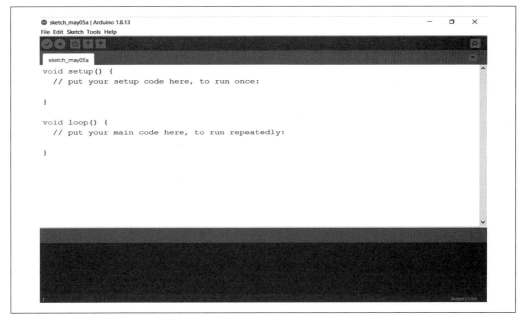

圖 8-2　在 Windows 10 上執行的 Arduino IDE

IDE 執行後，繼續嘗試第 180 頁「您的第一個 Arduino 專案」中的第一個專案。

## 在 macOS 上安裝

macOS 版本的 Arduino IDE 是以簡單的 *.zip* 檔案形式提供。許多瀏覽器會自動解壓縮下載的檔案，但您始終可以自己雙擊檔案來進行解壓縮。*.zip* 檔案中唯一的東西是 macOS 應用程式。請繼續並把應用程式拖到您的 *Applications* 資料夾中（這可能需要您輸入管理密碼。）。就是這樣！如果它成功了，您應該會看到圖 8-3 中的標準啟動畫面。

圖 8-3　在 macOS 上執行的 Arduino IDE

IDE 執行後，繼續嘗試第 180 頁「您的第一個 Arduino 專案」中的第一個專案。

## 在 Linux 上安裝

對於 Linux，您收到的應用程式會是一個簡單的歸檔（archive）檔案，在本例中為 *.tar.xz*。大多數發行版都有一個歸檔管理器應用程式，它會很高興地透過雙擊來解壓縮您的下載檔案。如果您還沒有這樣的應用程式，您可以嘗試您的 `tar` 版本，因為它可以自動解壓縮大多數類型的檔案：

```
$ tar xf arduino-1.8.13-linux64.tar.xz
```

（當然，根據您的平台和應用程式本身的目前發布版本，您的檔案名稱可能會有所不同。）

將解壓縮之後的資料夾（命名為 *arduino-1.8.13*，這再次是根據您下載的版本而定）放置在您要保留應用程式的任何位置。這可能位於共享位置，也可能位於您自己的使用者目錄中。一旦您把它放在您喜歡的地方，進入那個 *arduino-1.8.13* 資料夾並執行 **./install.sh**。該腳本將盡最大努力把捷徑添加到您的開始功能表和桌面上。繼續並啟動應用程式以確保安裝是正常的。您最終應該得到類似於圖 8-4 的結果，這和其他作業系統的結果類似。

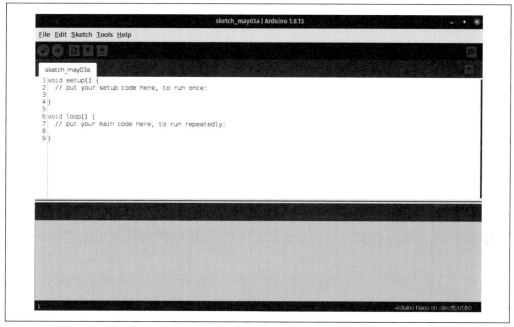

圖 8-4　在 Linux 上執行的 Arduino IDE（使用 Gnome）

萬歲！讓我們在我們的微控制器上執行第一個程式。

# 您的第一個 Arduino 專案

當然，對於像 Arduino 這樣的微控制器，IDE 只是等式的其中一半。您需要一個真正的 Arduino 控制器！或者至少是其眾多兄弟姐妹中的一個。您可以從各式各樣的賣家和製造商處獲得這些板子。我會為 Adafruit（*https://adafruit.com*）放棄一個免費的接頭，因為它們有大量的開發板和週邊裝置 —— 加上建構實際電子專案的所有其他東西。它們的 Trinket 和 Feather 以及超小型的 QT Py 在一些小套件中，包含了一些很棒的特性。

## 選擇您的板子

無論您選擇哪種微控制器，您都需要在 Arduino IDE 中指明該選擇。在 Tools 選單下，查找 Board: 項目。然後是一長串可供您使用的受支援板子，如圖 8-5 所示。您可以看到我選擇了「Adafruit ESP32 Feather」板。這只是我最近處理的一個專案 —— 一個支援 ESP32 WiFi 的 LED 專案。這些日子以來能適合在微控制器上使用的東西真是太神奇了！如果您在此列表中沒有看到匹配的板子，請返回上一層的頂部來選擇「Boards Manager...」選項。該選項會開啟一個對話框，您可以在其中瀏覽其他受支援的板子。

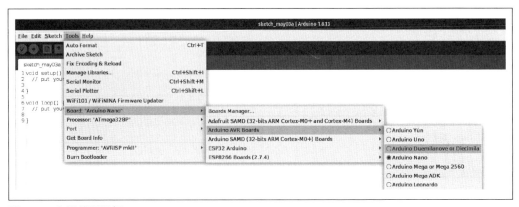

圖 8-5　支援的開發板

對於本書中的大多數範例，我將會使用 Adafruit 的 Metro Mini（*https://oreil. ly/6oe6O*），如圖 8-6 所示。它有一個 16MHz ATmega328P，帶有 2K 的 RAM 和 32K 的快閃記憶體。透過大量的 I/O 接腳，我們可以自由地處理一系列有趣的專案，這些專案會從感測器和開關獲取輸入，同時透過 LED、LCD 和伺服裝置（servo）提供輸出。

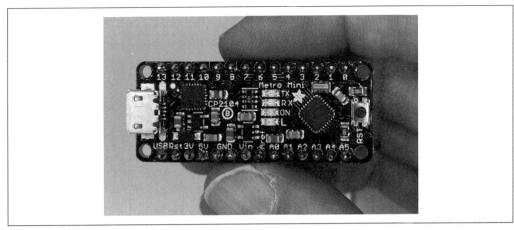

圖 8-6　Adafruit 的 Metro Mini 微控制器

Metro Mini 和 Arduino UNO 接腳相容，所以讓我們選擇它作為我們的開發板選項。圖 8-7 再次顯示了當選擇了我們的 UNO 時的 Boards 列表。順便說一下，接腳（*pin*）就是您所說的那些從微控制器中伸出來並插入您的麵包板（breadboard）（可以用來簡化組件間的連接的漂亮穿孔底座的工程師說法）的東西。即使您使用鱷魚夾之類的其他東西來連接您的 Arduino 或直接焊接一根電線，「接腳」仍然是用來稱呼和微控制器的命名或編號連接的術語。「接腳圖」（pin-out diagram）則是一種把這些名稱和數字與裝置上的實際連接點相匹配的備忘單。

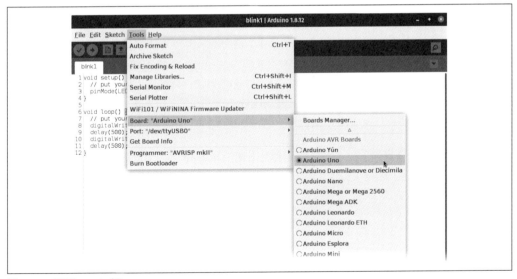

圖 8-7　選擇 UNO 板

您會擁有不同的微控制器的可能性非常高。對於製造商和其他任何玩電子產品的人來說,有很多很棒的選擇。希望您在列表中有看到您的開發板,並且可以像我們對 UNO 所做的那樣簡單地選擇它。遺憾的是,我們無法涵蓋所有選項,甚至無法預測最受歡迎的選項。Arduino Help Center(*https://oreil.ly/bgyMM*)有一些很棒的說明文件和常見問題解答。它們的社群也是一流的。

# Hello, LED!

在 Arduino 世界中,要讓 LED 閃爍相當於第 15 頁的「建立 C 的 'Hello, World'」中的「Hello, World」程式。我們會盡最大努力來佈置我們建構的任何電路和連接,但是您必須根據您自己的控制器和組件的需求來進行調整。

許多開發板都包括一個 LED 和開發板上的適當電阻器。我們首先會讓 Metro Mini 上的 LED 閃爍,以確保我們的 C 程式碼可以上傳,並隨後會在我們的微控制器上執行。回到 Arduino IDE,選擇 File → New 選項。您現在應該有一個新的草圖(*sketch*)頁籤。「草圖」是用來稱呼在微控制器上執行的編譯綑包(bundle)的術語。(第 192 頁的「C++ 物件和變數」有更多關於草圖的說明。)您會看到兩個空函數,setup() 和 loop()。這兩個函數是我們桌上型 C 程式中的 main() 函數的微控制器版本。

setup() 函數是我們程式碼的入口點,並且只執行一次,通常是在第一次為開發板供電時或在使用者按下重設按鈕後(如果這樣的按鈕是開發板的一部分)。在這裡,我們會設定我們需要的任何全域資訊或執行硬體所需的任何初始化,例如重設伺服裝置的位置,或指明我們計劃要如何使用 I/O 接腳。

然後 loop() 函數會接管並無限期地重複您的程式。只要微控制器有電源,通常用於一遍又一遍地完成一項任務(或者可能是少數幾個任務)。它可以持續讀取感測器、驅動 LED 動畫、讀取感測器並使用該值來改變 LED 動畫,也可以向前推動時鐘指針。但是它們都會重複一些流程,直到您切斷電源,所以 loop() 是一個恰當命名的函數。

雖然幕後還有很多事情要做,但可以合理地想像 Arduino 專案的標準 main() 函數定義如下:

```
int main() {
  setup();
  while (1) {
    loop();
```

```
    }
  }
```

請注意，我們的 while 迴圈的「條件」只是值 1。回想一下，「非零」在這些布林語境中被認為是真。所以這個 while 迴圈會永遠執行。正是我們的 Arduino 需要的。

對於我們的閃爍 hello 程式，我們會使用 setup() 來告訴我們的開發板我們想要使用內建的 LED 來進行輸出（這意味著我們會對那些和 LED 關聯的接腳「寫入」開 / 關值）。然後我們會使用 loop() 來進行寫入以及一些小的延遲，以讓閃爍對人類來說是可以看到的。這是我們使用了 Arduino 說明文件中所描述的常數的第一次迭代：

```
void setup() {
  // 把您的設定程式碼放在這裡，執行一次：
  // 告訴我們的開發板我們要寫入內建的 LED
  pinMode(LED_BUILTIN, OUTPUT);
}

void loop() {
  // 把您的主程式碼放在這裡，重複執行：
  // 高值對 LED 是 " 開 "
  digitalWrite(LED_BUILTIN, HIGH);
  // 現在等待 500 毫秒
  delay(500);
  // 並寫入一個低值來關閉我們的 LED
  digitalWrite(LED_BUILTIN, LOW);
  // 然後再等待 500 毫秒
  delay(500);
}
```

 LED_BUILTIN 和 HIGH 等全大寫名稱是在 Arduino IDE 自動包含的標頭檔案中定義。技術上，它們是前置處理器巨集，我們將在第 252 頁的「前置處理器指令」中更詳細地介紹它們。它們非常方便，也很容易在您自己的程式碼中使用：#define PIN 5 會把單字 PIN 定義為值 5。它很像變數或常數。不同之處在於前置處理器會在編譯器之前檢查您的程式碼（因此使用了「前置」字首）並把找到的每個 PIN 位置替換為文字數字 5。典型的變數或常數會在記憶體中保留一個槽位，而且可以在執行時初始化，可能是在您從使用者那裡收集了一些必要的資訊之後。

繼續輸入這個簡單的程式。您也可以直接在 IDE 中開啟 *ch08/blink1/blink1.ino*（*https://oreil.ly/p6eGd*）專案。

在您的開發板上嘗試之前，您可以使用 IDE 的 Verify（驗證）按鈕（如圖 8-8 所示）來確保程式碼可以編譯。驗證您的程式碼還會進行檢查以確保您完成的程式適合您選擇的控制器。如果您使用了太多變數或只是有太多的邏輯，您將在底部狀態區域看到警告和錯誤。嘗試像我們在第 21 頁的「C 中的敘述」中所做的那樣，在某些敘述上漏掉分號。再次點擊 Verify，您可以看到在您編寫自己的程式碼時可能遇到的訊息類型。

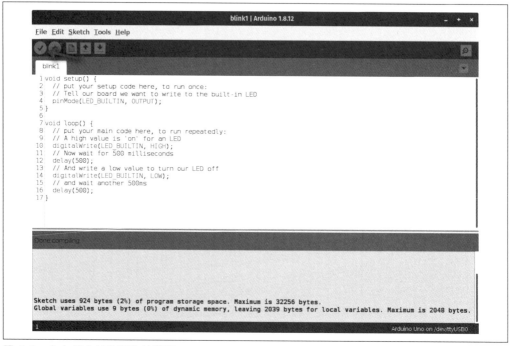

圖 8-8　在上傳之前驗證您的草圖

驗證程式碼正常後，您可以使用 Verify 旁邊的 Upload 捷徑按鈕把它發送到微控制器，或從 Sketch 選單中選擇適當的專案。上傳會編譯程式碼（即使您最近已經驗證過），然後把它寫入您的開發板。在這一步上，Arduino IDE 和 Metro Mini 配合得很好 —— 全都是令人愉快的自動化。有些開發板需要手動配置來上傳。同樣的，Arduino Help Center（*https://oreil.ly/csLX6*）會是您的朋友。

上傳完成後，您應該會看到 LED 開始每隔半秒閃爍一次。圖 8-9 顯示了我們漂亮的 LED 的開 / 關狀態，雖然在印刷頁上不那麼令人印象深刻。

圖 8-9　我們的「Hello, World」LED 閃爍中

# 外部 LED 升級

我們專注於 Arduino 專案的軟體層面，但不可能在使用 Arduino 時不使用一些外部組件。讓我們升級我們的簡單閃光燈以使用外部 LED。

圖 8-10 顯示了我們正在使用的簡單電路。我們有控制器、一個 LED 和一個電阻器。對於此設定，我們可以依靠透過 USB 來提供的電源。

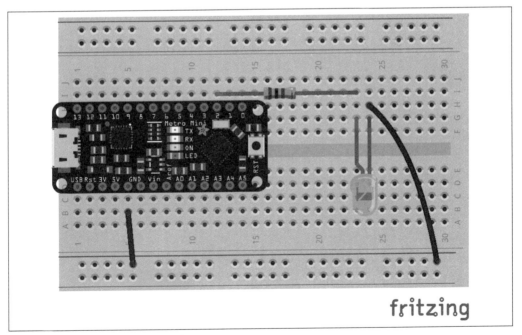

圖 8-10　用於外部 LED 的簡單電路

我們可以選擇一個接腳來使用，並透過閱讀我們的微控制器的規格，來了解更多關於接腳上提供的電壓的資訊。對於 Metro Mini，我們查看了 Adafruit 網站上的 Pinouts 網頁（*https://oreil.ly/H2wNN*）。詳細資訊告訴我們開發板上的哪些接腳會映射到 UNO 的接腳。沿著我們開發板的「頂部」（晶片上的小印記正面朝上）是幾個數位 I/O 接腳，特別是接腳 2 到 12 正是我們需要的。我們將從 2 開始，因為它是一個很好的數字。不同的開發板可能會有不同的配置，但對於我們來說，接腳 0 到 13 直接映射到數位接腳 0 到 13。所以我們可以使用我們自己的 #define 並附加一個好聽的名稱（耶！），或者只在我們的 pinMode() 和 digitalWrite() 呼叫中使用值 2。

Metro Mini 在其數位接腳上提供 5V。使用 LED 製造商提供的規格，知道我們的藍色 LED 的順向壓降（forward voltage drop）為 2.5V。如果想為明亮的燈提供 30mA 的電流，歐姆定律（*https://oreil.ly/6ihdc*）告訴我們，一個 100Ω 的電阻器足矣。一切都連接好後，我們可以製作一個新草圖（或者只是調整第一個草圖）。這是 *ch08/blink2/blink2.ino*（*https://oreil.ly/xpo2a*）的原樣：

```
#define D2 2

void setup() {
  // 把您的設定程式碼放在這裡，執行一次：
  // 告訴我們的開發板我們要寫入數位接腳 2
  pinMode(D2, OUTPUT);
}

void loop() {
  digitalWrite(D2, HIGH);
  delay(2000);
  digitalWrite(D2, LOW);
  delay(1000);
}
```

請注意，我使用前置處理器 #define 功能，來指定我們會和我們的 LED 一起使用的數位接腳（D2）。您可以在圖 8-11 中看到這個簡單的配置啟動並執行。萬歲！

圖 8-11　我們的外部 LED 閃爍中

在這些小型的實體專案中有一些額外的滿足感。「Hello, World」程式都是為了證明您的
開發環境有效並且您可以產生一些輸出。這就是我們在這裡所做的一切，但是天哪，看
到 LED 燈亮起來真的很有趣。每次我開啟一個新專案時，感覺有點像科學怪人裡的法
蘭克斯坦博士（Dr. Frankenstein）在他的實驗室裡尖叫：「它還活著！」。:-)

# Arduino 程式庫

我們還沒有完成閃爍燈的製作。雖然您可以使用這些開箱即用的微控制器來進行大量工
作，但您通常會使用一些有趣的配件來建構專案，例如多色 LED、LCD 螢幕、電子墨
水、感測器、伺服裝置、鍵盤或甚至遊戲控制器。其中許多組件已經為它們編寫了方便
的程式碼區塊。這些區塊被收集到一個程式庫中，您可以把它添加到 Arduino IDE。一
些程式庫是「官方的」並且來自組件製造商；其他是由業餘愛好者製作的。無論出處如
何，程式庫都可以加快您專案的開發速度。

讓我們看一下如何透過 IDE 來查找和管理程式庫。正確地這樣做將有助於確保您的草圖
不會包含任何未使用的程式庫。

## 管理程式庫

Arduino IDE 的 Tools 選單有一個「Manage Libraries...」條目，它會彈出一個用於搜尋
和安裝程式庫的對話框。我們會添加一個 Adafruit 程式庫，並嘗試點亮其中一款出色的
NeoPixel —— 可單獨定址的三色 LED，具有多種外形尺寸，幾乎可以用於任何可能的用
途。它們甚至可以鏈接在一起以建構更炫的裝置。不過，對於這個範例，我們將堅持使
用最簡單的外形之一：Flora（*https://oreil.ly/JEuFF*）。

在 Library Manager 對話框中，在頂部的搜尋框中輸入術語「neopixel」。您應該得到幾個結果；我們想要簡單的「Adafruit NeoPixel」條目。點擊 Install 按鈕（或者 Update，如果您碰巧已經安裝了這個程式庫的舊版本，如圖 8-12 所示），就這樣！IDE 會下載程式庫，並執行適當的工作以讓它在幕後可用。

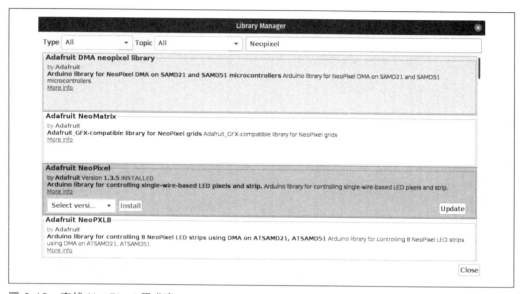

圖 8-12　查找 NeoPixel 程式庫

使用 NeoPixel 的實體電路和我們用於簡單 LED 的實體電路很類似，但是它們有三根電線而不是兩根電線。您有標準的 V+ 和 Ground 連接器來滿足基本的電源需求，第三根線為像素或條帶提供「資料」。資料確實會以特定方向流動，因此如果您決定嘗試此電路，請注意您連接資料輸入的位置。和我們的簡單 LED 一樣，我們在資料信號到達 NeoPixel 前還需要一個小電阻（在我們的範例中為 470Ω）。您可以在圖 8-13 中看到完整的設定。

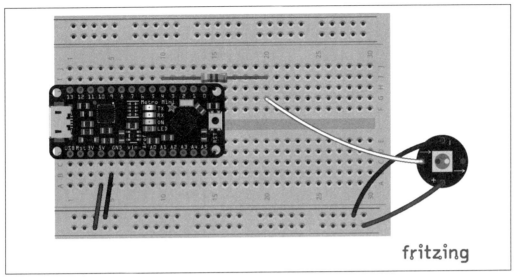

圖 8-13　一個簡單的 NeoPixel 設定

 順便說一句，您可以在沒有 NeoPixel 的情況下繼續這個專案。您可以
使用任何其他可定址 LED。如果您有一些自己的 WS281x 或 APA102 或
其他燈，它們可能會和出色的 FastLED（*http://fastled.io*）程式庫一起
使用。您必須做更多的獨立閱讀，但所有的概念都是一樣的。FastLED
在 GitHub 上有很好的說明文件。例如，我們將在下一節中使用
NeoPixel 進行的工作在 FastLED 的 Basic Usage（*https://oreil.ly/
eupDp*）網頁中進行了介紹。

# 使用 Arduino 程式庫

那麼我們要如何把 Arduino 程式庫帶入我們的草圖中呢？我們使用熟悉的 #include 前
置處理器命令，就像我們在前幾章中處理來自 C 標準程式庫的各種標頭檔案一樣。對於
NeoPixel，我們的 include 如下所示：

```
#include <Adafruit_NeoPixel.h>
```

IDE 甚至可以透過把標頭檔案的名稱加粗和著色來幫助您確認已經安裝了程式庫。看看
圖 8-14 中的比較，我們在拼寫 NeoPixel 時使用了小寫的「p」。那個漂亮、粗體的顏色
消失了。因此，如果您的程式庫已正確安裝並且名稱在您的 include 行中突顯出來，那
麼您就可以開始了！

圖 8-14　注意程式庫名稱的錯誤

您可以在任何給定草圖中使用多個程式庫。擁有一個用於您的 LED 以及用於伺服裝置或 LCD 螢幕的程式庫是完全合理的。唯一真正的限制是記憶體 —— 在使用微控制器時，這是一個普遍存在的問題。

驗證草圖時，請檢查 IDE 下方的訊息。您會獲得有關已使用記憶體以及剩餘記憶體量的報告（假設您選擇了正確的開發板。）令人高興的是，大多數為 Arduino 編寫程式庫的人和公司都非常清楚記憶體的有限性。例如，添加這個 NeoPixel 程式庫會讓我們的閃爍草圖從略低於 1K（964 位元組）到大約 2.5K（2636 位元組）。雖然您可以說它讓儲存程式所需的快閃記憶體量增加了三倍，但以不到 2K 的大小來獲得程式庫的所有細節，似乎是一個公平的取捨！

# Arduino 草圖和 C++

為了使用這個 NeoPixel 程式庫，我們需要稍微繞道到 C++，它是 C 的物件導向繼承者（和 C 的程序導向相比）。草圖實際上是 C++ 專案。令人高興的是，由於 C++ 是從 C 發展而來，因此 C 程式碼也是合法的 C++ 程式碼。作為程式設計師，如果我們不想要的話，我們不必學習很多 C++。

但請注意最後一句中的「很多」這個限定詞。許多程式庫 —— 包括我們的 NeoPixel 程式庫 —— 都是作為 C++ 類別編寫的（類別（class）是物件導向語言的組織單位）。這些程式庫經常利用會 C++ 的一些漂亮特性。特別是，您會發現到處都在使用**建構子函數**（constructor）和**方法**（method）。建構子函數是初始化物件的函數。反過來，物件是資料和用於存取和運算該資料的函數的封裝。為物件定義的那些函數稱為物件的方法。

要查看建構子函數和方法在 Arduino 程式庫中出現的位置,讓我們繼續完成閃爍燈的下一次迭代。回憶一下圖 8-13 所示的設定。我們可以寫一個新的草圖,*blink3*,讓 NeoPixel 在它的原色 —— 紅色、綠色和藍色 —— 中循環。這裡是完整的程式碼,包含了(不是雙關語!)適當的 #include 行,*ch08/blink3/blink3.ino*(*https://oreil.ly/Ughez*):

```
#include <Adafruit_NeoPixel.h>

#define PIXEL_PIN    4
#define PIXEL_COUNT 1

// 根據 Adafruit 的說明文件宣告我們的 NeoPixel strip 物件
// https://learn.adafruit.com/adafruit-neopixel-uberguide/arduino-library-use

Adafruit_NeoPixel strip(PIXEL_COUNT, PIXEL_PIN);          ❶

void setup() {
  strip.begin();             // 把東西準備好              ❷
  strip.setBrightness(128);  // 設定一個舒適的亮度         ❸
  strip.show();              // 從所有像素關閉開始          ❹
}

void loop() {
  // 在第一個像素上顯示紅色 1 秒 ( 從 0 開始計數 )
  strip.setPixelColor(0, 255, 0, 0);  ❺
  strip.show();                       ❻
  delay(1000);
  // 顯示綠色 1 秒
  strip.setPixelColor(0, 0, 255, 0);
  strip.show();
  delay(1000);
  // 顯示藍色 1 秒
  strip.setPixelColor(0, 0, 0, 255);
  strip.show();
  delay(1000);
}
```

❶ 我們建構的變數,strip。它的類別(大致類似於它的型別)是 Adafruit_NeoPixel。這裡的「strip(條帶)」這個名稱很常見,但對於我們的單一 Flora 來說有點錯誤。但從技術上講,我們配置的是只有一個像素長的條帶。

❷  方法的範例：begin() 是一個適用於 strip 的函數。begin() 方法透過填充預設值和執行其他雜項啟動任務來準備好我們的 LED 條帶。

❸  setBrightness() 方法控制 strip 上預乘（premultiplied）的最大亮度。

❹  方法的另一個範例。show() 會讓記憶體中的目前顏色顯示在 strip 的實際 LED 上。

❺  setPixelColor() 方法有四個引數：要設定條帶上的哪個像素（從 0 開始），以及要應用的紅色、綠色和藍色值。顏色值範圍從 0（關閉）到 255（全亮度，儘管最終值是由我們在 setup() 中呼叫的 setBrightness() 來調整）。

❻  要在 strip 上查看我們的新像素顏色，我們重複我們對 show() 的呼叫。

嘗試在連接了 NeoPixel 的情況下上傳這個程式。希望您會看到它跑過紅色、綠色和藍色，如圖 8-15 所示。

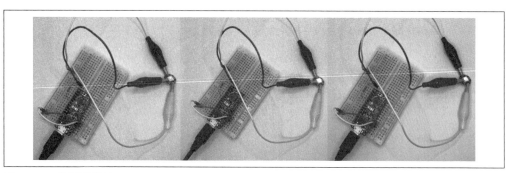

圖 8-15　我們閃爍的 NeoPixel

酷！請隨意玩弄顏色或閃爍樣式。獲得好的色調可能會非常有趣。這真的很神奇。現在，您也知道正確的咒語了！

## C++ 物件和變數

當您建立一個物件變數時，宣告和初始化看起來有點滑稽。在 C 中，我們可以建立一個變數並給它一些起始值，如下所示：

```
int counter = 1;
```

如果我們有一個名為 Integer 的 C++ 類別，進行相同類型的設定可能如下所示：

```
Integer counter(1);
```

括號為您提供了某個函數正在被呼叫的這條線索，那是建構子函數。如果您決定繼續學習 C++，您會學到所有可以在建構子函數中完成的聰明事情。不過現在，我們只希望您了解語法，以便您輕鬆建立參照到物件的變數。

我們呼叫的 `strip.begin()` 和 `strip.setPixelColor()` 行是呼叫物件函數（同樣的，物件導向的語言使用了術語「方法」）的範例。這裡的想法是 `strip` 是我們想要處理的東西，`begin()` 或 `set PixelColor()` 代表要完成的工作。

考慮這種語法的一種方法是把它視為是一種轉換。在純 C 中，我們可以想像是為了 `begin()` 和 `setPixelColor()` 編寫普通函數。但是我們必須告訴那些函數我們想要設定或更改的是哪條 NeoPixel。所以我們需要一個額外的引數來傳遞對正確條帶的參照，如下所示：

```
void setup() {
  begin(&strip);
  // ...
}

void loop() {
  // ...
  setPixelColor(&strip, 0, 255, 0, 0);
}
```

但同樣的，對於我們在本書中的工作，您大多只需要熟悉要從程式庫中建立新物件的敘述，然後記住遵循 `object.method()` 樣式來使用物件的方法。

---

### 什麼是 .ino 檔案？

如果您在電腦的檔案系統中查找從 Arduino IDE 儲存的檔案，您會發現有和草圖名稱匹配的資料夾（例如，*blink1*、*blink2* 等）。每個資料夾內都有一個 *.ino* 檔案，其基底名稱也和草圖相同。但是什麼是 *.ino* 檔案？它們實際上是更名的 C++ 檔案。（您看到 A-r-d-u-*ino* 的字尾了嗎？）要編譯一個有效的應用程式，您仍然需要一個 `main` 函數作為啟動點。IDE 在幕後做了一些魔術，把我們的 *.ino* 內容合併到一個更廣泛的套件中，該套件具有一些標準的 include 和適當的 `main()` 函數。該函數會「做正確的事」來啟動並執行我們的 Arduino 程式碼。它會在開始時呼叫 `setup()`，然後繼續並在迴圈內部呼叫 `loop()`。

---

對於我們的專案，我們真的不需要擔心這些檔案。IDE 會為我們管理它們。在第 11 章中，我們將著眼於編寫更複雜的專案並建立我們自己的程式庫，但我們的大多數專案會適合單一檔案中的標準 setup() 和 loop() 函數。我確實希望您知道東西的儲存位置，以便您熟悉這些 Arduino 專案的結構。當您變得足夠進階以至於單檔案專案不再滿足您的需求時，這樣的熟悉會很有用。

## 更多物件的練習

在我們繼續討論微控制器程式設計的其他層面之前，讓我們再製作一個閃爍的應用程式，著眼於加強物件語法。我們將嘗試使用一些帶有多個 LED 的實際 LED 條帶。特別是，我們將使用一個由 8 個 NeoPixel 所組成的小棒（*https://oreil.ly/yeieS*）和一個由 24 個 NeoPixel 所組成的環（*https://oreil.ly/1CTcw*）。為了讓事情變得更有趣，我們會同時使用它們！

為了讓程式碼保持簡單，我們會製作一個閃爍程式，在每個條帶上一次顯示一個像素。這也會降低電源要求，以便可以繼續使用我們從 USB 連接所獲得的東西（如果您熟悉較大的 LED 設定並且已經知道如何添加外部電源，請隨意建立自己的設定）。圖 8-16 顯示了我們的新設定。我們移除了藍色 LED 和之前孤獨的 NeoPixel Flora 的「條帶」。

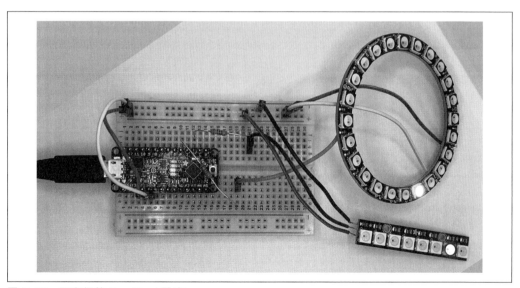

圖 8-16　更有趣的 NeoPixel 設定

不過，我們正在為資料線重複使用相同的輸出接腳。在這種佈置中，棒使用了接腳 2，而環使用了接腳 4。

事不宜遲，這裡是我們的雙條帶閃爍盛會的程式碼，*blink4*。我們將深入了解程式碼片段之後的標註，以確保我們在此處採取的步驟是有意義的。不過，在閱讀這些標註之前，請嘗試瀏覽 *ch08/blink4/blink4.ino*（*https://oreil.ly/19dUL*）並查看您是否能猜出這些物件是如何運作的。

```
#include <Adafruit_NeoPixel.h>

#define STICK_PIN    2
#define STICK_COUNT 8
#define RING_PIN     4
#define RING_COUNT 24

// 根據 Adafruit 的說明文件宣告我們的 NeoPixel strip 物件
// https://learn.adafruit.com/adafruit-neopixel-uberguide/arduino-library-use

Adafruit_NeoPixel stick(STICK_COUNT, STICK_PIN);            ❶
Adafruit_NeoPixel ring(RING_COUNT, RING_PIN, NEO_GRBW);     ❷

void setup() {
  stick.begin();            // 初始化我們的棒           ❸
  stick.setBrightness(128);
  stick.show();
  ring.begin();             // 初始化我們的環            ❹
  ring.setBrightness(128);
  ring.show();
}

void loop() {
  // 我們的棒和環有不同的 LED 數量，所以我們的迴圈
  // 要有點聰明。有幾個方法可以做到這一點。
  // 我們會使用模數（餘數）數學，但是您能想到
  // 其他可以達成相同的樣式的解決方案嗎？
  for (int p = 0; p < RING_COUNT; p++) {
    stick.clear();
    stick.setPixelColor(p % STICK_COUNT, 0, 0, 255);       ❺
    ring.clear();
    ring.setPixelColor(p, 0, 255, 0, 0);                   ❻
    stick.show();                                          ❼
    ring.show();
```

```
    }
  }
```

❶　在這裡，我們建立了一個名為 `stick` 的 Adafruit_NeoPixel 物件，類似於我們在第 190 頁的「Arduino 草圖和 C++」中用來建立 `strip` 的方式。

❷　現在我們建立第二個不同的物件，名為 `ring`。（該環使用帶有白色組件的更炫的 LED 配置，因此我們向建構子函數添加了第三個引數。您可以在 NeoPixel 說明文件中找到此值。）

❸　我們像之前對條帶一樣來初始化我們的棒。

❹　我們還初始化了我們的環；注意我們在兩個物件上都使用了 `begin()` 方法。

❺　現在我們設定棒上其中一個像素的顏色。

❻　我們使用帶有第五個引數的類似方法來設定環的顏色。（這裡的引數是哪個像素、紅色、綠色、藍色、和白色。環會閃爍綠色。）

❼　最後但並非最不重要的一點是，顯示這兩種變化。

希望並排使用兩個物件有助於說明物件導向的語法是如何運作的。同樣的，我們的 `for` 迴圈用的是純 C 語法。我們會根據需要深入研究 C++ 語法。

## C++ 注意事項

物件導向（object-oriented）程式設計在 Arduino 開發中的作用肯定不止於此。OO 程式設計非常適合於我們所使用的許多事物都是實體物件的環境。C++ 還提供了一些非常適合用來封裝程式碼以和他人共享的特性。如果您主要是透過 Arduino IDE 來和微控制器互動，那麼值得花一些時間研究 C++。

深入研究 C++ 將教您有關類別、成員和方法的知識。您將建立建構子函數和解構子（destructor）函數。隨著您對物件理解的提高，您可能會開始按照物件而不是功能性來分解您的專案。您肯定會發現您喜歡 C++ 的地方，也可能有一些您不喜歡的地方。如果您了解 C++ 的話，有一些程式庫會更容易使用，但即使您從未完讀過官方的 C++ 書籍，它們也不會超出您的理解範圍。

C 語言本身仍然是 Arduino 程式設計中的一個強大核心，我會把其餘章節的重點放在使用函數和其他基本 C 特性來編寫我們專案的程式碼上。在我們為特定週邊裝置使用任

---

何第三方程式庫的地方，我將嘗試使用最少的物件表達法。我還會嘗試突顯任何要使用 C++ 語法的地方。

為了重申您將在其餘章節中看到的最常見的物件導向樣式，以下是我們在第 190 頁「Arduino 草圖和 C++」中的 NeoPixel 範例的回顧：

```
// 使用用 C++ 編寫的程式庫仍然需要相同的 C "#include" 指令
// 來帶入相關標頭檔案。
#include <Adafruit_NeoPixel.h>

#define PIXEL_PIN    4
#define PIXEL_COUNT 1

// 建立物件的 C++ 建構子函數呼叫的常見範例。
// 在此案例中，我們的 NeoPixel "條帶" 將是被建立的物件。
Adafruit_NeoPixel strip(PIXEL_COUNT, PIXEL_PIN);

void setup() {
  // 在 "strip" 物件中使用 "begin()" 方法的常見範例。
  strip.begin();

// ...
```

希望您能對這些對 C++ 的小小嘗試感到更自在。我也希望這種舒適能夠成長為對您可以用 C++ 做更多的事情的好奇！但是，如果您從來沒有真正感到好奇甚至感到舒服，請不要擔心。對微控制器程式設計我最享受的一件事是，一點點程式碼就能走很長的路。在不掌握 C++ 的情況下，您仍然可以從程式設計工作中獲得很多滿足感。簡要掃描我自己的專案後顯示出，我在超過 90% 的時間裡都堅持使用 C，即使這些專案中的每一個也會使用 C++ 編寫的程式庫。

## 物件作業

如果您想要多加練習我們已經看到並且在接下來的章節中偶爾會遇到的物件表達法，請嘗試建立以下一些想法：

- 讓棒上每隔一個像素閃爍，開啟偶數像素，然後是奇數像素，來回閃爍。

- 對於棒上的每個像素，讓環上的每個像素閃爍一次，就像一個計數器。（也就是當您繞著環行進時，保持棒上的一個像素顯示。然後移動到棒上的下一個像素，並再次讓環往前行進。一直重複！）

- 只使用棒，嘗試從左到右「填充」它。然後清除所有像素並讓它再次填充。

- 查看 NeoPixel（*https://oreil.ly/GxxxI*）（或 FastLED（*https://oreil.ly/9Ln6A*），或您正在使用的任何程式庫）的說明文件，看看是否有任何方法可以透過一次呼叫來把整個條帶變成一種顏色。使用該方法來把整個棒變成紅色、然後是綠色、然後是藍色，類似於我們使用單一 Flora 的 *blink3* 程式。

# 下一步

我們現在已經有了啟動並執行了 Arduino 專案的基礎知識也使用過 Arduino IDE，並且已經看到 C++ 可能會在我們的程式碼中出現的位置。把它們放在一起，我們打開了一個 LED！雖然這很令人興奮，不過還有更多的樂趣會出現。

在下一章中，我們將探討可用於微控制器的眾多輸入和輸出中的其中一些。我們當然無法涵蓋每個感測器、按鈕、喇叭或顯示器，但我們可以（並且將會！）看看這些週邊裝置的幾個很好的範例。我們將專注於讓這些不同的小工具協同工作，以便您在處理自己的專案時，擁有堅實的基礎。

# 第九章

# 較小的系統

現在我們已經準備備好 Arduino IDE，我們可以開始進入編寫 C 程式碼來控制事物的實體滿足世界了！LED 事物。感測器事物。按鈕事物。這麼多的事物！我們還將會在第 282 頁的「物聯網和 Arduino」中深入探討物聯網（Internet of Things, IoT）。

在本章中，我會在建構一些您可以自己嘗試的小而完整的專案時，介紹幾個 Arduino 特性（其中大部分會很有幫助，但有些會令人沮喪）。「取得硬體：Adafruit」（第 292 頁）包含了我使用的所有各種組件和微控制器的連結，以備您想準確地複製任何專案。

## Arduino 環境

我相信您有注意到我們在第 8 章中沒有寫出「完整的」C 程式。我們沒有 `main()` 函數，對於前面的範例，我們甚至沒有匯入通常的標頭檔案。然而，我們顯然可以存取新函數以及諸如用於閃爍第一個 LED 的 `HIGH` 和 `LOW` 值之類的東西。

這些額外的東西是從哪裡來的？有時我們會感覺 IDE 提供了一些魔力。當然不是，但它在幕後做了很多工作，希望能讓您更有效率。我想指出一些隱藏的工作，以便您更能了解 C 本身和 Arduino IDE 所提供的支援元素之間的區別。不可避免地，當您建構更多自己的專案時，您將前往網路搜尋有關新主題的範例。了解語言和工具之間的區別可以讓這些搜尋更有成效。

Arduino IDE 悄悄地包含了幾個標頭檔案，供您組成可以廣義地稱為「Arduino 語言」的東西。它不像 Python 那樣是一種獨特的語言，但它給人的感覺確實不只是我們迄今為止看到的帶有標頭檔案和程式庫的 C。Arduino 語言更像是一組有用的部件（值和函數），讓微控制器程式設計更容易。我會向您展示幾個更立即有益的部件，但您可以從線上獲取完整列表。Arduino 網站（*https://oreil.ly/wlwhf*）上的語言參考（Language Reference）包含了所含功能的簡單索引以及詳細資訊和範例的連結。

## 特殊值

我們會仰賴「語言」的其中一些擴充來讓我們的第一個 LED 閃爍。讓我們重新審視該程式碼，但會討論更多有關特定於 Arduino 環境的命名值（Arduino 語言參考稱這些為常數（*constant*））[1]。

```
void setup() {
  // 把您的設定程式碼放在這裡，執行一次：
  // 告訴我們的開發板我們要寫入內建的 LED
  pinMode(LED_BUILTIN, OUTPUT);           ❶ ❷
}

void loop() {
  // 把您的主程式碼放在這裡，重複執行：
  // LED 的高值是代表 " 開 "
  digitalWrite(LED_BUILTIN, HIGH);        ❸
  // 現在等待 500 毫秒
  delay(500);
  // 並寫入一個低值來關閉我們的 LED
  digitalWrite(LED_BUILTIN, LOW);         ❹
  // 然後再等待 500 毫秒
  delay(500);
}
```

❶ LED_BUILTIN 常數表示在大多數開發板上用來連接到 LED 的接腳編號。每個控制器的編號並不總是相同，但 IDE 會根據您選擇的開發板來獲取正確的值。

❷ OUTPUT 的值是用來指出我們想要把什麼資訊發送到 LED 或馬達之類的東西。當我們處理感測器和按鈕時，我們會看到類似的 INPUT 和 INPUT_PULLUP 常數。

❸ HIGH 是指用於「開啟」連接到接腳的裝置的增加後電壓。「開」的涵義取決於所述裝置，這對於 LED 來說是不言自明的。:)

---

1　通用 C 把這些命名值稱為**符號常數**（*symbolic constant*）。我會使用不合格的「常數」來匹配 Arduino 說明文件。

❹ LOW 是和 HIGH 相對應的降低後電壓,用來關閉 LED。

這些命名值不是變數。它們在技術上是*前置處理器巨集*(*preprocessor macro*)。前置處理器是您的程式碼在編譯之前要經過的一個步驟[2]。您可以使用 define 指令來建立這些實體。(它的字首看來和在 #include 中一樣令人感到熟悉,它也應該是。這兩個「命令」都會由前置處理器處理。)我們將在第 252 頁的「前置處理器指令」中更深入地討論這個指令,但它的語法很簡單:

```
#define LED_BUILTIN 13
#define HIGH 1
#define LOW  0
```

C 前置處理器簡單地捕獲程式碼中出現的巨集名稱的每個實例,並把該名稱替換為所定義的值。例如,如果我們有一個接腳更少的新控制器,我們可以把那個 #define 更改為 8。然後我們就不必更改程式中有關開啟或關閉板載 LED 的任何其他部分。

---

### 常數:const 和 #define

在電腦程式設計中,**常數**是用來代表執行時不會改變的值的變數或其他參照(這和第 34 頁的「文字」中所討論的數字和字串等文字不同。)使用這個通用定義,我們可以合理地把我們在 #define 條目中看到的指稱為常數。

在 C 語言中,我們還可以使用 const 關鍵字來建立一個常規變數(任何型別)並為其賦值一些值。一旦賦值了該值,編譯器將確保我們永遠不會嘗試為它賦值新值。這樣的宣告會是這樣的:

```
 const double lo_res_pi = 3.14;
```

對於我們將使用 Arduino 進行的很多工作,您選擇哪種方法並不重要。在許多情況下,編譯器會分析您的 const 變數是如何使用的,並作為優化把實際值替換掉,就像您使用了 #define 一樣。但有時擁有一個已知的外顯式型別很有用。在這些情況下,const 通常是最簡單的方法。

---

要講清楚的是,#define 是 C 的一部分(透過前置處理器)。無論您是為微控制器還是桌上型電腦編寫程式碼,您都可以在自己的程式碼中使用它。像 OUTPUT 這樣的特定常數是 Arduino 設定的一部分。表 9-1 顯示了我們會在專案中使用的一些常數。

---

2　這對 GCC 來說是正確的,但一些編譯器使用完全獨立的可執行檔來進行前置處理和編譯。

表 9-1　為 Arduino 定義的有用常數

| 名稱 | 描述 |
| --- | --- |
| LED_BUILTIN | 如果所選的開發板具有內建的 LED，則表示該 LED 的接腳號碼 |
| INPUT | 對於可以執行輸入和輸出的接腳，期望輸入 |
| INPUT_PULLUP | 和 INPUT 類似，但使用內部的提升電阻來在未按下按鈕之類的情況回報 HIGH，在按下時回報 LOW |
| OUTPUT | 對於可以執行輸入和輸出的接腳，期望輸出 |
| HIGH | 1 的友善名稱，用於數位讀寫 |
| LOW | 0 的友善名稱，用於數位讀寫 |

您可以在官方 Arduino Reference（*https://oreil.ly/pS11s*）網頁上獲得有關這些常數的更多詳細資訊。

## 特殊型別

除了這些常數之外，為您的 Arduino 草圖載入的標頭還包括一些我想強調的其他資料型別，因為您可能會發現它們很有用。這些並不是真正的新型別，甚至不限於在 Arduino 中使用，但同樣的，您的草圖可以存取這些型別，並且您可能會在網上找到的範例中看到它們的使用。

表 9-2 列出了其中幾種型別及其大小和簡要說明。

表 9-2　為 Arduino 定義的有用型別

| 型別 | 描述 |
| --- | --- |
| bool | 布林型別；bool 變數可以賦值為 true 或 false |
| byte | 無正負號 8 位元整數型別 |
| size_t | 和所選開發板上物件的最大大小（以位元組為單位）相對應的整數型別。例如，您從 sizeof 所獲得的值會是 size_t 型別。 |
| String | 一種處理字串的物件導向的方式（注意型別中的大寫「S」），具有幾個可用的便利函數 |
| int8_t, int16_t, int32_t | 具有外顯式大小（分別為 8、16 和 32 位元）的有正負號整數型別 |
| uint8_t, uint16_t, uint32_t | 具有外顯式大小（分別為 8、16 和 32 位元）的無正負號整數型別 |

除了 String 之外，這些型別實際上是其他型別的*別名*（*alias*）。這是使用 C 的 typedef 完成的，並且相當簡單。例如，byte 型別是 unsigned char 的別名，可以這樣定義：

```
typedef unsigned char byte;
```

我們將在第 253 頁的「前置處理器巨集」中使用 typedef 做更多的工作，但其中一些型別非常方便。我在我自己的許多專案中特別用了 byte，因為它比 unsigned char 更有意義（並且需要更少的按鍵），但這只是個人喜好。不論哪種型別都定義了一個 8 位元槽位，能夠儲存 0-255 的值。

## 「內建」函數

Arduino 環境包括幾個標頭檔案，這些標頭檔案讓您可以使用一些流行的函數。您可以使用表 9-3 中顯示的函數，而無須在您的草圖中使用任何明確的 #include。

表 9-3　Arduino 中可用的函數

| 函數 | 描述 |
|---|---|
| 輸入輸出 | |
| void pinMode(pin, mode) | 設定指定接腳為輸入或輸出模式 |
| int digitalRead(pin) | 傳回值會是 HIGH 或 LOW |
| void digitalWrite(pin, value) | 值應為 HIGH 或 LOW |
| int analogRead(pin) | 傳回 0–1023（某些開發板提供 0–4095） |
| void analogWrite(pin, value) | 值為 0–255，必須使用支援 PWM 的接腳 |
| 時間 | |
| void delay(ms) | 暫停執行指定的毫秒數 |
| void delayMicroseconds(micros) | 暫停執行指定的微秒數 |
| unsigned long micros() | 傳回程式啟動後的微秒數 |
| unsigned long millis() | 傳回程式啟動後的毫秒數 |
| 數學（未列出的傳回型別取決於引數的型別） | |
| abs(x) | 傳回 x 的絕對值（int 或 float） |
| constrain(x, min, max) | 傳回 x，但受 min 和 max 限制 |
| map(x, fromLow, fromHigh, toLow, toHigh) | 傳回從「from」範圍轉換為「to」範圍的 x |
| max(x, y) | 傳回 x 和 y 中的較大者 |
| min(x, y) | 傳回 x 和 y 中較小的一個 |
| double pow(base, exp) | 傳回 base 的 exp 次方 |

| 函數 | 描述 |
|---|---|
| double sq(x) | 傳回 x 的平方 |
| double sqrt(x)(x, y) | 傳回 x 的平方根 |
| double cos(rad) | 傳回以弧度表達的角度的餘弦值 |
| double sin(rad) | 傳回以弧度表達的角度的正弦值 |
| double tan(rad) | 傳回以弧度表達的角度的正切值 |
| 亂數 | |
| void randomSeed(seed) | 初始化產生器；種子是一個 unsigned long |
| long random(max) | 傳回一個介於 0 和 max - 1 之間的隨機 long |
| long random(min, max) | 傳回一個介於 min 和 max - 1 之間的隨機 long |

*ctype.h* 中的許多字元測試，例如 isdigit() 或 isupper() 也可以自動的可用[3]。完整列表請參見表 7-4。

# 試用 Arduino 的「東西」

讓我們把所有這些新想法放到一個專案中，看看它們是如何運作的（以及如何協同工作的）。為此，我們將建立一個更有趣的 LED 草圖。我們將使用 analogWrite() 函數和一些數學來讓 LED「呼吸」。

這裡提到的 LED 實際上不是類比裝置。它仍然只有開和關狀態。但許多輸出裝置（如 LED）可以使用一種稱為脈衝寬度調變（*Pulse Width Modulation*）或 PWM 的技術來模擬開啟的「程度」。這個想法是您可以快速開啟和關閉 LED，讓它看起來更暗（或者使用馬達之類的東西，它可能會看來變得更慢。）。

需要注意的是，並非所有控制器上的所有接腳都可以進行 PWM 輸出。您需要查看控制器的資料表或接腳圖[4]。例如在我目前在專案中使用的 Metro Mini 上，只有接腳 3、5、6、9、10 和 11 有支援PWM。

---

3　Arduino 語言為這些函數提供了一些替代名稱，它們的大小寫略有不同，您可能會發現它們更具可讀性，例如 isDigit() 和 isUpperCase()。

4　在典型的接腳圖上，可以進行 PWM 的數位接腳通常帶有 ～ 字首或其他區別標記。

這次我們會使用不同的 RGB LED。它有四個接腳：一個接地，紅色、綠色和藍色頻道各一個。每種顏色都需要自己和控制器之間的連接，因此我們將為這些接腳定義一些常數。我們還會為呼吸頻率和最大強度（2 * π）定義一些值。圖 9-1 顯示了我在此範例中使用的接線。請記住，使用 `analogWrite()` 需要注意您要連接的接腳（我不會為這個專案提供圖片；有趣的是自己執行它以查看亮度的變化！）。

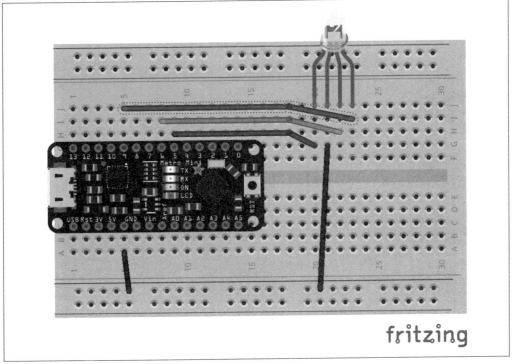

圖 9-1　我們的呼吸 LED 範例的接線圖

現在我們可以開始程式設計了！和往常一樣，我鼓勵您開始一個新的草圖並自己輸入，但您也可以開啟 *breath.ino* 並依循它的內容。

對於我們的 `setup()`，我們把顏色接腳的模式設定為 `OUTPUT` 並為 LED 選擇隨機顏色。在開始動畫之前，我們會在 LED 上顯示該顏色幾秒鐘。

我們的 loop() 函數會驅動動畫。我們可以使用 millis() 函數來獲取不斷增加的數字。我們會使用我們的呼吸頻率和最大強度值來把這些毫秒轉換為強度。有了強度後，我們會使用 sin() 函數來獲得一個很好的會變亮又變暗的漸變亮度。最後，我們把該亮度應用到 LED 並暫停幾毫秒，然後再為下一步設定動畫。這裡是 *ch09/breathe/breathe.ino* 的完整列表：

```
// 輸出接腳，必須確保它們支援 PWM
#define RED     5
#define GREEN   6
#define BLUE    9

// 一些輔助值
#define RATE 5000
#define PI_2 6.283185

// 我們的 LED 的顏色頻道值
byte red;
byte green;
byte blue;

void setup() {
  // 設定我們的輸出接腳
  pinMode(RED, OUTPUT);
  pinMode(GREEN, OUTPUT);
  pinMode(BLUE, OUTPUT);

  // 以 "關" 來啟動 LED
  digitalWrite(RED, 0);
  digitalWrite(GREEN, 0);
  digitalWrite(BLUE, 0);

  // 準備好我們的 PRNG，然後選擇我們的隨機顏色
  randomSeed(analogRead(0));

  // 並選擇我們的隨機顏色，但要確保它相對較亮
  red = random(128,255);
  green = random(128,255);
  blue = random(128,255);

  // 最後在開始動畫之前顯示 LED 幾秒鐘
  analogWrite(RED, red);
  analogWrite(GREEN, green);
```

```
    analogWrite(BLUE, blue);
    delay(RATE);
}

void loop() {
    double ms_in_radians = (millis() % RATE) * PI_2 / RATE;
    double breath = (sin(ms_in_radians) + 1.0) / 2.0;
    analogWrite(RED, red * breath);
    analogWrite(GREEN, green * breath);
    analogWrite(BLUE, blue * breath);
    delay(10);
}
```

如果您沒有 RGB LED，請不要擔心！您可以使用普通的 LED，只寫入 LED 的一個接腳，而不是寫入三個分別的顏色接腳。您也不需要選擇隨機值；只需使用 255（全亮度）。即使您有一個多色 LED，也請嘗試為單色 LED 重寫此範例作為練習。

您可以看到，儘管我們使用了幾個不屬於 C 本身的函數，但我們不需要手動的 #include 任何內容。這完全取決於 Arduino IDE 的魔力。它確實使在這些小開發板上的開發變得更簡單。

# 微控制器 I/O

我們還能用 IDE 所提供的這些附加功能做什麼呢？很多！讓我們嘗試從 LED 走進叉路來嘗試一些輸入和一些其他類型的輸出。

## 感測器和類比輸入

到目前為止，我們一直在建構的簡單草圖的一個簡單步驟是添加一個感測器。感測器有各種類型：光、聲音、溫度、空氣品質、濕度等。而且它們通常很便宜（儘管更高級的感測器確實帶有更高級的價格標籤）。例如，Adafruit 的 TMP36 Analog Temperature 感測器（*https://oreil.ly/Bczhb*）僅高出 1.50 美元。讓我們把該感測器放入一個如圖 9-2 所示的簡單電路中，看看接線是如何運作的。

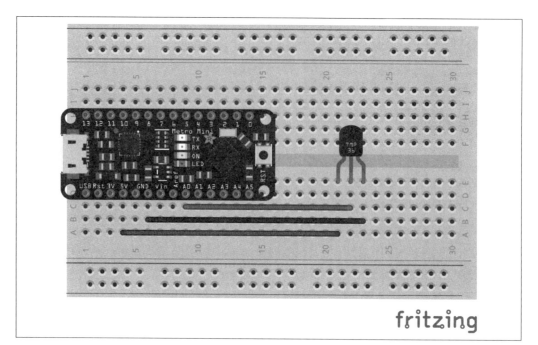

圖 9-2　我們的溫度範例的接線圖

相當容易呢！這是一個相當普遍的配置。感測器需要電源。它們可以有一個單獨的電源接腳（例如我們的 TMP36），還有許多可以直接從您連接的資料接腳（例如光敏電阻）汲取足夠的電流。我們使用 analogRead() 函數來獲取感測器目前的值。不同的開發板和不同的感測器會支援不同的範圍，但 10 位元（0–1023）範圍很常見。當然，這些值的確切涵義取決於感測器。我們的 TMP36 範圍從 –50°C（讀數為 0）到 125°C（讀數為 1023）。

## 序列監視器

雖然您可能不會把您的 Arduino 專案長時間拴在您的主電腦上，但當它連接時，我們可以利用大多數微控制器的一個非常方便的功能：序列埠（serial port）。Arduino IDE 有一個可以啟動的序列埠監視器（Serial Port Monitor），如圖 9-3 所示。在開發過程中，這是一個很好的除錯工具，通常可以一窺事情的進展。

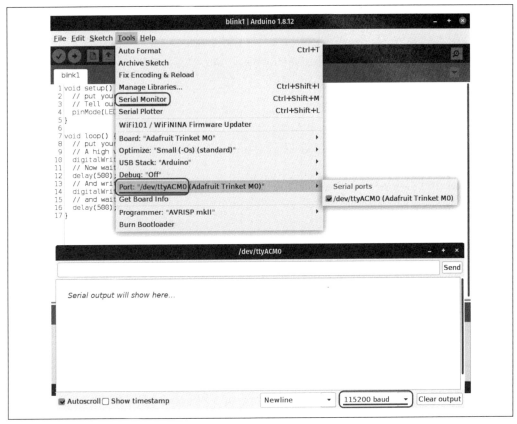

圖 9-3 　存取 Arduino IDE Serial Monitor

連接埠（透過 Tools 選單進行選擇，也顯示在圖 9-3 中）和速度設定（在監視器視窗本身的底部選擇）會根據幾個因素而有所不同，包括您的作業系統、您可能連接的其他裝置，以及您正在使用的特定 Arduino 開發板。例如，我在 Linux 桌面上的 Metro Mini 在連接埠 */dev/ttyUSB0*（「裝置」連接的檔案系統路徑）上以 115200 鮑（baud）（序列通信速率的經典測量單位；還記得調變解調變器（modem）嗎？）進行通信，但是漂亮的 Trinket M0 微控制器則使用連接埠 */dev/ttyACM0*。我在舊 Windows 系統上使用的同一個 Trinket 還在使用 COM 埠。

## 這裡熱嗎？

讓我們把這兩個新主題放在一個專案中使用。我們將使用圖 9-2 所示的電路。您可以開始一個新草圖或開啟 *ch09/temp_serial/temp_serial.ino*（*https://oreil.ly/cal6o*）並繼續。

程式碼相當簡單。我們設定了一個輸入接腳。然後我們從該接腳讀取並在序列監視器中的一個迴圈中列印結果。讓我們看一下程式碼：

```
// TMP36 是一個 10 位元 (0 - 1023) 類比感測器
// 10mV / C，在溫度低於 0 時具有偏移 500mV
#define TMP36_PIN 0

void setup() {
  Serial.begin(115200);
}

void loop() {
  int raw = analogRead(TMP36_PIN);
  float asVolts = raw * 5.0 / 1024;  // 連接到 5V
  float asC = (asVolts - 0.5) * 100;
  Serial.print(asC);
  Serial.println(" degrees C");
  float asF = (asC * 1.8) + 32;
  Serial.print(asF);
  Serial.println(" degrees F");
  delay(5000);
}
```

相當漂亮！您會經常看到讀數在彈跳。如果我們需要更穩定的讀數，例如，為了防止誤報，我們可以使用一些電子選項，比如添加電阻器和電容器。我們還可以多次讀取感測器並取其平均值。或者我們可以變得更花俏並使用統計資料來丟掉任何真正的異常值，然後得到平均值。但我們主要只是想證明感測器正在工作並且我們可以在序列監視器中看到讀數。如果您想確保感測器正常工作，請嘗試用手指輕輕握住它 —— 它們應該會比室溫溫暖，並且您應該會看到讀數上升的趨勢。

為了找點樂子，請嘗試從 Tools 選單（就在 Serial Monitor 下方）彈出「Serial Plotter」。它會以圖形的形式追蹤透過 `Serial.println()` 列印的簡單值。它甚至可以把多個值作為分別的行進行追蹤；只需在同一行的值之間列印一個空格。

但正如我所說，您可能不會一直把 Arduino 插入到 USB 埠。讓我們探索一個更好的輸出選項。

## 分段顯示

LCD 和分段（segmented）LED 顯示器有多種尺寸和價格可供選擇。您可以獲得郵票大小的高解析度 LCD、類似於手機中的觸控螢幕，或用於文本或數字輸出的分段 LED 顯示器。我在本地的 Micro Center 以不到 7 美元的價格購買了一個簡單的 4 位數 LED 顯示器（Velleman VMA425，如圖 9-4 所示），內建驅動程式晶片（因此每個個別的區段不需要單獨的接腳連接）。我們可以使用這樣的顯示器來顯示我們的 TMP36 讀數（正確轉換為華氏或攝氏溫度），而無須借助序列監視器。

圖 9-4　4 位數 7 段顯示組件的範例

不幸的是，這些週邊裝置通常需要一點幫助才能操作。幸運的是，這種幫助幾乎總是以程式庫的形式讓我們可以隨時使用。我們將在第 11 章中更詳細地介紹程式庫，但現在我們可以繞道而行，以獲取 4 位數 LED 顯示器所需的內容。

我提到的特定顯示器所附帶的驅動程式晶片是 TM1637。找到這個名稱並沒有什麼神奇之處 —— 它註明在封裝上，還更清楚地在晶片本身上註明。使用 Arduino IDE Library Manager，我輸入「TM1637」作為搜尋詞 [5]。傳回了幾個結果，我選擇了一個看起來簡單而穩定的程式庫（由 Avishay Orpaz 編寫）。單擊 Install 按鈕後，我簡單地 include 了程式庫的唯一標頭檔案，並立即準備輸入一些數字 [6]！

```
#include <TM1637Display.h>
```

---

5　MAX7219 等其他流行的驅動程式晶片也會有類似的搜尋結果。

6　如果您使用的是類似的顯示器，它在 GitHub 上有一個記錄良好的儲存庫。

沒有比這更容易的了。您通常會遵循此過程來添加新的週邊裝置，包括感測器和其他輸出裝置。您也可以決定不用任何的東西，並推出您自己的程式碼。同樣的，我們將在第11 章了解建立自己的程式庫的機制。

我真的不應該說在安裝程式庫之後馬上就已經準備好了。我確實必須連接顯示器。圖 9-5顯示了所需的連接。我還必須閱讀我透過單擊 Library Manager 列表中的「More info」連結所找到的程式庫的說明文件。

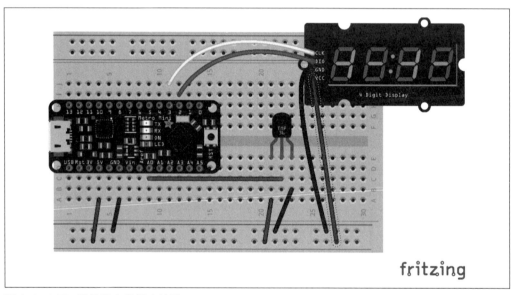

圖 9-5　LED 顯示器上的溫度接線

暫時忽略 TMP36 感測器，*ch09/display_test/display_test.ino*（*https://oreil.ly/jzXm9*）是對 4 位數顯示器的簡單測試。我們會顯示「1234」以證明我們的連接正常，並且我們了解說明文件中的程式庫函數。

```
// 我們的 4 位數顯示器使用了 TM1637 晶片和 I2C
#include <TM1637Display.h>              ❶

// 命名我們的接腳
#define CLK       2                     ❷
#define DIO       3

// 建立我們的 4 段顯示物件
TM1637Display display(CLK, DIO);        ❸
```

```
void setup() {
  // 準備好我們的顯示器並設定中等亮度
  display.clear();                                    ❹
  display.setBrightness(0x0f);
  display.showNumberDec(1234);
}

void loop() {                                         ❺
}
```

❶ 我選擇的程式庫有一個標頭檔案，因此請包含它以開始使用。

❷ 顯示器需要兩個接腳（除了電源和接地），因此為了便於使用命名它們。

❸ 建立一個類似於我們建立 NeoPixel 物件的全域 display 變數。

❹ 使用我們的 display 物件和說明文件中描述的函數來初始化我們的顯示器並提供一個簡單的測試號碼，在本例中為 1234。

❺ 不會進行任何改變，並且顯示器會保留上次發送的任何數字，因此我們可以把 loop() 函數留空。

萬歲！如果一切順利的話，您將看到類似於圖 9-4 的內容。如果您選擇了不同的顯示器或程式庫，但沒有看到您希望的結果，請查看是否可以在線上找到其他使用了您的硬體或程式庫的範例。通常有人會發布有用的、最少的程式碼範例，您可以輕鬆複製並自己嘗試它們。

## 按鈕和數字輸入

但我們還沒有完成！我們可以添加另一個週邊裝置來為我們的溫度顯示草圖添加更多功能，同時擴展我們的程式設計技能。讓我們附加一個非常常見的輸入：按鈕。我們會使用它在華氏和攝氏輸出之間切換我們的顯示。

我從 Adafruit 那裡拿了一個 Tactile Button（*http://adafru.it/367*）；它簡單且對麵包板友善。圖 9-6 顯示了 TMP36 感測器、4 位數顯示器和我們新添加的按鈕的最終連接。按鈕的對角線連接是故意的。任一對角線都有效；如果您查看按鈕的規格，其他的配置也是可能的，但這種選擇保證我們可以獲得我們需要的功能。

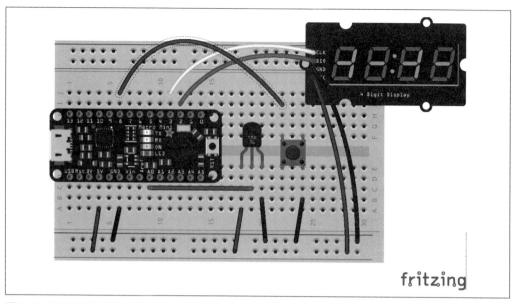

圖 9-6　我們的感測器、顯示器和按鈕的接線

要使用該按鈕，我們需要把一個接腳設定為輸入，然後在該接腳上使用 `digitalRead()` 函數。特別是，該按鈕會使用 `INPUT_PULLUP` 常數。這種常見的方法會導致接腳的預設狀態（未按下按鈕時）傳回 `HIGH`。當按下按鈕時，接腳將會讀到 `LOW`。我們可以觀察那個 `LOW` 值並用它來觸發變化——比如我們的華氏 / 攝氏選擇。

但要小心！只因為我們使用了 `digitalRead()` 函數，並不意味著按鈕是數位的。實體機制要完全壓下需要時間。完全釋放也需要一點時間。總而言之，人類按下按鈕所需的時間比 Arduino 註冊一個更改所需的時間要長得多。考慮這個簡單的讀取和更改迴圈片段：

```
bool useC = false; // 以攝氏度顯示溫度？

void loop() {
  // ...
  int toggle = digitalRead(BUTTON);
  if (toggle == LOW) {
    useC = !useC;
  }
  // ...
}
```

即使在最快的按下過程中，該接腳也會讀取數十毫秒的低電位。我們的微控制器讀取接腳和更改顯示器的速度比我們放開按鈕的速度要快得多，當顯示器在我們的 F 和 C 溫度之間快速彈跳時，會導致瘋狂的閃爍。我們想要停止閃爍，所以我們必須讓程式碼更聰明一點。我們需要去解彈跳（debounce）按鈕。解彈跳的想法在許多使用者介面工作中獲得了關注——它通常意味著確保您不會在太短的時間內報告多次的按下（或點擊或觸碰或其他動作）。

我會向您展示一些我們可以用來完成這種解彈跳行為的方法。它通常涉及保留一些額外的狀態資訊。對於第一個解彈跳技術，我只保留一個 bool 來追蹤按鈕狀態何時首次被更改。如果該旗標為 true，我們只要暫停一秒鐘（在「到底有多熱？」中，我們實際上停頓了一秒鐘，但您當然可以選擇不同的延遲。）。在那個間隙過去之後，我們可以讀取另一個變化。

## 到底有多熱？

因此，讓我們把所有這些新主題聯繫在一起，並為我們在圖 9-6 中連接的組件建立程式碼。我們會在設定中初始化我們的顯示器。在迴圈中，我們會讀取溫度、把一些除錯敘述列印到序列監視器、把溫度以正確的單位顯示在顯示器上、然後觀察按鈕以查看是否需要更改這些單位。您可以開啟 *ch09/temp_display/temp_display.ino*（*https://oreil.ly/flVsn*）或輸入以下程式碼：

```
// TMP36 是一個 10 位元 (0 - 1023) 類比感測器
// 10mV / C，溫度低於 0 時會偏移 500mV
// 我們的 4 位數顯示器使用 TM1637 晶片和 I2C
#include <TM1637Display.h>

// 命名我們的接腳
#define TMP36_PIN 0
#define CLK       2
#define DIO       3
#define BUTTON    8

// 建立我們的 4 段顯示器物件
TM1637Display display(CLK, DIO);

// 建構字母 "F" 和 "C"
// 分段位元從頂部 ( 位元 1) 順時針執行到中心 (64)
uint8_t segmentF[] = { 1 | 32 | 64 | 16 };
uint8_t segmentC[] = { 1 | 32 | 16 | 8 };
```

```
// 追蹤尺度
bool useC = false;

// 管理用人力時的按鈕
bool debounce = false;

void setup() {
  Serial.begin(115200);
  display.clear();
  display.setBrightness(0x0f);
  pinMode(BUTTON, INPUT_PULLUP);
}

void loop() {
  int raw = analogRead(TMP36_PIN);
  float asVolts = raw * 5.0 / 1024;   // 連接至 5V
  float asC = (asVolts - 0.5) * 100;
  int wholeC = (int)(asC + 0.5);
  int wholeF = (int)((asC * 1.8) + 32 + 0.5);
  Serial.print(raw);
  Serial.print(" ");
  Serial.println(asC);
  if (useC) {
    display.showNumberDec(wholeC, false, 3, 0);
    display.setSegments(segmentC, 1, 3);
  } else {
    display.showNumberDec(wholeF, false, 3, 0);
    display.setSegments(segmentF, 1, 3);
  }
  if (debounce) {
    debounce = false;
    delay(1000);
  } else {
    for (int i =0; i < 1000; i += 10) {
      int toggle = digitalRead(BUTTON);
      if (toggle == LOW) {
        useC = !useC;
        debounce = true;
        break;
      }
      delay(10);
    }
  }
}
```

請注意，我使用了 TM1637 程式庫中的一個新函數：setSegments()。此函數允許您開啟所需的任何分段樣式。您可以製作可愛的動畫或呈現任何英文字母的粗略版本。您可以在圖 9-7 中看到我的結果。

圖 9-7　我們在 LED 顯示器上的溫度讀數

用您自己的設定試試這個更大的範例。該專案以 *temp_display* 的形式位於 *ch09* 資料夾中。您可以調整解彈跳暫停或嘗試把「C」樣式設為小寫版本。調整現有專案是加深對新概念的理解的好方法！說到新概念，我還想介紹 Arduino 平台的兩個大問題：記憶體管理和中斷。

# Arduino 上的記憶體管理

記憶體管理在小型裝置上更為重要，所以我想強調一下記憶體是如何在像 Arduino 這樣的微控制器上運作的。Arduino 具有三種類型的記憶體。快閃（*flash*）記憶體是我們儲存程式的地方。*SRAM* 是程式在 Arduino 通電時執行的地方。最後，*EEPROM* 允許您讀取和寫入少量資料，這些資料會在電源循環之間持續存在。讓我們更詳細地看看這些類型的記憶體，看看我們如何在程式碼中使用它們。

# 快閃記憶體（PROGMEM）

如果「快閃」這個詞聽起來很熟悉，那可能沒錯。這與快閃（或拇指）碟中的記憶體類型相同。它比 RAM 之類的要慢得多，但通常和硬碟之類的儲存裝置相當。它也是持久的，不需要電源來保留其資訊。這使得它非常適合儲存我們編譯後的草圖。

在微控制器的說法中，您可能還會聽到一個不太熟悉的術語：*PROGMEM* 或「*程式記憶體（program memory）*」。這是相同的記憶體，但後面這個術語會告訴您更多關於我們正在使用該記憶體做什麼。

儘管此快閃記憶體與您在拇指碟中找到的技術相同，但當我們的程式執行時，我們並沒有對該記憶體的寫入存取權限。寫入是為我們的 IDE 中「上傳」步驟保留的。晶片被置於特殊模式進行修改，並載入新程式。上傳完成後，晶片重啟，從快閃記憶體中讀取新程式，然後我們就可以出發了。不過，我們確實有讀取權限。

大多數 Arduino 晶片的快閃記憶體儲存量超過了已編譯程式所需的容量。您可以利用剩餘空間來減少執行程式所需 RAM 的量。由於 RAM 幾乎總是受到更多限制，因此此功能可能是一個真正的福音。您可以儲存陣列或字串或單一值。您可以在程式正在執行時，使用特殊函數來獲取這些儲存的值。

## 把值儲存在快閃記憶體中

要把特定值放入快閃記憶體以在程式碼中使用，您可以在宣告和初始化變數時使用特殊的 PROGMEM 修飾符。例如，我們可以儲存一個 32 位元顏色的陣列，它可以和第 196 頁的「C++ 注意事項」中的 RGBW NeoPixel 環一起使用：

```
const PROGMEM uint32_t colors[] = {
  0xCC000000, 0x00CC0000, 0x0000CC00, 0x000000CC,
  0xCC336699, 0xCC663399, 0xCC339966, 0xCC996633
};
```

此時，colors 陣列不再是一個簡單的 32 位元值的串列。它現在包含了這些值在快閃記憶體中的位置。您需要一個特殊的函數來獲取這個陣列的內容。

## 從快閃記憶體讀取值

這些特殊函數會在 *pgmspace.h* 標頭檔案中定義。在最新版本的 Arduino IDE 中，該標頭檔案是自動為您處理的眾多「幕後」元素之一。有幾個函數可以讀取 Arduino 支援的所有資料型別。表 9-4 列出了我們會在專案中使用的幾個函數。

表 9-4　程式記憶體（快閃記憶體）讀取函數

| 名稱 | 描述 |
| --- | --- |
| pgm_read_byte() | 讀取一個位元組 |
| pgm_read_word() | 讀取一字組（兩個位元組，如許多微控制器上的 int） |
| pgm_read_dword() | 讀取一個雙字組（四個位元組，如 long） |
| pgm_read_float() | 讀取四個位元組作為 float 或 double |

如果我們想從 colors 陣列中獲取第一個條目以供實際使用，我們可以使用 pgm_read_dword() 函數，如下所示：

```
uint32_t firstColor = pgm_read_dword(&colors[0]);
```

這顯然有點麻煩。但是，當您的 RAM 不足時，笨重通常是一個公平的取捨。用來儲存八種顏色的 32 位元組並不多，但是 256 色的調色盤（palette）呢？每種顏色有四個位元組，也就是一整個千位元組（kilobyte）。像我們的 Metro Mini 這樣的微控制器具有一個很小的 2K 工作記憶體，因此把這樣的調色盤卸載到快閃記憶體是一個巨大的勝利。

## 從快閃記憶體讀取字串

列印到序列監視器是除錯程式的好方法，甚至只是拿來作為一種廉價的狀態指示器，以觀察正在發生的事情。但是，您列印的每一個字串都會消耗一些寶貴的執行時記憶體。把這些字串移至快閃記憶體是回收部分空間的好方法。您只需要在需要時把需要的字串從快閃記憶體中拉出來。如果您把它放到一個公共的、可重用的緩衝區中，這個緩衝區將是我們在執行時必須為它騰出空間的唯一記憶體。

這是一種常見的記憶體節省技術，以至於 Arduino 環境包含了一個特殊的巨集來簡化這種往返：F()。（同樣的，關於巨集和 #define 的更多資訊，請參見第 253 頁的「前置處理器巨集」。）F() 非常容易使用，並且可以立即節省成本。假設我們有一些這樣的除錯敘述：

```
setup() {
  Serial.begin(115200);
  Serial.println("Initializing...");
  // ...
  Serial.println("Setting pin modes...");
  // ...
  Serial.println("Ready");
}
```

您的程式中可能還有其他變數等東西，在 Arduino IDE 中驗證您的程式碼可能會產生一些類似於此的輸出：

```
Sketch uses 4548 bytes (14%) of program storage space. Maximum is 32256 bytes.
Global variables use 275 bytes (13%) of dynamic memory,
leaving 1773 bytes for local variables. Maximum is 2048 bytes.
```

太棒了。目前我們有了足夠的空間，但 1773 個位元組並不多！現在讓我們使用 F() 巨集來把這些字串移動到快閃記憶體中：

```
setup() {
  Serial.begin(115200);
  Serial.println(F("Initializing..."));
  // ...
  Serial.println(F("Setting pin modes..."));
  // ...
  Serial.println(F("Ready"));
}
```

很容易合併，對吧？現在，如果我們驗證我們的程式，我們可以看到一個小而有利的變化：

```
Sketch uses 4608 bytes (14%) of program storage space. Maximum is 32256 bytes.
Global variables use 225 bytes (10%) of dynamic memory,
leaving 1823 bytes for local variables. Maximum is 2048 bytes.
```

我們的新草圖在快閃記憶體中佔用了更多空間，但在執行時佔用了更少的空間。這正是我們的目的。現在，很明顯的，完全地刪除這些除錯敘述，可以節省這兩種記憶體的空間，但肯定會有一些不錯的週邊裝置可用，例如顯示文本的迷您 LCD 顯示器。F() 可以為您提供更多的使用空間，而無須付出太多努力。

# SRAM

我一直在丟出「執行時」和「執行記憶體」等術語。這些術語指的是一種稱為 *SRAM* 的記憶體。靜態隨機存取記憶體（static random-access memory）在 Arduino 中等同於經常應用於更大的系統的通用 RAM 術語[7]。快閃記憶體是我們的程式儲存的位置，SRAM

---

7　動態隨機存取記憶體（dynamic random-access memory）或 *DRAM* 是您購買的「棒狀」記憶體類型，並以實體方式插入到過時的 Windows 7 盒子中，這樣您就可以再使用一年。這裡的「動態」術語表示該 RAM 需要透過消耗一點電源來定期刷新──而 SRAM 則不需要。然而，這兩種類型都需要至少一些電源，因此被稱為**揮發性**（*volatile*），因為它們的內容將在電源循環後重設。

是我們程式執行的位置。圖 6-3 中提到的堆疊和堆積是在程式執行時在 SRAM 中找到的。您的程式的運算大小受您所擁有的 SRAM 數量的限制。讓我們來看看這個限制的一些涵義。

## 堆疊和堆積

回想一下第 138 頁「區域變數和堆疊」中對全域變數和堆積的討論。我提到如果變數太多或進行太多巢套式函數呼叫，可能會耗盡記憶體。如果您擁有像現代桌上型系統這樣的 GB 甚至 TB 級記憶體，這在很大程度上只會是一個理論上的討論。但是只有 2K？我們的 Metro Mini 及其微薄的 2K SRAM 該怎麼辦呢？當我們執行 Arduino 草圖時，堆疊和堆積（在執行時處於活動狀態，因此不是快閃記憶體的一部分）必須適配這個有限的空間。

想像一下重做圖 6-3 中的位址來適配 2K 記憶體。現在那個中間小了很多。比較容易的想像是，有太多的函數呼叫或太多的全域變數或 `malloc()` 配置。如果您每行寫出 32 個位元組（64 個十六進位字元），則在某些微控制器上只需要 64 行即可表達 SRAM 的全部內容。那只不過是一張來自高中記事本的雙面紙！這意味著一個粗心的迴圈或大陣列，可能會溢出我們的 SRAM 並導致我們的程式崩潰。

例如，我們的遞迴式費伯那西計算函數，可以在幾十次呼叫後輕鬆填滿可用記憶體——尤其是因為我們仍然需要記憶體來用在 LED、感測器程式庫等之上。在使用微控制器時雖不禁止使用遞迴，但您確實需要更關注細節。

## Arduino 中的全域變數

桌上型應用程式的全域變數（會在堆積上配置），多半只是一種為了方便的選項，然而在 Arduino 環境中，它們經常被使用。Arduino IDE 隱藏了我們為了建立可行的可執行程式所做的大量工作。例如，請記住我們不會編寫自己的 `main()` 函數。因此，如果需要在 `setup()` 函數中初始化一個變數，然後在我們的 `loop()` 函數中引用該變數，我們必須使用全域宣告的變數。

這個事實並沒有太大的爭議。許多線上範例——當然在本書中也是——都依賴於全域變數。但鑑於篇幅有限，它確實需要更加關注細節。例如，我經常把 `int` 用在任何我知道不會用來儲存十億大小的數字的數值性變數上。輸入 `int count = 0;` 幾乎是肌肉記憶。好吧，如果我要計算連續的按下按鈕次數，以便區分是單擊還是兩次（甚至三次）單擊，則該計數可以很容易地適配 `byte` 型別。記住使用最小的適當資料型別是一個很好的習慣。

事實上，如果您**真**的很想要記憶體，請記住，您可以使用我們在第 99 頁的「位元運算子」中所討論的運算子來讀取和運算單一位元。如果您有兩個按鈕並且需要追蹤可能的三次點擊，那麼這兩個計數都可以**同時**放在一個 byte 變數中。實際上，您甚至可以把**四**個按鈕的計數儲存在該變數中。這絕對有點極端，但同樣的，當您需要它時，每個位元組都很重要。Toto，我們不再是用桌上型電腦了（譯註：本句改編自綠野仙蹤的名句：Toto，我們已經不在堪薩斯了）。

# EEPROM

如果您確實從桌上型計算領域來到 Arduino，您可能還注意到缺乏檔案系統的討論。您可能並不會驚訝您的小小微控制器並沒有連接 3.5 英寸實體硬碟，但缺乏長期、可讀寫儲存區可能會讓您措手不及。重啟您的 Arduino 後，每個變數都會從頭開始。很多令人滿意的專案不需要任何這樣的儲存區，但有些需要。令人高興的是，許多控制器都有一些（有限的）容量，來儲存您可以用電子可抹除可程式化唯讀記憶體（electronically erasable programmable read-only memory）或 EEPROM 的形式來運算的值。

並非每個微控制器都包含 EEPROM。事實上，這種型別的記憶體不是 IDE 期望您使用的。您必須手動包含 *EEPROM.h* 標頭檔案才能從該區域來儲存和檢索值。我們只需要這個程式庫中的兩個函數：get() 和 put()，但您可以在 EEPROM 程式庫說明文件（*https://oreil.ly/Hbgqn*）中查看其他可用函數。

這兩個函數都有兩個參數：EEPROM 的偏移量（說明文件中的「位址」）和一些「資料」，它可以是 get() 中的變數或 struct，也可以是 put() 中的文字值。例如，放置和獲取 float 看起來會像這樣：

```
#include <EEPROM.h>

float temperature;

void setup() {
  EEPROM.get(0, temperature);
  // ... 其他初始化的東西
}

void loop() {
  // ... 事情發生了，溫度變化
  EEPROM.put(0, temperature);
  // 事情還在繼續發生 ...
}
```

請注意，和我們用來接受使用者輸入的 scanf() 函數不同，我在呼叫 get() 時並沒有使用 & 和 temperature 變數。該程式庫為您完成把值賦值到正確位置的工作。您通常會在 setup() 期間從 EEPROM 中讀取資料，因此希望您能小心一點，並記住要使用簡單變數而不是它們的位址。在上面的程式碼片段中，EEPROM.get() 會完全按照我們的預期，使用儲存在 EEPROM 中的值來填充我們的 temperature 變數。

使用 get() 和 put() 並記住要儲存在 EEPROM 中的持久值的確切位元組偏移量，可能看起來很乏味，我同意。然而，作為回報，您可以完全控制輸入的內容以及檢索方式。只要確保您有正確管理您的位址。如果要按順序來儲存兩個 float 和一個 byte，則需要確保第二個 float 會儲存在位址 4 中，byte 會儲存在位址 8 中。或者更好的是，使用 sizeof 來使用精確的正確量來前進位址變數。

重要的是要知道讀寫 EEPROM 是「昂貴的」，因為它不是一個快速的運算。EEPROM 對讀取和更改的頻率也有限制。雖然您不太可能達到那些讀 / 寫限制，而且初始化我們的小專案的速度還好，但 EEPROM 絕對不是 SRAM 的簡單擴充。

## 記住選擇

所有這些記憶體東西肯定是深奧的。我認為是時候再舉一個寫實的範例了！讓我們把漂亮的 LED 環重新連接起來，並添加一個觸覺按鈕來改變它的顏色。我們還會把選擇的顏色儲存在 EEPROM 中，這樣如果關閉 Arduino 並稍後重新開啟它，環就會亮起我們最近的選擇。本專案只使用了環和按鈕，如圖 9-8 所示。

在此過程中，我們可以使用一種新技術來對按鈕進行解彈跳，我們甚至會藉用解彈跳概念來避免過度地寫入 EEPROM。當您讓使用者更改內容時，他們通常會接受您的提議並進行大量更改。如果他們按下按鈕來更改顏色，我們會等待幾秒鐘，然後再把更改提交到 EEPROM，以防他們只是想快速的循環顏色來查看他們的選項。

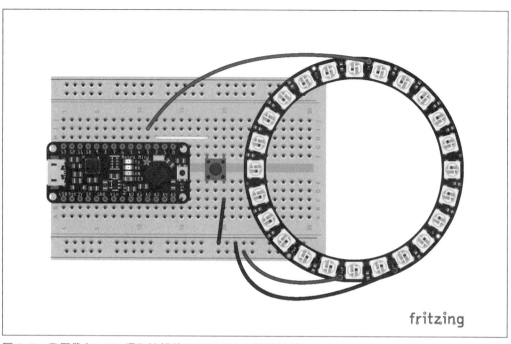

圖 9-8　我們帶有 LED 環和按鈕的 EEPROM 示範的接線

如果您準備迎接挑戰，請在查看此處的程式碼之前先嘗試自己草擬（sketch）（明白嗎？）解決方案。但這是一個相當艱鉅的挑戰。如果您想繼續享受更改 LED 顏色的樂趣，請隨意輸入此程式碼或編譯並上傳 *ch09/ring_eeprom/ring_eeprom.ino*（*https://oreil.ly/yir2G*）！

```
#include <Adafruit_NeoPixel.h>
#include <EEPROM.h>

#define RING_PIN     3
#define RING_COUNT 24
#define BUTTON_PIN  2

int previousState = HIGH;
int pause = 250;
int countdown = -1;

const PROGMEM uint32_t colors[] = {
  0xCC000000, 0x00CC0000, 0x0000CC00, 0x000000CC,
  0xCC336699, 0xCC663399, 0xCC339966, 0xCC996633
```

```
};
const byte colorCount = 8;
byte colorIndex;

Adafruit_NeoPixel ring(RING_COUNT, RING_PIN, NEO_GRBW);

void setup() {
  Serial.begin(115200);
  pinMode(BUTTON_PIN, INPUT_PULLUP);
  retrieveIndex();
  ring.begin();                // 初始化我們的環
  ring.setBrightness(128);   // 設定一個舒適的中階亮度
  ring.fill(pgm_read_dword(&colors[colorIndex]));
  ring.show();
}

void loop() {
  int toggle = digitalRead(BUTTON_PIN);
  if (toggle != previousState) {
    if (toggle == LOW) {
      // " 往下 " 狀態，所以做我們的工作
      previousState = LOW;
      colorIndex++;
      if (colorIndex >= colorCount) {
        colorIndex = 0;
      }
      ring.fill(pgm_read_dword(&colors[colorIndex]));
      ring.show();
      countdown = 10;
    } else {
      // " 往上 "，只記錄新的狀態
      previousState = HIGH;
    }
  }
  if (countdown > 0) {
    countdown--;
  } else if (countdown == 0) {
    // 時間到！把現在的顏色索引記錄到 EEPROM
    countdown = -1; // 停止倒數
    storeIndex();
  }
  delay(100);
}
```

```
void retrieveIndex() {
  Serial.print(F("RETRIEVE ... "));
  EEPROM.get(0, colorIndex);
  if (colorIndex >= colorCount) {
    Serial.println(F("ERROR, using default"));
    // 從 EEPROM 得到不好的值，使用預設值 0
    colorIndex = 0;
    // 並試著儲存這個好值
    storeIndex();
  } else {
    Serial.print(colorIndex);
    Serial.println(F(" OK"));
  }
}

void storeIndex() {
  Serial.print(F("STORE ... "));
  Serial.print(colorIndex);
  EEPROM.put(0, colorIndex);
  Serial.println(F(" OK"));
}
```

我特別想強調這個程式的三個部分。首先是使用 previousState 變數來追蹤我們按鈕的
狀態。我沒有使用布林值來了解我們是否處於解彈跳週期的中間，而是只在我注意到按
鈕從 HIGH 狀態變為 LOW 狀態時，才對按鈕進行動作。工作量大致相同，但我想要向您
展示另一種選擇。

另外兩個有趣的部分是底部的函數，retrieveIndex() 和 storeIndex()。在這裡您可以
看到 EEPROM 函數的使用。儲存索引很簡單，但我在讀取索引時添加了安全檢查以確
保它是有效值。

# 中斷

最後一個很酷的功能，可以簡化您編寫的程式碼來處理我們的觸覺按鈕等輸入。雖然不
是 Arduino 特有的，但中斷（interrupt）的使用已不再是許多桌上型或 Web 開發人員會
遇到的問題。中斷是可以觸發軟體回應的硬體信號。中斷可以讓您知道某些網路資料已
經到達、或者 USB 裝置已連接，或者可能按下了某個鍵。它們得名於一個有利的事實，
也就是它們會「中斷」程式的正常流程，並把控制權轉移到其他地方。

我之所以說是有利的，是因為中斷可以顯著地簡化擔心不同步、不可靠事件的過程。想想在鍵盤上打字。作業系統可以「監聽」要按下的鍵的一種方法，是執行一個大迴圈並一個接一個地檢查每個鍵，看看它最近是否被按下。這是多麼乏味的任務。即使我們稍微抽象一點，讓作業系統可以詢問是否有**任何**鍵被按下了，我們也需要對每個輸入裝置詢問這個問題。每個硬碟、每個拇指碟、滑鼠、麥克風、每個 USB 埠等等。這種類型的輪詢（polling）不會是我們想要擔心的事情。中斷消除了這種擔憂。當按下某個鍵時，會發出一個信號，告訴您的電腦去檢查鍵盤。這是一個隨選（on-demand）系統。

當提出這樣的要求時，電腦通常會轉到一個函數，其中包含了您提供的有關處理相關中斷的明確意圖。您要註冊一個處理程式，作業系統會負責停止正在發生的任何其他事情，並切換到該處理程式。

在 Arduino 專案中，您可以為各種輸入裝置使用中斷，例如我們的觸覺按鈕。我們可以註冊一個按鈕按下時的函數，而不是像我們在以前的一些專案中所做的那樣輪詢按鈕。我們編寫迴圈時沒有提及按鈕。沒有輪詢，沒有解彈跳旗標或計時器，什麼都沒有。微控制器正在做自己的內部工作來觀察它的每個接腳，當其中一個接腳發生變化時，比如說連接到我們按鈕的那個，會觸發一個中斷，然後跳轉到我們註冊的函數。

## 中斷服務常式

中斷服務常式（interrupt service routine）或 ISR 實際上只是一個函數。但是您確實會想遵守一些規則和一些準則：

- ISR 不能有任何參數（規則）
- ISR 不應傳回任何值（準則）
- `delay()` 和 `millis()` 等計時函數本身會使用中斷，因此您不能在 ISR 中使用它們（規則）[8]
- 因為您在 ISR 中「讓別人等待」，所以這些函數應設計為能盡快地執行（準則）

要在 Arduino 中註冊 ISR，請使用 `attachInterrupt()` 函數。該函數接受三個引數：

- 要監聽的中斷：為此引數使用函數 `digitalPinToInterrupt(pin)`
- ISR：只需給出您要使用的函數的名稱

---

[8] `micros()` 函數可以運作，但只能運作一兩毫秒。`delayMicroseconds()` 使用不同的機制來暫停，所以它實際上是可以使用的。但如果您可以的話，您真的不會想在 ISR 中延遲。

- 模式，為以下之一：
  — LOW：當接腳為 LOW 時觸發
  — CHANGE：當接腳值發生任何變化時觸發
  — RISING：當接腳從 LOW 變為 HIGH 時觸發
  — FALLING：當接腳從 HIGH 變為 LOW 時觸發
  — HIGH：一些（但不是全部）開發板支援在接腳為 HIGH 時觸發

如果您不想再處理中斷，可以使用 detachInterrupt()。該函數會接受一個引數，和 attachInterrupt() 的第一個引數相同的 digitalPinToInterrupt(pin)。（此幫助函數會把您的接腳號碼正確轉換為必要的中斷號碼。不建議直接提供中斷號碼。）

## 中斷驅動程式設計

讓我們再深入一個專案來嘗試利用中斷。我們會拿起我們的 LED 環，一個接一個地點亮一個 LED 來製作循環動畫。我們會使用一個按鈕來更改循環的速度。我們當然可以在沒有中斷的情況下編寫這種類型的程式，但我想您會喜歡這個專案因為它比我們輪詢按鈕來更改 LED 環顏色的範例要乾淨得多。實際上，我們會使用和該專案完全相同的硬體設定。如果需要重新建立它，可以回頭查看圖 9-8。

和往常一樣，請隨意獲取此草圖（*ch09/ring_interrupt/ring_interrupt.ino*（*https://oreil. ly/iZ5JJ*））或自己輸入。該專案的唯一接線是把 NeoPixel 環的電源和接地以及資料線連接到微控制器上可接受的接腳。您需要查看開發板的說明文件以查看哪些接腳支援中斷。對於我們的 Metro Mini（和 Arduino Uno 相容），我們可以使用接腳 2 或接腳 3：

```
#include <Adafruit_NeoPixel.h>

#define RING_PIN    3
#define RING_COUNT 24
#define BUTTON_PIN  2


int pause = 1000;                                    ❶

Adafruit_NeoPixel ring(RING_COUNT, RING_PIN, NEO_GRBW);

void nextPause() {                                   ❷
  if (pause == 250) {
    pause = 1000;
  } else {
```

```
    pause /= 2;
  }
}

void setup() {
  pinMode(BUTTON_PIN, INPUT_PULLUP);                     ❸
  attachInterrupt(digitalPinToInterrupt(BUTTON_PIN),     ❹
      nextPause, FALLING);
  ring.begin();              // 初始化我們的環          ❺
  ring.setBrightness(128);   // 設定一個舒適的亮度
  ring.show();               // 從所有像素關閉開始
}

void loop() {
  for (int p = 0; p < RING_COUNT; p++) {                 ❻
    ring.clear();
    ring.setPixelColor(p, 0, 255, 0, 0);
    ring.show();
    delay(pause);
  }
}
```

❶ 為我們的環形動畫設定 1 秒的初始暫停期間。

❷ 建立一個簡潔的函數,透過循環不同的暫停期間來回應按鈕的按下。

❸ 就像我們以前一樣,把我們的按鈕接腳設定為 INPUT_PULLUP。

❹ 配置 nextPause() 來處理我們的按鈕被按下的事件。

❺ 像以前一樣設定我們的 LED 環。

❻ 我們的動畫循環不必包含任何按鈕輪詢邏輯(萬歲!)。

希望這感覺比我們其他包含了按鈕的專案更簡單。我們的 loop() 函數專門用於驅動繞著環的動畫像素。雖然我使用 FALLING 模式來觸發中斷,但在這個範例中我們也可以很容易地使用 RISING。如果您對效果感到好奇,現在可以嘗試更改該模式。

# 習題

現在我們已經在 Arduino 環境的幫助下看到並執行幾個草圖，以利用一些有趣的週邊裝置，這裡有一些小專案，您可以嘗試測試您的新技能。我包括了我的設定的接線圖，但當然歡迎您根據自己的喜好來安排組件，並使用適合您的微控制器的任何接腳。解答位於 *ch09/exercises*（*https://oreil.ly/ezhYB*）資料夾中。

1. 自動夜燈。使用光敏電阻和 LED（參見圖 9-9），建立一個夜燈，透過增加 LED 的亮度來回應光線的降低。嘗試使用 map() 函數來把感測器讀數值轉換為適當的 LED 值。（您可以使用 NeoPixel 或帶有 PWM 的普通 LED。）

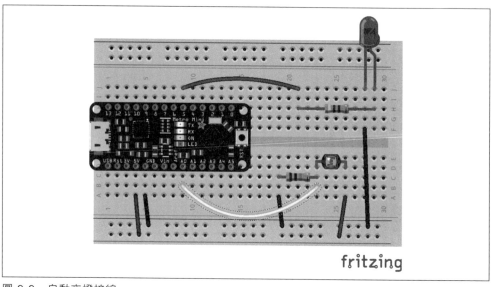

圖 9-9　自動夜燈接線

2. **碼錶**。使用我們的 4 位數顯示器和一個按鈕（參見圖 9-10）來建立碼錶。當您第一次按下按鈕時，碼錶會啟動並以秒為單位追蹤經過的時間（最多 99:99 秒）。再次按下按鈕將停止計數。第三次按下它會將碼錶重設為 0:00。

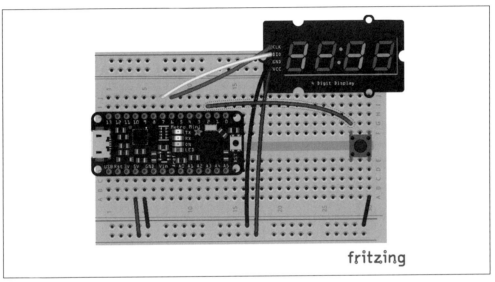

圖 9-10　簡單碼錶的接線

3. **記分牌**。使用四個按鈕和一個 4 位數顯示器（見圖 9-11）為兩個隊伍執行一個小型記分牌。顯示器的左側兩位數將記錄第 1 隊的分數，右邊的兩位數將記錄第 2 隊的分數。每個隊伍使用兩個按鈕：一個會增加他們的分數，一個會減少他們的分數。請從小處著手，逐步建立。先讓一個按鈕可以運作。然後再讓一個隊伍可以運作。最後，讓兩個隊伍可以一起運作。您可能需要查閱分段顯示程式庫的說明文件，以確保您可以更新一個隊伍的分數，而不會破壞另一個隊伍的分數。

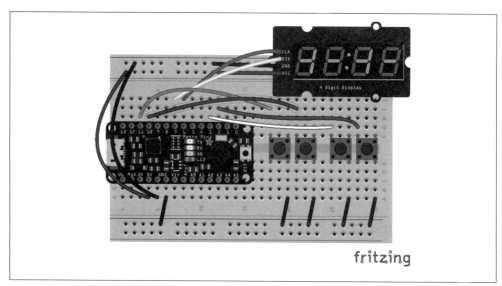

圖 9-11　計分板接線

# 下一步

我的天哪，那是很多程式碼。但我真誠地希望您喜歡我們在 Arduino 中可用於程式設計的功能和特性之旅。我們嘗試了幾種新的週邊裝置，並介紹了 Arduino 程式設計師可以使用有限記憶體的方式。我們還介紹了中斷這個主題（*https://oreil.ly/z4YpN*）。您的不知所措是完全受到鼓勵的！不過，希望您不要氣餒。如果任何範例仍然不清楚，請讓他們休息一兩天，然後再回來嘗試。

下一章不會那麼激烈。在關於記憶體的討論中，我們看到有時在處理微控制器時您必須有點小聰明。我們會透過一個簡單的範例，來了解如何優化 Arduino 程式設計中常見的一些樣式。這些優化在桌上型電腦上當然也有效，只是它們可能不會產生太大的影響。但是現在，我們仍然專注於 Arduino，所以請繼續閱讀，以了解一些小的更改會產生多大的影響！

# 第十章

# 更快的程式碼

我在第 1 章的開頭提到 C 是為資源有限的機器設計的 —— 至少按照今天的標準來說。微控制器有許多相同的限制，這使得 C 非常適合作為開發語言。事實上，如果您想從一個微型晶片中獲得可能的最大效能，C 語言直接處理記憶體位址的能力 —— 正如我們在第 133 頁的「C 中的位址」中所見 —— 即使有點乏味，也是無與倫比的 [1]。

我很高興地說，即使不深入研究資料表（組件和微控制器製造商所制定的嚴肅技術規範），您也可以使用一些簡單的技巧來加速您的程式碼。但請記住，有時夠好就是，嗯，夠好了！嘗試讓您的程式碼和您首先知道的樣式一致。您的程式執行了嗎？它做了您需要的事嗎？如果是這樣，我在本章中強調的有趣選項，例如使用整數而不是浮點數或展開迴圈，就是這麼：有趣。它們並不是真的「更好」，當然也不是必需的。通常吧。Arduino 及其表兄弟肯定比桌上型電腦更受限制。有時您的程式會無法執行或無法完全滿足您的需求。在這些情況下，請考慮進行以下一些優化。

## 設定

我不會再向您扔一堆新的小工具、配置和接線圖，而是專注於硬體設定，類似於我們在第 8 章中的第一個 Arduino 專案。我們會使用一個 NeoPixel 條帶。圖 10-1 顯示了通常的接線圖和我的 Metro Mini 接線（並通電）。

---

1　使用此功能需要了解晶片的真正底層細節。這種理解伴隨著非常陡峭的學習曲線，遠遠超出了我們在本書中的目標。即使是像 Adafruit 的 Trinket M0 這樣的微型控制器的 SAM D21 核心，也有 1,000 多頁的資料表供您閱讀！

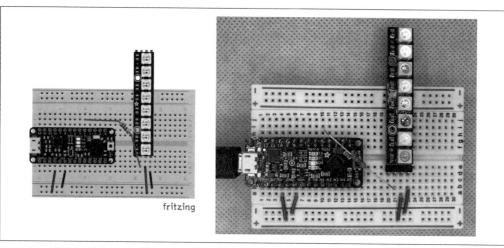

**圖 10-1　我們簡單的 LED 設定**

接下來，我們將從第 204 頁的「試用 Arduino 的『東西』」中竊取「呼吸」邏輯，並把它應用於條帶中的每個像素。我們不會從隨機顏色開始，而是簡單地指派一些漂亮的彩虹色。順便說一下，請隨意調整顏色。選擇一個您會喜歡盯著看的調色盤；我們會使用這個草圖作為本章中每個優化的基礎。

請停在 *ch10/optimize/optimize.ino*（*https://oreil.ly/UHE04*）並在您自己的設定上嘗試一下。如果需要的話，請務必調整 LED_PIN 和 LED_COUNT 值。

```
#include <Adafruit_NeoPixel.h>

#define LED_PIN     4
#define LED_COUNT   8
#define RATE     5000
#define PI_2 6.283185

Adafruit_NeoPixel stick(LED_COUNT, LED_PIN, NEO_GRB);
uint32_t colors[] = {
  0xFF0000, 0x00FF00, 0x0000FF, 0x3377FF,
  0x00FFFF, 0xFF00FF, 0xFFFF00, 0xFF7733
};

void setup() {
  Serial.begin(115200);
  stick.begin();            // 初始化我們的 LED
  stick.setBrightness(128); // 設定一個舒適的亮度
```

```
// 在動畫前展示一下我們的顏色幾秒鐘
for (byte p = 0; p < LED_COUNT; p++) {
  stick.setPixelColor(p, colors[p]);
}
stick.show();
delay(RATE);
}

void loop() {
  double ms_in_radians = (millis() % RATE) * PI_2 / RATE;
  double breath = (sin(ms_in_radians) + 1.0) / 2.0;
  for (byte p = 0; p < LED_COUNT; p++) {
    byte red   = (colors[p] & 0xFF0000) >> 16;
    byte green = (colors[p] & 0x00FF00) >> 8;
    byte blue  = colors[p] & 0x0000FF;
    red = (byte)(red * breath);
    green = (byte)(green * breath);
    blue = (byte)(blue * breath);
    stick.setPixelColor(p, red, green, blue);
  }
  stick.show();
  delay(10);
}
```

有了這個最小的範例，我們可以看看一些流行的技術來獲得效能。許多這些技術都很乾脆的落在取捨領域。許多會在快閃記憶體或 SRAM 中佔用了一點額外的儲存空間，以換取您在 loop() 函數中必須完成的工作的速度。但是，有些是涉及您作為程式設計師的時間和精力的取捨。但同樣的，如果您的程式已經按照您想要的方式執行，那麼在接下來的更改中，並沒有什麼過於優越的地方。:)

## 浮點數與整數數學

如今，許多電腦硬體媒體都在討論各種供應商所提供的功能更強大的 GPU（圖形處理單元（graphics processing unit），用於顯示和處理圖形的令人印象深刻的晶片）。但不久前，您還可以談論單獨的 FPU 或浮點單元（floating-point unit）（令人印象深刻的晶片致力於執行 —— 並加速 —— 浮點計算[2]）。浮點數學很強大，而電腦需要一段時間才能獲得足夠強大的功能，以便整合這種美好。

---

2　我非常高興能用令人驚嘆的 8087 FPU 共處理器（coprocessor）升級我的 8086 CPU。溫柔的讀者，我將把它留給您，以體驗這令人沉迷的懷舊之情。

令人高興的是，我們的電腦功能確實增強了（同時尺寸也縮小了），並且 Arduino 專案確實可以獲得良好的浮點支援和使用浮點數學的更進階的東西（例如三角函數）。但是做那個數學仍然比做純粹的整數數學需要更多的馬力。如果您在 Arduino 論壇（*https://oreil.ly/xT1E6*）上閒逛，您會看到有關於浮點數學所花的時間是整數運算元在進行同樣計算時所花費的時間的兩倍（或更多！）的這類軼事。

 值得指出的是，在微控制器上，float 和 double 並不總是 4 位元組和 8 位元組型別，就像它們通常在桌上型電腦上那樣。例如，在 Metro Mini（帶有 16MHz ATmega328P 晶片）上，兩種型別都是 4 位元組。這個事實不太可能造成很多麻煩，但是如果您需要真正高精準度的浮點數，您可能需要尋找一個程式庫來提供幫助。

## 浮點數學替代方案

很多時候，程式設計師會在沒有真正考慮成本的情況下使用浮點數。小數和分數無處不在：油量表、汽油價格、稅率、小費百分比等等。在某些情況下使用它們是有意義的，尤其是在輸出要供人類閱讀的資訊時。（例如，我們把第 211 頁的「分段顯示」中的 TMP36 感測器的原始電壓讀數轉換為浮點度數。）

但是如果我們只是做一些內部工作，而不是向使用者展示這些結果，有時我們可以用整數來得到相同的結果。考慮這兩個計算：

```
int dozen = 12;
int six = dozen * 0.5;
int half_a_dozen = dozen / 2;
```

six 和 half_a_dozen 都將包含 int 值 6，但乘以 0.5 會更昂貴。這個範例顯然是人為的，但只是輕微的。讓我們看看我們的 breath 計算，想想我們到底要做什麼：

```
double ms_in_radians = (millis() % RATE) * PI_2 / RATE;
double breath = (sin(ms_in_radians) + 1.0) / 2.0;
// ...
red = (byte)(red * breath);
```

我們正在不斷增加計數並把它轉換為介於 0.0 和 1.0 之間。然後，我們把該值相乘，得到各種顏色的「一部分」。但是，最終結果仍然是一個 byte 值。我們從不會使用 140.7 單位的紅色，我們只會使用 140。我們真正想做的是沿著波浪狀曲線把範圍（0 到 RATE）的值轉換為範圍（0 到 255）的值。

---

碰巧這個任務在 LED 應用中很常見 —— 正如我們所見，它可以製作漂亮的漸變動畫。NeoPixel 程式庫中有一個非常漂亮的 sine8() 函數，它使用 uint8_t 值 [3] 作為輸入和輸出來近似正弦計算。sine8() 會把輸入範圍（0 到 255）視為經典的強度範圍（0 到 $2\pi$）。反過來，它會輸出 0 到 255 之間的值，就好像它是正弦波的經典（–1 到 1）範圍。

這聽起來可能太數學了，但結果是我們可以透過把（增加中的）毫秒限制在（0 到 255）範圍內，並使用 sine8() 函數來獲得 0 到 255 之間的循環值來得到亮度動畫。然後我們可以把 breath / 255 視為一個全部都是整數所構成的分數。這允許我們應用我們的 half_a_dozen 技巧。我們不是乘以 0.0 到 1.0 之間的浮點值，而是乘以 breath，然後除以 255：

```
uint8_t ms = (millis() % RATE) / 20; // 夠接近了 :)
uint8_t breath = stick.sine8(ms);
// ...
red = red * breath / 255;
```

真順手！但請注意不要在我們的「分數」breath / 255 周圍使用括號。雖然它可能讀起來更好並突顯出我們所追求的比例值，但在整數數學中，把較小的數字（0 到 255 之間）除以較大的數字（總是 255）只會得到 0，除了最後一種情況 255 / 255，它確實會導致 1。

## 整數數學對比無數學

您知道什麼比整數數學更好嗎？一點數學都沒有！有時，一個小小的規劃可以產生很大的不同。看看我們如何使用 colors 陣列。我們在 setup() 中只使用了一次實際的完整 32 位元值。然而，在 loop() 內部，我們把這些顏色分解為它們各自的紅色、綠色和藍色部分。我們每 10 毫秒執行一次。哎呀！因此，與其儲存單一 32 位元值，為什麼不從一開始就儲存單一位元組呢？如果需要，我們可以使用二維 byte 陣列：

```
---
byte colors[8][3] = {
  { 0xFF, 0x00, 0x00 }, { 0x00, 0xFF, 0x00 },
  { 0x00, 0x00, 0xFF }, { 0x33, 0x77, 0xFF },
  { 0x00, 0xFF, 0xFF }, { 0xFF, 0x00, 0xFF },
  { 0xFF, 0xFF, 0x00 }, { 0xFF, 0x77, 0x33 }
```

---

3　NeoPixel 說明文件（*https://oreil.ly/hMmZw*）使用型別 uint8_t 而不是 byte，所以我將照著它宣告臨時變數。

```
  };
  ---
```

我們還可以把它們儲存在一個簡單的陣列中，並根據需要來進行少量數學運算以獲取綠色和藍色索引值：

```
  ---
  byte colors[] = {
    0xFF, 0x00, 0x00,   0x00, 0xFF, 0x00,
    0x00, 0x00, 0xFF,   0x33, 0x77, 0xFF,
    0x00, 0xFF, 0xFF,   0xFF, 0x00, 0xFF,
    0xFF, 0xFF, 0x00,   0xFF, 0x77, 0x33
  };
  ---
```

更重要的是，這兩個選項都為我們節省了 8 個位元組的儲存空間！由於這兩個選項都需要第二個索引或對單獨索引進行一些數學運算，因此哪個感覺上會更容易將取決於您。下面是我們如何使用二維方法來改變 setup() 中的初始展示和 loop() 中更有趣的用法：

```
  void setup() {
    // ...
    for (byte p = 0; p < LED_COUNT; p++) {
      stick.setPixelColor(p, colors[p][0], colors[p][1], colors[p][2]);
    }
    // ...
  }

  void loop() {
    // ...
    for (byte p = 0; p < LED_COUNT; p++) {
      byte red   = (byte)(colors[p][0] * breath);
      byte green = (byte)(colors[p][1] * breath);
      byte blue  = (byte)(colors[p][2] * breath);
      stick.setPixelColor(p, red, green, blue);
    }
    // ...
  }
```

那肯定感覺更簡單。雖然這並不總是正確的，但我喜歡 C 的一件事是外觀很少具有欺騙性。C 當然可以在小型裝置上發揮魔術般的效果，但這種魔術通常是公開的。因此，編寫乾淨、簡單的程式碼通常會提高可讀性和效能。

# 查找表

雖然比不上沒有數學，但如果只需要執行一次普通計算，然後把答案儲存起來以供重複使用是緊追在後的。如果我們看一下我們在 `loop()` 函數中執行的計算，基本上是有兩個：一個把目前的 `millis()` 值轉換為分數，然後一個把該函數應用於我們的顏色頻道（儘管分別用於每個頻道）。擺脫這些計算會很棒。

當儲存空間大於處理能力時（另一個取捨），一個流行的技巧是使用 **查找表**（*lookup table*）。您基本上會提前執行所有需要的計算，並把答案儲存在一個陣列中。然後，當您需要其中一個答案時，您所要做的就是從該陣列中取出正確的條目。

根據您想要儲存的計算的實際成本的昂貴程度，您有兩種建立查找表的選項。如果它不是太昂貴，您可以在需要用它之前在執行時先建構此表。（例如，在一個 Arduino 專案中，我們可以使用 `setup()` 函數來完成這項工作。然後我們在 `loop()` 函數中再從陣列中讀取資料。）如果計算的成本非常高昂，您可以「離線」完成所有工作，然後簡單地把結果轉錄到您的程式中，並用一連串的文字值來初始化您的陣列。

由於記憶體有限，這種類型的優化並不總是有意義的。填滿一個大的全域陣列可能會對程式的其餘部分造成太大的壓力。但是如果計算夠昂貴的話，那麼即使要從稍慢的快閃記憶體中進行讀取也還是可行的，而您可以把查找表儲存在那裡。當然，在後面那種情況下，您必須在宣告陣列時進行離線計算並在 PROGMEM 中初始化陣列。

# 迄今為止的專案

讓我們把我們的查找表（我們將在 `setup()` 中建構我們自己的）和我們更簡單的數學開始工作吧。當您坐下來優化您的一個專案時，小步嘗試您的想法是個好主意。這種增量方法使您不太可能破壞任何東西。但是，當您確實破壞了某些東西時，增量方法應該更容易修復——或者在最糟糕的情況下要砍掉重來。這裡是 *ch10/optimize2/optimize2.ino*（*https://oreil.ly/eDKmd*）：

```
#include <Adafruit_NeoPixel.h>

#define LED_PIN      4
#define LED_COUNT    8
#define RATE      5000

Adafruit_NeoPixel stick(LED_COUNT, LED_PIN, NEO_GRB);
byte colors[8][3] = {                           ❶
  { 0xFF, 0x00, 0x00 }, { 0x00, 0xFF, 0x00 },
```

```
    { 0x00, 0x00, 0xFF }, { 0x33, 0x77, 0xFF },
    { 0x00, 0xFF, 0xFF }, { 0xFF, 0x00, 0xFF },
    { 0xFF, 0xFF, 0x00 }, { 0xFF, 0x77, 0x33 }
};

uint8_t breaths[256];                                ❷

void setup() {
  Serial.begin(115200);
  stick.begin();              // 初始化我們的 LED
  stick.setBrightness(80);   // 設定一個舒適的亮度
  // 在動畫前展示我們的顏色幾秒鐘
  for (byte p = 0; p < LED_COUNT; p++) {
    stick.setPixelColor(p,                           ❸
        colors[p][0], colors[p][1], colors[p][2]);
  }
  stick.show();
  // 現在初始化我們的正弦查找表
  for (int s = 0; s <= 255; s++) {                   ❹
    breaths[s] = stick.sine8(s);
  }
  delay(2000);
}

void loop() {
  uint8_t ms = (millis() % RATE) / 20;               ❺
  uint8_t breath = breaths[ms];                      ❻
  for (byte p = 0; p < LED_COUNT; p++) {
    byte red   = colors[p][0] * breath / 255;
    byte green = colors[p][1] * breath / 255;
    byte blue  = colors[p][2] * breath / 255;
    stick.setPixelColor(p, red, green, blue);
  }
  stick.show();
  delay(10);
}
```

❶ 把我們的像素顏色分解成一個二維陣列（以在 loop() 中更容易計算）。

❷ 為我們的查找表建立一個全域變數，以便我們可以在 setup() 中對它進行初始化並在 loop() 中參照它。

❸ 使用替代函數來設定分別用來接受紅色、綠色和藍色值的像素顏色。

❹ 使用 NeoPixel 程式庫中方便（且快速）的 sine8() 函數來填寫我們的正弦值查找表。

❺ 簡化我們從毫秒到查找索引的轉換。

❻ 現在把我們的查找表值用於計算目前的亮度。

您當然可以在您的控制器上試一試，但希望您的 LED 條帶的行為是一樣的。目的是確保您在進行更多調整之前了解我們所做的更改。

 請注意，我使用了一個 int 變數來初始化 breaths 陣列。由於我們需要到達一個 byte 可以儲存的內容的極限（也就是我們需要使用 255），因此我們不能使用位元組大小的變數來作為索引值。當 s 為 255 時，我們增加 s 的調整步驟會再發生一次，把它推送到 256。但這是除了 byte 變數之外，因為這樣的推送會強制變數回滾回 0。在翻轉之後，我們檢查迴圈條件。由於 0 小於或等於 255，因此我們繼續。我第一次編寫初始化迴圈時犯了這個錯誤。我花了幾分鐘才弄清楚為什麼 setup() 函數永遠不會結束！

# 2 的冪次的威力

還有一種和數學相關的優化可以保留在您的技巧包中：使用按位元（bitwise）運算而不是乘法和除法。乘法並不便宜。除法非常昂貴。在微控制器上，這些運算可能非常昂貴——除非您乘以或除以 2 或 2 的冪次（也就是 4、8、1024 等）。餘數運算（%）實際上也是一個除法運算，因此它也很昂貴，除非可以使用 2 的冪次（power）。

我們已經從呼吸迴圈中刪除了許多昂貴的步驟，但我們仍然還有一些餘數和除法運算。讓我們看看 2 的冪次會如何幫助這些計算。

當我們把顏色乘以 breath 變數，並除以 255 來獲得該顏色的正確陰影時，我們試圖確保陰影在 0 到 255 範圍內的某個地方。我們建立的那個分數的分母非常接近 2 的冪次，也就是 255 幾乎等於 256。例如，考慮我們最亮的紅色。理想情況下，我們會在 LED 上顯示值 255。我們目前使用的計算如下所示：

```
red = red * breath / 255;
//  = 255 *   255  / 255;
//  = 65025 / 255;
//  = 255
```

這個計算的結果是 255，這正是我們想要的。但我說除以 256 可以加快速度。我會很快告訴您該怎麼做，但首先讓我們探討一個重要的問題：是否可以除以 256 而不是 255 ？好吧，65025 / 256 大約是 254.004。對於 LED 而言，這絕對夠接近。那麼除以 256 會比除以 255 快嗎？

事實證明，對於具有二進位大腦的電腦，除以 2 的冪次和使用右移運算子 >> 相同。和除法相比，這會快得驚人。所以我們的紅色近似值現在可以這樣計算：

```
red = (red * breath) >> 8;
```

您只需按 2 的冪次的「冪次」部分移動位數；例如，除以 2（$2^1$）意味著右移 1 位。除以 256（$2^8$）意味著右移 8 位。然後乘以 2 的冪次會用同樣的方式運作；您只是變成左移。需要四倍的值？把它左移 2（$2^2 == 4$）位。酷！更重要的是，速度快。電腦所要做的就是向左或向右移動一些位元。和乘法和除法演算法相比，這種類型的工作非常簡單，即使結果相同。

但是餘數呢？它們和除法一樣昂貴，因為您在查找剩餘量的過程中要執行除法。但是，如果您使用 % 和 2 的冪次，則可以使用按位元 & 運算和正確的遮罩（*mask*）來表達。您經常會聽到有關位元「遮罩」的資訊，它們只是保留某些位元但隱藏（或遮罩）其他位元的數字。例如，要找到除以 64（$2^6$）的餘數，您可以建立一個 6 位元遮罩：0x3f。（結果是 63 或 64−1。）如果我們把呼吸頻率調整到大約 4 秒（準確地說是 4096 或 $2^{12}$ 毫秒），我們可以像這樣重寫我們的毫秒轉換：

```
uint8_t ms = (millis() & 0x0fff) / 20; // 12 位元的位元遮罩
```

由於我們確實希望 ms 值落在 0 到 255 的範圍內，因此它會是我們查找表中的一個適當索引，我們可以把該除法轉換為另一個移位運算，只需對除數做一點調整（5000 / 20 大約是 4095 / 16）：

```
uint8_t ms = (millis() & 0x0fff) >> 4;
```

不差，一點也不差。不過，我們確實不得不捏造我們的呼吸頻率。記住我在本章最前面的警告：如果它有效，它就有效！如果您得到了一個令人滿意的動畫，其中包含了所有浮點數學和漂亮的整數，比如 5 秒，那麼您的專案就是成功的。但是如果您沒有得到您想要的結果，可以考慮進行調整以利用這些優化技巧。

# 迴圈優化

我們可以對呼吸 LED 草圖進行更巧妙的修改,以讓它執行得更快 [4]。迴圈部分通常會為了可讀、可重用的程式碼而犧牲一點效能。當效能是首要目標時,您可以透過降低可重用性來收回一點速度。

## 為樂趣和利潤展開

這種優化背後的動機是管理一個迴圈需要一點時間。在我們的 `loop()` 函數中,我們有一個 `for` 迴圈來設定棒上每個 LED 的顏色。在更新了一個 LED 之後,我們必須增量 p 變數,然後測試是否還有更多的 LED 需要處理。這幾個步驟很小,但它們不是不存在。如果您以微秒來計算,這可能不是您可以騰出的時間。

要重新取回這些微秒,您可以展開(*unroll*)或解開(*unwind*)迴圈。基本上,您取出迴圈主體,再為每次所需的迭代複製一次,然後硬編碼控制變數(在我們的範例中為 p)。我希望您嘗試一些這種優化來當作一種好的練習,所以我不會完全展開 `for` 迴圈。我們還可以使用 `>>` 技巧來替換計算紅 / 藍 / 綠值時所需的除法。更新前幾個 LED 將如下所示:

```
void loop() {
  uint8_t ms = (millis() & 0x0fff) >> 4;
  uint8_t breath = breaths[ms];

  byte red, green, blue;

  // 像素 0
  red   = (colors[0][0] * breath) >> 8;
  green = (colors[0][1] * breath) >> 8;
  blue  = (colors[0][2] * breath) >> 8;
  stick.setPixelColor(0, red, green, blue);

  // 像素 1
  red   = (colors[1][0] * breath) >> 8;
  green = (colors[1][1] * breath) >> 8;
  blue  = (colors[1][2] * breath) >> 8;
  stick.setPixelColor(1, red, green, blue);
```

---

4 「執行速度更快」的一個重要副作用是,您還可以在和舊的計算相同的執行時間內,執行更多(或更複雜)的計算。因此,在不損失任何效能的情況下,我們可以支援更長的 LED 條帶,或者支援不僅僅是紅色、綠色和藍色頻道的 LED。

```
    // 像素 2
    // ...

    stick.show();
    delay(10);
  }
```

和其他優化一樣，這裡有一個取捨：使用展開迴圈會消耗更多的程式空間。但同樣的，我們會在這裡是為了效能 —— 只要我們有空間的話。只需確保在展開迴圈之前，迴圈會正常運作。隱藏在展開迴圈中的任何錯誤，都需要繁瑣的複製和貼上來修復每個展開的區塊。

## 遞迴與迭代之對比

還有另一種迴圈選項，雖然不太算是一種優化，但值得一提。在記憶體有限的裝置上，遞迴演算法可以執行地相當快。令人高興的是，每個遞迴演算法也可以用迭代來編寫。有時迴圈方法不那麼直觀或看起來有點笨拙，但它還是可行的。如果您對程式碼中的遞迴呼叫有些擔心，請考慮把它們轉換為帶有一些額外變數的迴圈來提供幫助。

作為一個快速示範，讓我們看一下尋找第 n 個費伯那西數的迴圈方法（用以替換我們在第 120 頁的「遞迴函數」中設計的遞迴演算法）。我們可以使用一個 for 迴圈和三個變數：

```
int find = 8; // 我們想要這個範例中的第 8 個費伯那西數
int antepenultimate = 0; // F(n - 2)
int penultimate = 0;     // F(n - 1)
int ultimate = 1;        // F(n)

for (int f = 1; f < find; f++) {
  antepenultimate = penultimate;
  penultimate = ultimate;
  ultimate = penultimate + antepenultimate;
}
// 迴圈完成後，最終包含答案，21
```

您可能還記得遞迴演算法在數字較大時會變得遲緩，但這不會發生在這裡。這些數字最終會變得非常大，因此您可能需要一個 long long 來儲存結果，但演算法會繼續快速執行。那麼為什麼我們不就總是使用迭代選項呢？在費伯那西數列上並不明顯，但有時遞迴演算法會更容易（有時很容易）理解並轉化為程式碼。

---

我們再次進行取捨：複雜性與效能。但是，在這種情況下，取捨可能是顯而易見的。如果您無法完成計算，則使用可以完成計算的更複雜的演算法將是必然的選擇。

# String 與 char[] 之對比

可以和 Arduino IDE 一起用於儲存和處理文本的 String 類別，是另一個進行優化的候選物件。我們簡單的 LED 專案並沒有真正使用任何文本，但是如果您處理任何帶有文本輸出的專案，例如在迷你 LCD 螢幕上或透過 WiFi 連接時，您可能會想使用 String，因為它具有一些方便的功能。但是，如果您的空間不足，請考慮使用（並重用）無聊的舊 char[] 變數。

您會在網路上找到許多使用 String 的範例，正是因為這些便利的附加功能，例如把數字轉換為給定底數的文本，或 toLowerCase() 之類的函數，或使用 + 運算子來把 String 物件串接在一起（您可以在 String 說明文件（*https://oreil.ly/8SZ50*）中閱讀所有這些額外內容。）。使用 String 的範例很容易讀好，所涉及的文本通常是專案附帶的。

但是，如果您想對文本做一些更嚴肅的事情，比如驅動 LED 或 LCD 顯示器，或者把 JSON blob 發送到 Web 服務（我們將在第 282 頁的「物聯網和 Arduino」中做類似的事情），所有這些飛來飛去的 String 物件的便利性可能會開始吞噬您的 SRAM。使用您控制的字元陣列可以把記憶體消耗降至最低。至少，您會確切地知道達成目標需要多少空間。

不要忘記您可以把文本儲存在 Flash 中以供隨選使用，正如我們在第 218 頁的「快閃記憶體（PROGMEM）」中所見。有時您只需要 F() 巨集。但是依賴快閃記憶體會稍微減慢您的程式速度，並且您無法以程式設計方式來更改儲存在快閃記憶體中的那些訊息。使用 char[] 所獲得的控制可以是一個全面的勝利；這裡的取捨是您的時間和精力。

# 最終提出的方案

即使對於這樣一個簡單的專案，也有數量驚人的優化可用。這是我們專案的最終版本，*ch10/optimize3/optimize3.ino*（*https://oreil.ly/J8Myy*）：

```
#include <Adafruit_NeoPixel.h>

#define LED_PIN      4
#define LED_COUNT    8
```

```
Adafruit_NeoPixel stick(LED_COUNT, LED_PIN, NEO_GRB);
byte colors[8][3] = {
  { 0xFF, 0x00, 0x00 }, { 0x00, 0xFF, 0x00 },
  { 0x00, 0x00, 0xFF }, { 0x33, 0x77, 0xFF },
  { 0x00, 0xFF, 0xFF }, { 0xFF, 0x00, 0xFF },
  { 0xFF, 0xFF, 0x00 }, { 0xFF, 0x77, 0x33 }
};

uint8_t breaths[256];

void setup() {
  Serial.begin(115200);
  stick.begin();            // 初始化我們的 LED
  stick.setBrightness(80);  // 設定一個舒適的亮度
  // 在動畫前展示我們的顏色幾秒鐘
  for (byte p = 0; p < LED_COUNT; p++) {
    stick.setPixelColor(p, colors[p][0], colors[p][1], colors[p][2]);
  }
  stick.show();
  // 現在初始化我們的正弦查找表
  for (int s = 0; s <= 255; s++) {
    breaths[s] = stick.sine8(s);
  }
  delay(2000);
}

void loop() {
  uint8_t ms = (millis() & 0x0fff) >> 4;
  uint8_t breath = breaths[ms];
  for (byte p = 0; p < LED_COUNT; p++) {
    byte red   = (colors[p][0] * breath) >> 8;
    byte green = (colors[p][1] * breath) >> 8;
    byte blue  = (colors[p][2] * breath) >> 8;
    stick.setPixelColor(p, red, green, blue);
  }
  stick.show();
  delay(10);
}
```

和我們之前版本的唯一變化是在我們的 loop() 函數中使用了整數數學和按位元運算。我們把目前的毫秒計數轉換為可以和正弦查找表一起使用的索引，並簡化每個紅色、綠色和藍色值的目前陰影計算。總而言之，這是一系列改進！所帶來的額外的效率為做其他事情留下了空間。現在我們可以處理更多的 LED 或製作更精美的動畫了。或者我們可以包括一些感測器並把它們的讀數整合到我們的輸出中。全部都在 2K 的 RAM 中。您的程式設計師祖先會感到自豪。:)

但我不應該忘記我提到過的做法。如果您想嘗試自己的優化，請像我們在第 243 頁的「為樂趣和利潤展開」中開始做的那樣來展開 for 迴圈，並確保專案仍然會按預期執行。

# 下一步

在本章中，我們已經看到了很多優化技巧。還有其他更深奧的技巧，但它們需要對您計劃使用的特定硬體有更多的了解。這一次我沒有任何具體的練習，但我希望您在完成一些自己的 Arduino 專案後能重溫這一章。

如果您最終得到任何有用的函數，您可以把它們優化並調整到完美，您可以把它們放入客製化程式庫中，以便在未來的專案中重複使用。您甚至可以把它們發布給其他人使用用！無論哪種方式，Arduino 都讓程式庫的製作變得相對容易。讓我們在下一章中看看它是如何完成的。

# 第十一章

# 客製化程式庫

我們已經看到了如何包含 Arduino IDE 所附帶的有用程式庫的標頭檔案,以及如何為一些更有趣的週邊裝置和感測器添加第三方程式庫。但是當您建構您的微控制器專案庫時,您可能會建立一些您會重用的程式碼。我經常使用的格言是宇宙中只有三個數字:0、1 和許多。如果您發現您第二次使用了某一段程式碼,那麼您就屬於「很多」類別,可能是時候考慮來建立自己的程式庫了。

這種說法可能看起來很戲劇化。這聽起來確實很宏大。令人高興的是,這是一個相當簡單的過程,並且確實會讓重用變得輕而易舉。

我確實想承認本章中的專案在各個方面都比我們過去的專案更大。如果遙控機器人汽車沒有激起您的興趣,請隨意跳過本章的大部分內容。我仍然建議閱讀第 258 頁的「多檔案專案」和第 268 頁的「建立程式庫」,以了解在 Arduino IDE 中編寫能供您自己使用的程式庫所涉及的步驟。您可以放心地跳過本章,轉而在第 12 章中探索 IoT 專案。

## 建立自己的程式庫

要開始使用客製化程式庫,您需要一些程式碼來重新使用。找到可重用程式碼的最好方法是首先建立一些可用的程式碼。我們可以啟動一個正常的專案,然後萃取在其他專案中看起來可能會執行良好的部分。

對於這個專案,我們將建立一輛可以透過簡單的向前、向後、向左和向右按鈕來駕駛的機動汽車。一旦一切正常,我們就可以將各種「駕駛」功能分解到一個單獨的檔案中,以突顯 Arduino IDE 會如何處理多個檔案。最後，在您的後口袋裡有一些多檔案經驗之後，我們將會飛躍到無線電控制，看看如何把這種通信封裝在一個程式庫中，而該程式庫可以在我們的汽車和分別的導航專案之間共享。

圖 11-1 顯示了我們將要使用的設定。我從 Adafruit 購買了這些零件，但您可以很容易地用其他零件來組裝一輛類似的汽車。（有關我使用的確切零件編號，請參閱附錄 B。）這部實體汽車相當簡單，但肯定需要一些組裝。我不得不去當地的五金店買一些小機器螺絲，但 Adafruit 的預製底盤確實讓事情變得更簡單。底盤具有完美的孔洞和插座，用於引導後部馬達和前部活動腳輪的連接。我只是在上面放了一塊麵包板和電池，但是有足夠的地方可以用夾子、螺絲或拉鍊來安裝它們。

圖 11-1　我們的機器車

圖 11-2 顯示了我們的微控制器、導航操縱桿和 DRV8833 馬達驅動器分線板的接線。這個專案有更多的連接，但希望沒有多到讓您不知所措。

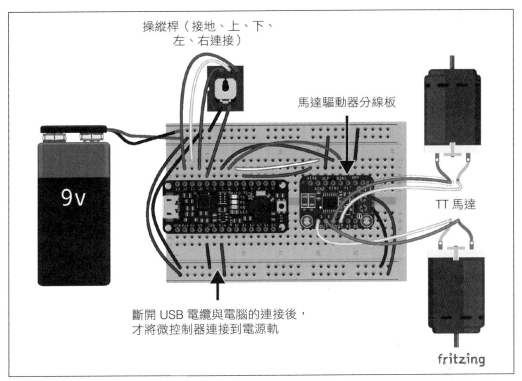

操縱桿（接地、上、下、左、右連接）

馬達驅動器分線板

TT 馬達

斷開 USB 電纜與電腦的連接後，才將微控制器連接到電源軌

fritzing

**圖 11-2　機器車的接線**

總的來說，機器人技術是我的一大興趣，但機械的元素（遠）超出了我的專業領域。我第一次完成這個專案所需的額外學習具有挑戰性但很有趣 —— 至少有趣多過於沮喪。我以前從未使用過馬達，因此要把它們安裝、通電並正確連接，以便我可以透過軟體來控制它們，當然需要一些試驗和錯誤，並且需要大量令人生厭的話語。但是，如果您對這個特定專案沒有太大興趣，請隨意追隨我們的程式碼的解構，看看如何把這些部分重新組合到一個程式庫中。但我會說，當您第一次按下按鈕讓輪子轉動時，您會覺得您可以征服世界。:)

如果查看圖 11-2 中的圖表給您帶來了焦慮不安，您可以尋找帶有所有必要零件以及詳細組裝說明的機器車套件。這些套件通常也有自己的程式設計說明。隨意讓套件「按原樣」執行，並先熟悉電子裝置。然後回到這裡完成我的程式碼範例並把它們（可能要進行一些修改以加強我們在這裡所做的工作）應用到您功能齊全的汽車上。

## 前置處理器指令

我們已經看到了幾個前置處理器指令：#include 和 #define 都由前置處理器處理。而「前置處理器」這個名稱可能會提示您它在編譯程式碼中的作用。這些指令會在您的程式碼被編譯之前被處理。

#include 指令用於帶入在分別檔案中定義的程式碼。帶入之後，它在編譯器中看起來就好像您已經把那個外部檔案當作是您自己程式碼的一部分而輸入了一樣。

正如我們一直在使用的那樣，#define 指令會在一些文字上放了一個人性化的名稱。然後，我們就可以在程式碼中使用該名稱，而不是每次都記住正確的文字。如果我們需要更改該值，例如，要把 LED 連接移動到控制器上的不同接腳，我們只需要更改一次就好。和 #include 一樣，前置處理器會把 #define 名稱的每個實例都替換為它的文字，就好像您直接鍵入了文字一樣。

對於我們的汽車，讓我們對導航操縱桿上的接腳使用 #define，就像我們使用其他連接的週邊裝置時一樣：

```
#define LEFT_BTN 12
#define RIGHT_BTN 9
#define FWD_BTN 10
#define BKWD_BTN 11
```

我應該指出，您可以把 #define 和數字以外的值一起使用。也許您有標準的錯誤訊息或文本回應。它們也可以定義：

```
#define GOOD_STATUS   "OK"
#define BAD_STATUS    "ERROR"
#define NO_STATUS     "UNKNOWN"
```

了解 #define 是如何和前置處理器一起工作，也解釋了為什麼我們不在結尾添加分號。畢竟，我們不希望分號出現在我們的程式碼中。

# 前置處理器巨集

您也可以讓 #define 更進一步。它不僅可以處理字串,還可以處理小塊的邏輯,幾乎就像一個函數。這些片段通常被稱為巨集(*macro*),以把它們和實際函數區分開來。巨集(或巨集指令)通常透過替換來把某些輸入轉換為相對應的輸出。巨集並不是函數呼叫。巨集不會被壓入堆疊或從堆疊中取出。

當您有一段重複的程式碼,只是沒有上升到需要一個函數的水平時,巨集是很棒的替代品。當您希望您的程式碼片段保持與資料型別無關時,它們也很棒。例如,考慮一個簡單的巨集來確定兩個值的最小值。這是定義和如何使用它的範例:

```
#define MIN (x,y) x < y ? x : y

int main() {
  int smaller1 = MIN(9, 5);
  float smaller2 = MIN(1.414, 3.1415);
  // ...
}
```

為了建立巨集,我們會像以前一樣使用 #define 和一個名稱,但隨後我們在括號中提供了一個(或多個)變數。無論您傳遞給巨集的任何引數都會替換掉巨集程式碼片段中的變數。反過來,該片段會替換掉它被呼叫的位置。就好像您輸入了以下內容:

```
int main() {
  int smaller1 = 9 < 5 ? 9 : 5;
  float smaller2 = 1.414 < 3.1415 ? 1.414 : 3.1415;
}
```

這個簡單的替換過程可能很強大。但一定要小心。因為替換非常簡單,如果把複雜的運算式傳遞給巨集,就會產生問題。例如,如果您的運算式使用的運算子優先級低於巨集中使用的運算子,則預期結果可能是錯誤的,甚至會無法編譯。您可以透過明智地使用括號來避免其中一些問題,如下所示:

```
#define MIN (x,y) (x) < (y) ? (x) : (y)
```

即使這樣,您也可以透過傳遞正確的(呃,錯誤的)運算式來建立一些奇怪的程式碼。關於 C 和 C 前置處理器的 GNU 說明文件,甚至有一整節專門在討論巨集陷阱。

我們現在還不需要任何巨集,但它們很常見,如果您在實際應用中發現它們,我希望您能認出它們。C 前置處理器本身實際上是一個非常有趣的實體。讀完這本書後,它是一些獨立研究的好目標!

# 客製化型別定義

除了常數和巨集之外，程式庫還經常使用 C 的另一個特性：typedef 運算子。您可以使用 typedef 來為其他型別指派別名。這聽起來可能沒有必要，而在技術上確實如此，但在某些情況下，它非常方便，並且可以產生更易讀、更可維護的程式碼。

我們在第 10 章看到了其中一些 typedef 別名的使用。byte、uint8_t 和 uint32_t 說明符都是用 typedef 建立的。如果 Arduino 環境沒有為您提供這些，您可以像這樣自己建立它們：

```
typedef unsigned char byte;
typedef unsigned char uint8_t;
typedef unsigned long int uint32_t;
```

「_t」字尾在這些別名中很流行。這是一個簡單的方法來強調這個名稱使用了 typedef 所建構的別名這一事實。

您還可以把 typedef 和 struct 關鍵字一起使用，為您的客製化、豐富的資料型別建立更美味的名稱。例如，我們可以以在第 148 頁的「定義結構」中使用 typedef，並像這樣定義我們的交易：

```
typedef struct transaction {
  double amount;
  int day, month, year;
} transaction_t;

// 交易變數現在可以像這樣宣告：
transaction_t bill;
transaction_t deposit;
```

對於我們的簡單程式庫來說，這個特性並不是絕對必要的，但是許多程式庫確實使用了 typedef 來為在程式庫的上下文中更有意義或者更容易使用的型別提供名稱。讓我們繼續為可能被用來儲存我們的方向常數之一的任何變數定義一個型別：

```
typedef signed char direction_t;
```

我們將堅持使用帶正負號的 char 版本，因為我們可能會在未來找到負值的用途。例如，如果您只期望正數時，負數是很好用的錯誤程式碼。現在讓我們使用我們的新型別來建立一些型別化的常數：

```
const direction_t STOP     = 0;
const direction_t LEFT     = 1;
const direction_t RIGHT    = 2;
const direction_t FORWARD  = 3;
const direction_t BACKWARD = 4;
```

回想一下第 201 頁的「常數：const 和 #define」中關於 const 和 #define 的討論。這是我們實際上並不一定要用某種方法或另一種方法的事的地方之一，但 const 方法確實增加了一些我們程式碼的說明，可能對其他讀者有用。我應該說，在 90% 的情況下，第一個看到您的程式碼的「其他讀者」就是您，但那是在離開專案幾週或幾個月之後的您。像 direction_t 型別這樣的關於您意圖的提示對於您自己的記憶非常有用。

## 我們的汽車專案

讓我們繼續走吧！這將是我們的「版本一」專案，具有一些額外的抽象化，這在我們把這個專案分解成可重新使用的部分時應該會有所幫助。（如果您想從簡單的功能性證明開始，可以查看版本 0（*https://oreil.ly/Mr2ED*）。）當您使用自己的專案時，您可能沒有把馬達連接的像我一模一樣。您的導航輸入（按鈕或操縱桿）的連接方式可能略有不同。請測試您的設定，不要害怕想在各種駕駛函數中更改哪些接腳設定為 HIGH 或 LOW 的想法。令人高興的是，這一切都可以在軟體中進行調整。最終目標只是讓您的汽車當您向上推動操縱桿時會向前滾動。

這裡是我們汽車製造的第 1 版。與往常一樣，您可以自己輸入或直接開啟 *ch11/car1/car1.ino*（*https://oreil.ly/8kqQL*）：

```
// 定義我們用於操縱桿和馬達的接腳
#define LEFT_BTN   12
#define RIGHT_BTN  9
#define FWD_BTN    10
#define BKWD_BTN   11

#define AIN1 4
#define AIN2 5
#define BIN1 6
#define BIN2 7

// 定義我們的方向型別
typedef char direction_t;

// 定義我們的方向常數
```

```
const direction_t STOP     = 0;
const direction_t LEFT     = 1;
const direction_t RIGHT    = 2;
const direction_t FORWARD  = 3;
const direction_t BACKWARD = 4;

void setup() {
  // 告訴我們的開發板我們想要寫入到內建的 LED
  pinMode(LED_BUILTIN, OUTPUT);

  // 從操縱桿接腳接受輸入
  pinMode(LEFT_BTN, INPUT_PULLUP);
  pinMode(RIGHT_BTN, INPUT_PULLUP);
  pinMode(FWD_BTN, INPUT_PULLUP);
  pinMode(BKWD_BTN, INPUT_PULLUP);

  // 送出輸出到馬達接腳
  pinMode(AIN1, OUTPUT);
  pinMode(AIN2, OUTPUT);
  pinMode(BIN1, OUTPUT);
  pinMode(BIN2, OUTPUT);

  // 並且確定我們的 LED 是關閉的
  digitalWrite(LED_BUILTIN, LOW);
}

void allstop() {
  digitalWrite(AIN1, LOW);
  digitalWrite(AIN2, LOW);
  digitalWrite(BIN1, LOW);
  digitalWrite(BIN2, LOW);
}

void forward() {
  digitalWrite(AIN1, LOW);
  digitalWrite(AIN2, HIGH);
  digitalWrite(BIN1, HIGH);
  digitalWrite(BIN2, LOW);
}

void backward() {
  digitalWrite(AIN1, HIGH);
  digitalWrite(AIN2, LOW);
```

```
  digitalWrite(BIN1, LOW);
  digitalWrite(BIN2, HIGH);
}

void left() {
  digitalWrite(AIN1, HIGH);
  digitalWrite(AIN2, LOW);
  digitalWrite(BIN1, LOW);
  digitalWrite(BIN2, LOW);
}

void right() {
  digitalWrite(AIN1, LOW);
  digitalWrite(AIN2, LOW);
  digitalWrite(BIN1, LOW);
  digitalWrite(BIN2, HIGH);
}

direction_t readDirection() {
  if (digitalRead(FWD_BTN) == LOW) {
    return FORWARD;
  }
  if (digitalRead(BKWD_BTN) == LOW) {
    return BACKWARD;
  }
  if (digitalRead(LEFT_BTN) == LOW) {
    return LEFT;
  }
  if (digitalRead(RIGHT_BTN) == LOW) {
    return RIGHT;
  }
  // 沒有按鈕被按下，所以傳回 STOP
  return STOP;
}

void loop() {
  direction_t dir = readDirection();
  if (dir > 0) { // 開車！
    digitalWrite(LED_BUILTIN, HIGH);
    switch (dir) {
      case FORWARD:
        forward();
        break;
```

```
    case BACKWARD:
      backward();
      break;
    case LEFT:
      left();
      break;
    case RIGHT:
      right();
      break;
    }
  } else {
    // 停止中，或者最終我們可能也要處理錯誤。
    digitalWrite(LED_BUILTIN, LOW);
    allstop();
  }
}
```

現在請隨意暫時離開本書，享受一些樂趣。:) 您能向前和向後駕駛嗎？當您向左或向右
移動操縱桿時，汽車會按照您想要的方向轉彎嗎？您能在兩個填充動物障礙物之間並排
停車嗎？用連住的操縱桿跟隨您的汽車可能會感覺有點尷尬，但我們很快就會解決這個
問題。

## 多檔案專案

歡迎回來！希望您已經設法安全地並排停放您的新跑車。以一個可行的程式作為我們的
基線，讓我們把它分解成一些可重用的部分。

作為一門語言，C 並不會真正擔心您的程式碼所在的位置。只要 gcc 可以找到您在程式
碼中所提到的所有來源檔案、標頭檔案和程式庫，它就會產生可用的輸出。然而，要為
Arduino IDE 建立多檔案專案有點不同。IDE 會管理一些通常在桌上型電腦上會留給您
來進行的整合步驟。由於我們此時專注於微控制器，因此我們將會堅持需要在 Arduino
IDE 中完成的工作。如果您對在 Arduino 之外建構更大的專案感到好奇，我將再次推薦
Prinz 和 Crawford 所著的 *C in a Nutshell*。

我們會從把目前的專案轉換為功能不變的多檔案專案開始。然後我們會擴展我們的機器
車以支援遠端無線電控制，並看看共享程式碼的功能有多強大。

在我們的小型汽車範例中，我們有幾個專門用來讓汽車移動的函數。這些相關函數非常適合分離到自己的檔案中。它們都有一個相似的目的。它們的相關目的對於建立單獨的檔案不是必需的，但它是組織更大專案的各個部分的流行方法。用少量的檔案，且每個檔案都只有少量函數，比函數很多的大檔案更容易維護和除錯。但是如果您隨機地分解函數，就很難記住哪些檔案包含了哪些函數。

Arduino IDE 為我們提供了一些拆分專案的選項：我們可以添加新的 .ino 檔案，我們可以包含（include）客製化標頭檔案，或者我們可以建立然後匯入客製化程式庫。本章的其餘部分將介紹所有這三種機制。

## 程式碼（.ino）檔案

首先，讓我們用一個新的名稱來儲存這個專案，以便我們可以有一個備份，以防萬一出現問題時我們想要參考一個可以運作的專案。從 Arduino IDE 的「File」選單中，選擇「Save As…」選項。我選擇了極具創意和原創的名字 car2。如果繆斯女神來臨，您可以自由發揮像我一樣的創意，甚至超過我。

現在讓我們把我們所有的五個駕駛函數移動到它們自己的檔案中。要添加新檔案，請使用靠近頂部右側的向下三角形按鈕。該按鈕會開啟一個小選單，如圖 11-3 所示。從該選單中選擇「New Tab」。

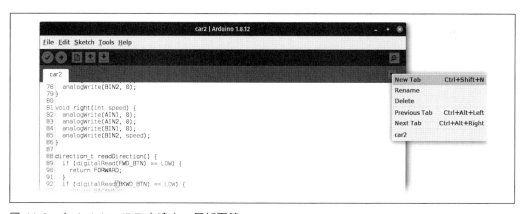

圖 11-3　在 Arduino IDE 中建立一個新頁籤

接下來，系統會提示您命名頁籤，如圖 11-4 所示。在欄位中輸入名稱 **drive.ino**，然後單擊 OK 按鈕。

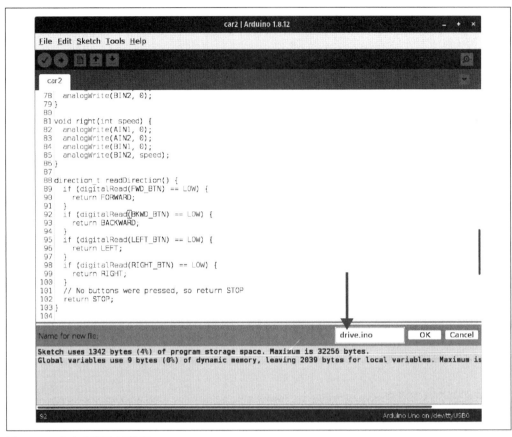

```
78    analogWrite(BIN2, 0);
79 }
80
81 void right(int speed) {
82    analogWrite(AIN1, 0);
83    analogWrite(AIN2, 0);
84    analogWrite(BIN1, 0);
85    analogWrite(BIN2, speed);
86 }
87
88 direction_t readDirection() {
89    if (digitalRead(FWD_BTN) == LOW) {
90      return FORWARD;
91    }
92    if (digitalRead(BKWD_BTN) == LOW) {
93      return BACKWARD;
94    }
95    if (digitalRead(LEFT_BTN) == LOW) {
96      return LEFT;
97    }
98    if (digitalRead(RIGHT_BTN) == LOW) {
99      return RIGHT;
100   }
101   // No buttons were pressed, so return STOP
102   return STOP;
103 }
104
```

Name for new file:      drive.ino    OK   Cancel

Sketch uses 1342 bytes (4%) of program storage space. Maximum is 32256 bytes.
Global variables use 9 bytes (0%) of dynamic memory, leaving 2039 bytes for local variables. Maximum is

圖 11-4　命名我們的新檔案

您現在應該會有一個名為「drive」的新頁籤（不顯示字尾）。繼續從「car2」頁籤中剪下五個駕駛函數（包括 allstop()），然後把它們貼上到我們的新「drive」頁籤中。該頁籤的結果會是以下的程式碼（*ch11/car2/drive.ino*（*https://oreil.ly/pRodD*））：

```
void allstop() {
  digitalWrite(AIN1, LOW);
  digitalWrite(AIN2, LOW);
  digitalWrite(BIN1, LOW);
  digitalWrite(BIN2, LOW);
}

void forward() {
  digitalWrite(AIN1, LOW);
  digitalWrite(AIN2, HIGH);
```

```
  digitalWrite(BIN1, HIGH);
  digitalWrite(BIN2, LOW);
}

void backward() {
  digitalWrite(AIN1, HIGH);
  digitalWrite(AIN2, LOW);
  digitalWrite(BIN1, LOW);
  digitalWrite(BIN2, HIGH);
}

void left() {
  digitalWrite(AIN1, LOW);
  digitalWrite(AIN2, HIGH);
  digitalWrite(BIN1, LOW);
  digitalWrite(BIN2, LOW);
}

void right() {
  digitalWrite(AIN1, LOW);
  digitalWrite(AIN2, LOW);
  digitalWrite(BIN1, HIGH);
  digitalWrite(BIN2, LOW);
}
```

這實際上就是分離這些程式碼片段所需的所有工作！您現在有了您的第一個多檔案 Arduino 專案了。單擊 Verify（複選標記（checkmark））按鈕以確保您的專案在新的兩檔案配置中仍然可以編譯。一切都應該仍然有效。您甚至可以把它上傳到您的控制器，並依然能夠駕駛您的汽車。

如果專案無法驗證或上傳，請進行檢查以確保您沒有刪除大括號，或者可能從原始檔案中獲取的額外的行。您還應該確保為新分離的檔案選擇的名稱是以 .ino 副檔名結尾。

Arduino IDE 用 .ino 檔案來為我們帶來一點魔力。首先準備我們的主專案檔案（在本案例中為 car2 資料夾中的 car2.ino）。然後會按字母順序包含任何其他的 .ino 檔案。您可能已經注意到我們的 drive.ino 檔案並沒有 #include 敘述。然而，我們卻明確地使用了主檔案中所定義的接腳常數。就編譯器而言，只有一個大的 .ino 檔案要編譯，因此連續的 .ino 檔案可以看到之前檔案中的所有函數、#defines 和全域變數。此時，無法更改單獨的 .ino 檔案的順序；它們總是按字母順序合併。

# 標頭檔案

那麼所有這些單獨的檔案如何能夠如此無縫地協同工作呢？在載入這些單獨的檔案之前，IDE 又增加了一項魔法。它會建立一個標頭檔案，其中包含了 *.ino* 檔案中所有函數和全域變數的**前向宣告**（*forward declaration*）。前向宣告是對您的函數的名稱、它有什麼參數以及它將傳回什麼型別的值的簡要描述。它們允許單獨的檔案可以使用一個函數，而不需要完整的實作它。反過來，每個標頭檔案都會自動包含在您的主專案檔案中。

您可以在我們簡單的兩個頁籤專案中看到這樣做的效果。*drive.ino* 檔案不需要包含任何額外資訊來使用我們的 #define 接腳條目。並且我們的 *car2.ino* 主檔案中的程式碼可以呼叫 *drive.ino* 中所定義的函數，而無須擔心函數的順序或具體位置。最後，這兩個檔案完美地結合在一起完成了我們的專案。

您還可以建立自己的標頭檔案。這對內部管理可能很好。例如，如果您有許多 #define 敘述，您可以把它們放在它們自己的標頭檔案中。或者，如果您想要在專案之間共享一些指令的低技術手段，您可以製作一個標頭檔案副本並把它放入另一個專案中。對您自己的專案最有意義的方法很大程度上取決於您自己。許多成功的製造商都有數十或數百個專案，每個專案都有一個 *.ino* 檔案。如果一個大檔案開始讓您不知所措，我只是想確保您知道如何把事情拆分成更易於管理的部分。

為了達成這個目標，讓我們再分解一下我們的主要專案。讓我們嘗試把一些 #define 指令放在它們自己的標頭檔案中。我們會移動八個接腳常數。像以前一樣建立一個新頁籤，並在出現提示時把它命名為 **pin.h**。新頁籤應該會顯示檔案的全名 *pin.h*，以幫助把它和被隱藏副檔名的 *.ino* 檔案區分開來。

從 *car2* 中剪下 8 行 #define 行和相關註釋並將它們貼上到 *pins.h*。結果應該類似於 *ch11/car2/pins.h*（*https://oreil.ly/pwQM6*）：

```
// 定義我們用於操縱桿和馬達的接腳

#ifndef PINS_H
#define PINS_H

#define LEFT_BTN   12
#define RIGHT_BTN   9
#define FWD_BTN    10
#define BKWD_BTN   11
```

```
#define AIN1 4
#define AIN2 5
#define BIN1 6
#define BIN2 7

#endif /* PINS_H */
```

---

### 防止重複的包含

*pin.h* 中的第一行和最後一行可能看起來有點奇怪。#ifndef 和 #endif 是更多的前置處理器指令。#ifndef 會檢查給定名稱是否為「未定義（Not DEFined）」，#endif 是該區塊的結尾，很像右大括號會結束 C 中的敘述區塊（還有一個 #ifdef 指令是用來測試一個特定術語是否已定義。）。

結合空的 #define PINS_H 行，這些指令形成了一個包含守衛（*include guard*）。它們會防止此標頭檔案被多次地包含。或者更準確地說，它們會防止標頭檔案的內容被多次處理。這使得包含標頭檔案這個動作會是安全的，即使其他一些標頭檔案可能已經包含了相同的標頭檔案。

您可能會在許多標頭檔案中看到這些 #ifdef 和 #ifndef 敘述。對於必須為不同情況適應不同值的環境，它們是一個方便的工具。例如，在 Arduino IDE 中，當您選擇了一個新的開發板時，一系列這些已定義 / 未定義的測試可確保 LED_BUILTIN 等常數會為您選擇的開發板配置了正確的接腳。

---

現在我們只需要在檔案頂部的 *car2* 頁籤中添加一個包含敘述：

```
#include "pins.h"
```

您可以對照我的版本 2（*https://oreil.ly/EWAV9*）來檢查您的作品。您的專案仍應像以前一樣地驗證（並上傳）。隨意嘗試一下，確保您仍然可以駕駛您的汽車。

 密切注意我們的 *pins.h* 標頭檔案名稱周圍的雙引號。以前的 #include 敘述使用三角括號（<>：小於、大於）。這種區分是故意的。三角括號告訴編譯器要在標準包含路徑中查找標頭檔案。通常，這意味著您要從已知程式庫中引入標頭。

引號告訴編譯器要包含的檔案會和要執行包含的檔案位於同一資料夾中。通常，這意味您要帶入專門為此專案而編寫的標頭檔案。

同樣的，劃分專案不是必需的，也不是您經常會對大檔案執行的操作，但它可能會有所幫助。它讓您可以專注於程式碼的一部分，而不會意外更改了另一部分。如果您和其他程式設計師合作時，處理單獨的檔案也可以讓您在最後更容易地組合您的工作。不過，最後，這真的取決於您以及會讓您覺得舒服的東西。

# 匯入客製化程式庫

除了多個 *.ino* 和 *.h* 檔案之外，您還可以建構自己的 Arduino IDE 程式庫。如果您有想要在多個專案中使用的程式碼，或者您可能會透過 GitHub 等公共程式碼網站和他人共享，那麼程式庫是一個不錯的選擇。

令人高興的是，建立客製化程式庫並不需要太多努力。您至少需要一個 *.cpp* 檔案和一個匹配的標頭（*.h*）檔案。如果需要的話，您可以擁有更多檔案，以及我們將在下一節中討論的一些好東西。

## 促進通信

我們的機器車很漂亮，但用接線操縱桿跟隨它會很笨拙。無線電控制（*radio-controlled*）的機器車會更漂亮！我們可以做到這一點，並且使用程式庫來管理無線電通信是保證我們不會錯過（cross）任何信號的好方法 —— 如同字面意義。我們可以使用程式庫來確保多方可以存取通用的定義（例如，「向前」駕駛的值）。我們還可以把協議的規則放入程式庫的函數中。這有點像是確保每個人都說同一種語言。

程式庫可以提供的不僅僅是這種假設性語言的詞彙。他們還可以執行對話規則。誰先說話？接下來誰說話？需要回覆嗎？可以有多個聽眾嗎？您可以使用您在程式庫中編寫的函數來回答此類問題。只要兩個（或更多）專案使用同一個程式庫，您在程式庫函數中編碼的細節將確保每個人都能很好地合作。

讓我們建立一個程式庫來發送和接收無線電信號。我們會建立兩個單獨的專案，它們都使用這個程式庫。我們首先會用無線電組件替換掉目前連接到我們汽車的操縱桿。然後我們會建立一個控制器專案，把我們新釋放的操縱桿和類似的無線電配對。順便說一句，這確實意味著我們需要兩個微控制器。我會使用另一個 Metro Mini，但它們不必是一樣的。如果您周圍有其他一些和我們的無線電相容，並且可以使用我們的程式庫的控制器，那麼任何控制器組合都應該可以運作。

## 改裝我們的汽車

讓我們把操縱桿換成無線電收發器。我正在使用來自 Adafruit 的封裝精美的 RFM69HCW（*https://oreil.ly/JhUn8*）高功率分線板。大約 10 美元，連接起來相當簡單。此外，它還具有一些不錯的功能，例如加密傳輸，只能由具有相同加密密鑰（您在程式碼中提供）的類似晶片來解密。圖 11-5 顯示了我們的微控制器、馬達驅動器和無線電的接線圖。我不得不重新定位幾個 DRV8833 連接，因為 RFM69HCW 需要在我們的 Metro Mini 微控制器上使用特定接腳（更多資訊請參見第 270 頁的「我們的無線電控制程式庫標頭檔案」）。

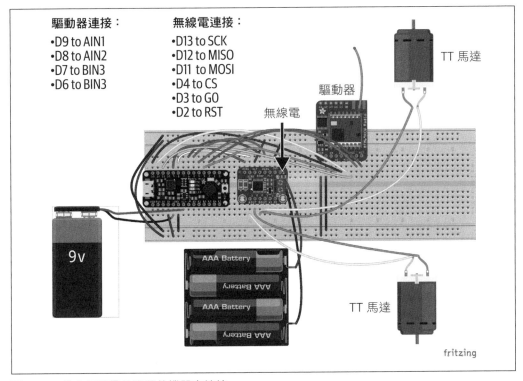

圖 11-5　帶有無線電收發器的機器車接線

當然，電源和接地接腳也應該連接。我為微控制器使用了一個 9V（它反過來會為無線電供電），為 DRV8833 使用了一個單獨的電源供應器。連接到 RFM69HCW 頂部的孤獨綠線只是一根 3 英寸長的線，可用作最簡單的天線 [1]。

圖 11-6 顯示了組裝好的組件，所有組件都準備好在沒有連接電線的情況下滾動！

圖 11-6　我們的無線機器車

---

1　如果您願意或想要進行更遠距離的通信，肯定有更好的選擇（*https://oreil.ly/AEvxE*）。

好吧，就是沒有接線到操縱桿。麵包板的接線很糟糕。這是一個比我們迄今為止處理過還更大的專案。如果您不喜歡無線電遙控車，請隨時跳到下一章。但在您開始之前，請查看第 268 頁上的「建立程式庫」，了解如何建立程式庫程式碼及其標頭檔案。

我使用兩個獨立的電源供應器來讓馬達和微控制器以及無線電保持分開。如果您有更多支援 Arduino 專案的經驗並想使用不同的配置，請直接進行！重要的部分是我們的無線電準備好接收駕駛指示了。

## 建立控制器

我們還需要一個新專案來從我們的操縱桿中獲取輸入並透過無線電發送該資訊。圖 11-7 顯示了接線。控制器只需要一個電池；而無線電可以從我們微控制器的 5V 接腳安全地供電。

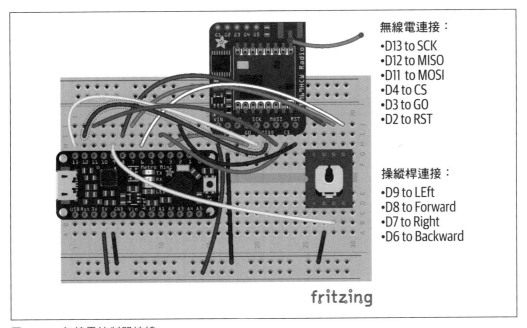

圖 11-7　無線電控制器接線

我用插入 Metro Mini 的 USB 電源組來為控制器供電。圖 11-8 顯示了最終結果。

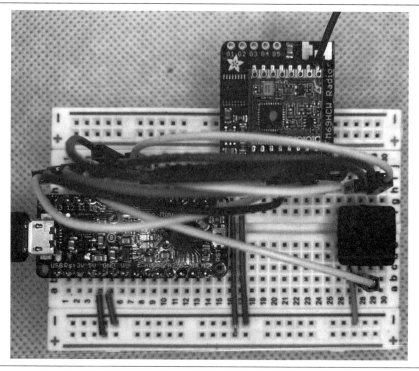

圖 11-8. 我們的無線控制器

這不是最迷人的小工具，但它確實能發送無線電信號！至少，一旦我們添加一點程式碼之後，它就會。

## 建立程式庫

我們的汽車和控制器的程式碼都需要我們的無線電程式庫，所以讓我們從那裡開始。我們會建立一個標頭檔案和一個 *.cpp* 檔案，以適應 Arduino IDE 的以 C++ 為中心的特性。實際程式碼仍然（大部分）是原版 C，它只需要存在於具有 *.cpp* 副檔名的檔案中。

如何編寫此程式碼完全取決於您。您可以把所有內容都寫在一個檔案中，然後再把放進標頭檔案的部份分離開來（就像我們在本章前面所做的那樣）。您還可以把標頭檔案用作一種大綱或計劃。用您的常數和函數名稱來填入標頭檔案，然後建立 *.cpp* 檔案來實作這些函數。無論哪種途徑聽起來更好，我們都需要把檔案放在特定位置，然後 IDE 才能識別它們。

## 程式庫資料夾

我們把程式庫的所有檔案放在一個資料夾中，該資料夾會位於您的 Arduino 草圖所在之處的 *libraries* 資料夾中。在我的 Linux 機器上，那個所在之處是我主目錄中的 *Arduino* 資料夾。如果您不確定該資料夾在系統上的位置，您可以檢查 Arduino IDE 中的偏好設定（preference）選項。從「File」選單中，選擇「Preferences」選項。您應該會看到一個類似於圖 11-9 的對話框。注意頂部的「Sketchbook location」。這就是 *libraries* 資料夾需要去的地方。如果那裡還沒有東西，請立即建立它。

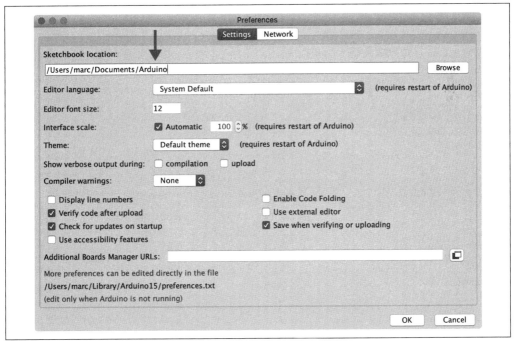

圖 11-9　Sketchbook location 偏好設定

我們現在查看這個資料夾實際上很有用，因為我們需要為我們的無線電分線板手動安裝程式庫。它會進入同一個資料夾之中。我正在使用由 Adafruit 人員編寫的無線電程式庫[2]，從綠色的「Code」下拉按鈕下載 ZIP 存檔。解壓縮該檔案並把產生的資料夾重新命名為 **RadioHead**。把這個 *RadioHead* 資料夾放在 *libraries* 資料夾中，就是這樣。

---

2　分叉（*fork*）會是一個比編寫更好的動詞。Adafruit 程式庫是基於 Mike McCauley 編寫的 AirSpayce RadioHead（*https://oreil.ly/nP82M*）程式庫而來的。

好吧，這就是無線電程式庫。我們仍然需要為我們自己尚未編寫的程式庫建立一個資料夾。在 *libraries* 資料夾中，建立一個新資料夾並為您的客製化程式庫選擇一個名稱。由於這是一個機器車的無線電控制程式庫，而且本書的標題是以這兩個字母結尾，我選擇把我的命名為 *SmalleRC*。順便說一句，您不用對在您的程式庫名稱中使用這種令人愉快的、書呆子的雙關語而感到壓力。這就是「客製化」這個形容詞的用武之地。隨心所欲地客製化您的程式庫！

## 我們的無線電控制程式庫標頭檔案

然後，在您的新程式庫資料夾中，讓我們建立我們的檔案。我會使用第二種方法，並從標頭檔案 *SmalleRC.h*（*https://oreil.ly/koHtr*）開始。

我們會載入無線電工作所需的標頭檔案以及 *Arduino.h* 標頭檔案，以防我們會依賴程式庫程式碼中的任何特定於 Arduino 的函數。我們會定義幾個常數，然後提供一些函數原型：

```
#ifndef SMALLERC_H              ❶
#define SMALLERC_H

#include "Arduino.h"            ❷
#include <SPI.h>                ❸
#include <RH_RF69.h>            ❹

#define RF69_FREQ 915.0         ❺
#define RFM69_CS     4
#define RFM69_INT    3
#define RFM69_RST    2
#define LED         13

#define rc_INIT_SUCCESS  1      ❻
#define rc_INIT_FAILED  -1
#define rc_FREQ_FAILED  -2

// 定義方向型別
typedef signed char direction_t;   ❼

// 定義方向
const direction_t rc_STOP     = 0;
const direction_t rc_LEFT     = 1;
const direction_t rc_RIGHT    = 2;
const direction_t rc_FORWARD  = 3;
```

```
const direction_t rc_BACKWARD = 4;

char rc_start();                          ❽
void rc_send(int d);
int  rc_receive();

#endif /* SMALLERC_H */
```

❶ 我們會像使用 *pin.h* 一樣使用標頭守衛。

❷ 我們的程式庫程式碼可能需要一些特定於 Arduino 的型別或函數，所以我們包含了這個標頭檔案。它被 IDE 自動包含在我們的主專案中，這就是為什麼我們以前沒有看到這個 #include 的原因。

❸ SPI（Serial Peripheral Interface（*https://oreil.ly/eZmyO*），序列週邊介面）標頭檔案允許我們只用幾根線就可以和週邊裝置執行複雜的通信（也就是說，除了 HIGH 和 LOW 或單一值之外的東西）。我們會使用這種類型的連接來連接到我們的無線電分線板。我們的微控制器具有非常特定的 SPI 接腳，因此我們不必指定使用哪些接腳。圖 11-7 顯示了要進行的正確連接。

❹ 我們需要剛剛安裝的 RH_RF69 程式庫來和無線電對話。

❺ 雖然 SPI 滿足大多數通信需求，但這些 define 條目填充了操作我們的無線電時 RH_RF69 程式庫所需的一些細節，包括使用的頻率（RF69_FREQ；在歐洲使用 433 MHz，在美洲使用 868 或 915 MHz）以及哪些接腳會處理中斷和重設。

❻ 我們會定義一些我們自己的常數來幫助協調無線電的初始化。我們會以一種可以幫忙我們除錯任何問題的方式來區分故障。

❼ 我們可以把我們的 typedef 放在這裡，這樣每個匯入這個程式庫的人都可以存取 direction_t 型別別名。我們還會包含我們的方向。

❽ 這些是我們程式庫的前向宣告（也稱為函數原型）。我們需要在 *.cpp* 檔案中編寫完整的函數，這些函數會具有和此處宣告的函數相同的名稱和參數。

一個標頭檔案中有很多細節！但這就是標頭檔案的用途。在沒有任何其他說明文件的情況下，閱讀標頭檔案應該會告訴您使用程式庫所需知道的所有內容。

這個標頭檔案我有一點作弊。對於您打算和他人共享的 Arduino 程式庫，您通常不會指定用於連接週邊裝置的接腳。我們有能力讓這個標頭和我們的實體專案相匹配，但其他使用者可能沒有相同的控制器或相同的可用接腳。要深入挖掘建立可共享程式庫的一些技巧，請參見第 280 頁的「線上分享」。但是，對於只會用於您自己的專案的程式庫，您可以使用一兩個捷徑。

## 我們的無線電控制程式庫程式碼

為了完成我們的程式庫，我們需要編寫一些程式碼並實作標頭檔案中原型化的函數。這段程式碼不是很複雜，但它確實有幾個和我們的無線電啟用和通信相關的新穎部分。您可以自己輸入或在編輯器中調出 *SmallerRC.cpp*（*https://oreil.ly/pc5v4*）：

```
#include "SmalleRC.h"                           ❶

RH_RF69 rf69(RFM69_CS, RFM69_INT);              ❷

char rc_start() {                               ❸
  pinMode(LED, OUTPUT);
  pinMode(RFM69_RST, OUTPUT);
  digitalWrite(RFM69_RST, LOW);

  // 手動重設
  digitalWrite(RFM69_RST, HIGH);
  delay(10);
  digitalWrite(RFM69_RST, LOW);
  delay(10);

  if (!rf69.init()) {
    return rc_INIT_FAILED;
  }

  if (!rf69.setFrequency(RF69_FREQ)) {
    return rc_FREQ_FAILED;
  }

  // 電源的範圍從 14-20
  // 對 69HCW 而言第二個引數必須為真
  rf69.setTxPower(17, true);

  // 您可以自行選擇加密密鑰，但在汽車和控制器中
```

```
  // 必須相同
  uint8_t key[] = {                                      ❹
    0x01, 0x02, 0x03, 0x04, 0x05, 0x06, 0x07, 0x08,
    0x01, 0x02, 0x03, 0x04, 0x05, 0x06, 0x07, 0x08
  };
  rf69.setEncryptionKey(key);

  pinMode(LED, OUTPUT);
  return rc_INIT_SUCCESS;
}

void rc_send(direction_t d) {                            ❺
  uint8_t packet[1] = { d };
  rf69.send(packet, 1);
  rf69.waitPacketSent();
}

direction_t rc_receive() {                               ❻
  uint8_t buf[RH_RF69_MAX_MESSAGE_LEN];
  uint8_t len = sizeof(buf);
  if (rf69.recv(buf, &len)) {
    if (len == 0) {
      return -1;
    }
    buf[len] = 0;
    return (direction_t)buf[0];
  }
  return STOP;
}
```

❶ 包含我們最近建構的包含了所有接腳、方向和無線電配置資訊的標頭檔案。

❷ 建立一個類似於之前專案中的 NeoPixel 物件的無線電控制物件。

❸ 初始化無線電。此程式碼是基於我們安裝的程式庫中所包含的範例。有關範例和其他程式庫說明文件的更多詳細資訊，請參見第 280 頁的「線上分享」。

❹ 無線電初始化的一部分是設定一個加密密鑰，以確保只有使用相同密鑰的其他無線電才能和我們通信。這些值正是範例中的值。請隨意更改它們，只需確保密鑰為 16 個位元組。

❺ 用來廣播方向的簡單函數。無線電程式庫需要一個包含 `uint8_t` 值的資料封包，因此我們建立了一個單元素陣列來進行匹配。程式庫當然可以發送更長的訊息，但我們只需要發送這個單一的值。

❻ 接收功能讀取來自控制器的任何方向。同樣的，無線電程式庫可以處理更長的訊息，但我們只需要第一個位元組，它應該會包含我們的方向。如果根本沒有訊息時，傳回 `-1` 來讓呼叫者知道什麼都還沒準備好。否則，傳回我們收到的方向或預設的 `STOP`。

有了我們的客製化程式庫之後，我們就可以聚焦於為汽車和控制器編寫實際專案。不過我們確實颼颼地略過了這段程式碼！如果您對無線電通信感興趣，我鼓勵您使用無線電程式庫中的範例來更了解存在著什麼可能性和限制。

## 更新汽車專案

現在我們需要為汽車編寫程式碼。（請隨時在第 265 頁的「改裝我們的汽車」中查看汽車的實體設定和突破。）本質上，我們會透過檢查無線電資料的呼叫來代替輪詢操縱桿的邏輯。我們會暫停幾毫秒，以避免馬達過快地啟動和停止。否則，我們將會執行一個非常緊密的迴圈，以便能夠感覺汽車有對我們的遙控器起反應。

我基於 *car2* 專案來編寫此版本（*car3*（*https://oreil.ly/Dk0JC*）），該專案具有單獨的 *pins.h* 和 *drive.ino* 檔案。在這個專案中，我們不再需要操縱桿的接腳，所以標頭檔案會短一些：

```
#ifndef PINS_H
#define PINS_H

#define AIN1 9
#define AIN2 8
#define BIN1 6
#define BIN2 7

#endif /* PINS_H */
```

駕駛功能完全沒有改變，所以我會省略這些，但如果需要，您可以查看程式碼（第 259 頁的「程式碼（.ino）檔案」）。主 *car3.ino* 檔案的程式碼應該看來很熟悉，但顯然我們需要包含新無線電程式庫的標頭檔案：

```
#include "pins.h"
#include "SmalleRC.h"

void setup() {
  Serial.begin(115200);
  // 將輸出發送到馬達接腳
  pinMode(AIN1, OUTPUT);
  pinMode(AIN2, OUTPUT);
  pinMode(BIN1, OUTPUT);
  pinMode(BIN2, OUTPUT);

  if (rc_start() != rc_INIT_SUCCESS) {
    Serial.println("Failed to initialize radio.");
  }
}

void loop() {
  direction_t dir = rc_receive();
  if (dir > 0) { // 駕駛！
    switch (dir) {
      case rc_FORWARD:
        forward();
        break;
      case rc_BACKWARD:
        backward();
        break;
      case rc_LEFT:
        left();
        break;
      case rc_RIGHT:
        right();
        break;
    }
    delay(20);
  } else {
    // 停止，或者最終我們也可能要處理錯誤。
    allstop();
  }
}
```

請注意，我使用的是 *SmalleRC.h* 檔案中所定義的新導航常數（如 `rc_LEFT`）。但這確實是我們現在駕駛汽車所需的所有程式碼！這是分離出公共程式碼區塊的眾多好處之一。透過建構該共享程式碼，您可以更快地建立一些非常有趣的專案。

目前還沒有很好的方法來測試這個新的 *car3* 專案，但請繼續把它上傳到您的微控制器。如果不出意外，您可以使用 Serial Monitor 工具來確保啟動無線電接收時沒有錯誤。我採用了「沒有消息就是好消息」的方法來處理 setup() 函數中的錯誤，但如果您願意，可以隨意更改那一點以產生成功訊息。

> 現在 Arduino IDE 知道了我們的 *SmalleRC* 程式庫，您實際上可以就地編輯該程式庫的來源檔案，然後重新驗證或重新上傳專案。例如，如果您在啟動無線電時確實遇到了問題，請在 *SmalleRC.cpp* 中為 Serial.println() 添加一些除錯呼叫。隔離並解決問題後，您可以刪除除錯敘述並再次上傳。

## 控制它

接下來是對控制器進行程式設計（如果您仍然需要建構實體遙控器，請再次查看第 267 頁的「建立控制器」。）。這裡我們採用操縱桿輪詢，但不是將結果發送到馬達，而是把任何的方向資訊透過我們的無線電廣播。多虧了這個程式庫，這是一個非常小的專案，所以我把它放在一個 *ch11/controller/controller.ino*（*https://oreil.ly/rSPTh*）檔案中：

```
#include "SmalleRC.h"

#define LEFT_BTN   9
#define RIGHT_BTN  7
#define FWD_BTN     8
#define BKWD_BTN   6

void setup() {
  Serial.begin(115200);
  // 接受來自操縱桿接腳的輸入
  pinMode(LEFT_BTN, INPUT_PULLUP);
  pinMode(RIGHT_BTN, INPUT_PULLUP);
  pinMode(FWD_BTN, INPUT_PULLUP);
  pinMode(BKWD_BTN, INPUT_PULLUP);

  if (rc_start() != rc_INIT_SUCCESS) {
    Serial.println("Failed to initialize radio.");
  }
}

direction_t readDirection() {
  if (digitalRead(FWD_BTN) == LOW) {
```

```
    return rc_FORWARD;
  }
  if (digitalRead(BKWD_BTN) == LOW) {
    return rc_BACKWARD;
  }
  if (digitalRead(LEFT_BTN) == LOW) {
    return rc_LEFT;
  }
  if (digitalRead(RIGHT_BTN) == LOW) {
    return rc_RIGHT;
  }
  // 沒有按鈕被按下,所以傳回 STOP
  return rc_STOP;
}

void loop() {
  direction_t dir = readDirection();
  rc_send(dir);
  delay(10);
}
```

我們可以把 readDirection() 函數的邏輯放在我們的 loop() 函數中,但我喜歡有了這個小抽象的簡潔 loop()。

嘗試驗證這個新專案,如果遇到任何問題,請添加更多的 Serial.println() 敘述。請記住,如果需要,您還可以把它們添加到您的程式庫程式碼中。

對於像這樣在程式庫(不僅是我們的客製化程式庫,還有像 RF_RH69 之類的程式庫)中完成了大量工作的專案而言,println() 呼叫可能無法解決所有問題。下載來的程式庫中確實會出現錯誤,但它們非常罕見。我發現很多問題都是由於我的一些接線錯誤造成的。因此,如果仍然無法正常運作,請嘗試仔細檢查微控制器和各種週邊裝置之間的連接。

# 開車去!

沒有程式碼。沒有圖表。沒有指示。這裡只是本章的另一個我會完全鼓勵您放手去玩的地方。:) 嘗試啟動這兩個專案,看看當您移動操縱桿時會發生什麼。肯定會有可能出錯的事情!例如,如果接線不完全正確,汽車可能會移動,但不會朝您想要的方向移動(例如,在把專案移動到全尺寸麵包板時,我不小心交換了右側馬達的輸入接腳。右輪會轉動，但方向錯誤。）；或者，如果我們把錯誤的接腳連接到操縱桿，我們可能根本不會發送任何信號。

如果汽車不甩您，那麼是時候再次發揮您的除錯技能了。順便說一句，您可以把兩個專案同時連接到您的電腦。它們只是會位於不同的序列埠上（請記住，您可以透過 Arduino IDE 中的「Tools」選單來設定用於微控制器的連接埠。）。您可以使用 `Serial.println()` 敘述來確保您的輸入、發送、接收和駕駛都會按照您預期它們會做的來做。成功時要注意！當您讓東西真正開始運作時，把您的車從桌子上開下來或讓一串電子裝置從您的 USB 電纜上懸盪下來是非常容易的。不過，您知道的，我也只是聽說。

## 說明文件和發布

一旦您的程式庫開始運作而且您在房間裡玩得夠開心了之後，就該考慮為您的專案添加一些說明文件了。說明文件很棒。也不是只適用於那些可能使用您的程式庫的其他程式設計師。如果您離開一個專案，哪怕只是幾天，您編寫的任何說明文件都可能會非常有用，可以幫助您加快自己的思維速度。

### 關鍵字

您可以添加一個非常簡單的說明文件來供 Arduino IDE 使用，它是一個名為 *keywords.txt* 的文本檔案。對於客製化程式庫，它應該包含兩行，以定位字元分隔。第一行包含程式庫中定義的函數、常數和資料型別。第二行應包含表 11-1 中的一個條目，用來指出第一行中名稱的類別。

表 11-1　用於說明 Arduino 程式庫的關鍵字類別

| 類別名稱 | 用途 | 外觀 |
|---|---|---|
| KEYWORD1 | 資料型別 | 橙色，粗體 |
| KEYWORD2 | 函數 | 橙色，一般 |
| LITERAL1 | 常數 | 藍色，一般 |

雖然有限，但這幾個類別仍然可以幫助那些依賴 IDE 提示的程式設計師，例如指出他們是否正確拼寫了函數名稱。

然後，對於我們的程式庫，我們可以在自己的 *keywords.txt*（ *https://oreil.ly/o3KjH* ）檔案中建立以下條目（同樣的，由定位字元分隔）：

```
rc_INIT_SUCCESS LITERAL1
rc_INIT_FAILED  LITERAL1
rc_FREQ_FAILED  LITERAL1

direction_t KEYWORD1

rc_STOP LITERAL1
rc_LEFT LITERAL1
rc_RIGHT    LITERAL1
rc_FORWARD LITERAL1
rc_BACKWARD LITERAL1

rc_start    KEYWORD2
rc_send KEYWORD2
rc_receive  KEYWORD2
```

基本上，這個列表就是我們在 *SmalleRC.h* 檔案中定義的所有內容，減去了僅由無線電程式庫所使用的幾個常數。如果此時重新啟動 IDE，檔案中所列出的函數和其他名稱，會共享核心語言所使用的相同語法高亮顯示！很酷。

 確保使用真正的定位字元來分隔 *keywords.txt* 中的行。空白字元將不會起作用。許多編輯器（例如 VS Code）都有一個合理的設定，可以在儲存檔案時，把所有定位字元轉換為適當數量的空白字元。有很多原因讓靜默更改在原始碼檔案中很有用，但我們不希望在這裡使用它。

如果您無法在您選擇的編輯器中暫時禁用此功能，*keywords.txt* 確實只是一個文本檔案。您可以使用任何文本編輯器來建立或編輯它，包括非常簡單的編輯器，例如 Windows 10 中的記事本或 macOS 中的 TextEdit。

## 包含範例

在您的程式庫中包含一些範例專案是另一個很好的補充，而且不需要太多的努力。您只需在包含了程式庫程式碼和 *keywords.txt* 檔案的資料夾中，建立一個 *examples* 資料夾。然後，在 *examples* 中，您可以放置一些專案資料夾（使用整個資料夾，而不僅僅是裡面的 *.ino* 檔案。）。

範例專案應該要簡短而有趣。如果可能的話，不要包含那些不使用程式庫的不必要功能。您想讓一個新使用者看到您程式庫的重要部分，以及它們是如何適配草圖的。如果您的程式庫相當豐富，請不要害怕提供幾個較小的範例，每個範例都聚焦於程式庫的特定層面。

當然，您會在實際應用中發現「更小、更聚焦」的光譜的另一端。有時，會有單一範例包含了程式庫中每個功能的示範。雖然這些擴充範例確實突顯了程式庫的使用，但它們會使局外人更難萃取細節。如果您只是想了解一個程式庫中的一兩個函數，那麼大的範例可能會讓人不知所措。

但是有範例總比沒有範例好！如果您只有完成一個全面性方法的精力，那就包括它吧。如果您把它託管在 GitHub 等公開場合，您甚至可以邀請其他使用者從他們自己的專案中貢獻一些聚焦範例。

### 線上分享

如果您真的想分享您的程式碼，您應該要在線上查看官方的 Library Guide（*https://oreil.ly/hB0rX*），以及優秀的 Library Specification（*https://oreil.ly/uifGf*）。如果您想讓它感覺起來更精緻，還可以添加一些東西到您的程式庫資料夾中。您甚至可以讓您的程式庫和 IDE 中的 Library Manager 一起使用。不過，快速提醒一下：這些說明文件（合理地）使用 C++。C++ 有更多功能可以共享程式碼的適當部分，同時隱藏實作細節。肯定有一些語法對您來說是新的，但希望不會太讓人難以接受。

作為發布程式庫的第一步，請查看直接來自 Arduino 團隊的常見問題解答（*https://oreil.ly/3y4IT*）。

# 下一步

即使您從未發布過程式庫，我們也了解了如何使用多種技巧來管理大型專案，包括前置處理器巨集、型別別名以及在 Arduino IDE 中使用多個頁籤。我們還介紹了建立簡單的程式庫，並且您可以手動安裝在系統上以在您自己的專案之間共享。

請記住頁籤和程式庫這些東西是 Arduino IDE 特有的，這會很有用。其他 IDE 或環境可能有自己的怪癖，但您幾乎總能找到一種在需要時使用多個檔案的方法。主要目標是讓您在使用您所選擇的任何工具都能保持生產力。

我提到過如果您發布任何程式庫，您可能會想了解一點 C++。整體而言，C++ 是在本書之後去探索的一個很好的主題。在下一章中，我們會把一個更進階的專案看作是進入更廣闊世界的墊腳石。隨著您繼續擴展您的 C 和 Arduino 技能，我還會建議一些其他值得考慮的主題。

# 第十二章

# 下個下一步

首先，恭喜您走到這一步！我們參觀了令人印象深刻的 C 程式設計語言和 Arduino 微控制器生態系統。還記得第一個「Hello, World」程式或第一個閃爍的 LED 嗎？您現在對這兩個世界有了更多的了解，我希望您渴望繼續擴展您的技能。

在這最後一章中，我們將會看看把您的 Arduino 技能和物聯網連接起來的最後一個專案。物聯網的世界每天都在增長，並會提供大量嘗試新事物的機會，我們也會介紹您接下來可能會研究的一些其他主題。

## 中階和進階主題

從這裡開始您有很多路可以走。這些日子以來可用的感測器和顯示器陣列確實令人驚訝。去探索吧！您會找到自己的靈感和要解決的專案，這會帶來更多的探索和靈感。我最愉快的冒險來自特定的專案想法。我想要一個動畫 LED 沙漏作為萬聖節服裝的一部分，所以我找到了一個功能強大、可穿戴的微控制器和一些密集的 LED 燈條[1]。我對那個專案中的 LED 感到十分有趣，所以我決定為我的後院製作一些防風雨的照明。像我們這樣只有小額預算的製造商使用 WiFi 後，我甚至可以讓客人來選擇顏色和其他效果。WiFi 功能的成功，反過來又促使我建立了一個微型氣象站來養活我內心的氣象學家。

---

1 再次來自 Adafruit，我使用 Gemma M0（*https://oreil.ly/ZQ5JB*）並把它的每公尺 144 個 LED 的 RGBW 燈條中的其中一條切開，再把沙漏縫到襯衫上。我用一個 USB 電池組（*https://oreil.ly/2fpE0*）為整個裝置供電，連續執行四個多小時後幾乎沒有充電。

所有這些專案成功的關鍵是選擇一個相當聚焦的目標。例如，在下一節中，我們將透過一個簡單的專案來深入 IoT 的世界，該專案會從我們已經使用的 TMP36 組件中讀取溫度，並透過 WiFi 來把它回報給雲端服務。如果您真的想鞏固您透過本書中的專案和範例所獲得的新知識和技能，請選擇您自己的迷你專案並把它變為現實！

## 物聯網和 Arduino

沒有程式碼的章節是不行的，所以讓我們看看最後一個專案，它介紹了一些非常有趣的途徑，您可以在建立自己的小工具的過程中探索這些途徑。物聯網正在爆炸式增長，而 Arduino 非常適合在該領域中發揮作用。讓我們看一下我的氣象站專案的簡化版本。我們會使用支援 WiFi 的微控制器向雲端 API 回報感測器資料。

這個專案的電路相當簡單。我們需要一個支援 WiFi 的微控制器或 WiFi 分線器，您可以把它連接到您的控制器，就像我們在第 264 頁的「匯入客製化程式庫」中使用 RF 分線器所做的那樣。我選擇了 Adafruit 的 HUZZAH32 Feather（*https://oreil.ly/aySPa*）。除了整合的 WiFi 支援外，它還有一些令人印象深刻的規格，例如超過 500KB 的 SRAM 和 4MB 的快閃記憶體。該感測器和我們在第 207 頁的「感測器和類比輸入」中所使用的 TMP36 相同。我還添加了一個 OLED 顯示器，這樣我就可以在不連接到電腦來存取 Serial Monitor 的情況下觀看輸出，但這個顯示器絕對是可選可不選的。圖 12-1 顯示了接線圖和我在麵包板上執行的實際「氣象站」。

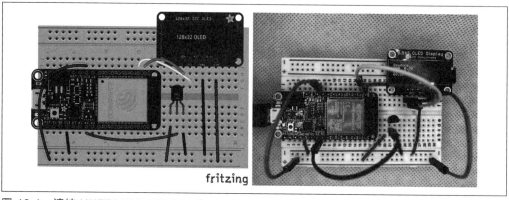

圖 12-1　連接 HUZZAH32、TMP36 和 OLED

OLED 使用了 Adafruit 所提供的程式庫，您可以透過 IDE 的「Manage Libraries」對話框來匯入該程式庫。在搜尋欄位中輸入 **SSD1306** 並查找「Adafruit SSD1306」程式庫。它應該會靠近頂部。

我們還需要選擇一個雲端服務供應商並找到一個和他們通信的程式庫。我在這些類型的專案上使用了 Adafruit.io（*https://io.adafruit.com*），但任何物聯網雲端服務都可以運作。例如，AWS、Google 和 Azure 都有物聯網解決方案。

對於 Adafruit.io，我們可以使用 Library Manager 來找到我們的通信程式庫。搜尋「adafruit io arduino」，然後向下滾動一點以找到名為「Adafruit IO Arduino」的實際程式庫。安裝這個程式庫需要相當多的依賴項，例如 HTTP 和訊息佇列程式庫，但 Library Manager 會自動為您處理這些並提示您安裝這些依賴項。您可能已經有了其中一些被列出來的依賴項，例如 NeoPixel 程式庫，但是 Library Manager 還不夠聰明，無法只顯示缺失的依賴項。不過當您安裝依賴項時，只會添加缺少的那些。

我不會詳細介紹註冊的細節，但是一旦您擁有所選的供應商的帳戶，您幾乎肯定需要一些憑證來配置程式庫。例如，Adafruit.io 需要唯一的是使用者名稱和存取密鑰。讓我們把這些雲端服務資訊放在一個單獨的 *config.h*（*https://oreil.ly/t6UO6*）檔案中，我們還可以在其中包含我們的 WiFi 詳細資訊：

```
#include "AdafruitIO_WiFi.h"

#define IO_USERNAME    "userNameGoesHere"
#define IO_KEY         "ioKeyGoesHere"
#define WIFI_SSID      "HomeWifi"
#define WIFI_PASS      "password"
```

令人高興的是，該程式庫還包含一個更通用的 WiFi 程式庫來作為依賴項。這種一石二鳥對我們來說很好——我們不必透過單獨的步驟來配置 WiFi 以及我們對雲端的存取。但是我們仍然需要做一些設定工作，以確保我們可以和雲端進行通信。我們會在 `setup()` 函數中添加該程式碼以及要使用我們漂亮的 OLED 顯示器所需的東西。和往常一樣，您可以隨意輸入，或直接抓取 *ch12/temp_web/temp_web.ino*（*https://oreil.ly/muYAu*）：

```
#include <SPI.h>                                    ❶
#include <Wire.h>
#include <Adafruit_GFX.h>
#include <Adafruit_SSD1306.h>

// 使用 config.h 中的憑證來設定我們的饋入
#include "config.h"                                 ❷
AdafruitIO_WiFi io(IO_USERNAME, IO_KEY, WIFI_SSID, WIFI_PASS);
AdafruitIO_Feed *smallerc = io.feed("smallerc");
```

```
// 設定 OLED
#define SCREEN_WIDTH 128 // OLED 寬度，以像素為單位
#define SCREEN_HEIGHT 32 // OLED 高度，以像素為單位
#define OLED_RESET    4 // 重設接腳 #
#define SCREEN_ADDRESS 0x3C // 128x32 螢幕
Adafruit_SSD1306 display(SCREEN_WIDTH, SCREEN_HEIGHT,  ❸
    &Wire, OLED_RESET);
char statusline[22] = "Starting...";

// 用來保持平均溫度讀數的一些東西
#define ADJUST 3.33 /* 我的辦公室溫度約為攝氏 3 度 */
float total = 0.0;
int   count = 0;

void setup() {
  Serial.begin(115200);
  // SSD1306_SWITCHCAPVCC = 內部產生 3.3V 電壓
  if(!display.begin(SSD1306_SWITCHCAPVCC, SCREEN_ADDRESS)) {
    Serial.println(F("SSD1306 allocation failed"));      ❹
    for(;;); // 不要繼續，無窮迴圈
  }

  // 顯示由顯示器程式庫初始化的 Adafruit 啟動畫面
  display.display();

  // 現在設置和 adafruit.io 的連接
  Serial.print("Connecting to Adafruit IO");
  io.connect();                                          ❺
  // 等待連接
  while(io.status() < AIO_CONNECTED) {
    Serial.print(".");
    delay(500);
  }

  // 我們連接上了
  Serial.println();
  Serial.println(io.statusText());

  // 為簡單（如果很小的）文本設置我們的顯示
  display.clearDisplay();
  display.setTextSize(1);        // 正常 1:1 像素比例
  display.setTextColor(SSD1306_WHITE); // 繪製白色文字
  display.setCursor(0, 0);       // 從左上角開始
```

```
    display.cp437(true);          // 使用 "Code Page 437" 字體
    display.println(statusline);  // 顯示我們的起始狀態
    display.display();            // 更新實際顯示
}

void loop() {
    // 把您的主程式碼放在這裡，重複執行：
    int reading = analogRead(A2);                        ❻
    float voltage = reading / 1024.0;
    if (count == 0) {
        total = voltage;
    } else {
        total += voltage;
    }
    count++;
    float avg = total / count;
    float tempC = (avg - 0.5) * 100;
    float tempF = tempC * 1.8 + 32;
    if (count % 100 == 0) {
        // 每 10 秒更新一次我們的顯示                      ❼
        display.clearDisplay();
        display.setCursor(0, 0);
        display.println(statusline);
        display.print(reading);
        display.print("  ");
        display.println(voltage);
        display.print(tempC);
        display.println("\370 C");
        display.print(tempF);
        display.println("\370 F");
        display.display();
        strcpy(statusline, "Reading...");
    }
    if (count % 600 == 0) {
        // 每分鐘更新一次我們的物聯網饋入
        smallerc->save(tempF);                           ❽
        strcpy(statusline, "Feed updated");
    }
    delay(100);
}
```

❶ 包含和會在我們的 OLED 上繪圖的程式庫進行通信所需的各種標頭檔案。

❷ 使用 *config.h* 中的憑證，建立一個 I/O 物件（`io`）並建立到 Adafruit IO 服務的連接，然後指定我們要更新的饋入。

❸ 使用常數並參照 `Wire` 程式庫來實例化我們的 `display` 物件。

❹ 嘗試連接到顯示器。如果失敗的話，列印一則錯誤訊息並且不要繼續。如果您確實卡在這裡，則可能是您的接線有問題。仔細檢查連接並確保您的顯示器也有電。

❺ 確保我們可以使用來自 ❷ 的饋入。等待（可能永遠）直到它準備好。如果您無法連接，您可以嘗試在瀏覽器中使用您的憑證來驗證使用者和密鑰的組合是否有效。您也可以用一個單獨的專案來測試您的 WiFi 連接。在 IDE 的 File 選單下，尋找 Examples 子選單，找到您的開發板，然後選擇一些簡單的東西，比如 *HTTPClient*。

❻ 從我們的 TMP36 感測器讀取目前類比值並更新移動（running）平均溫度。

❼ 用一些關於溫度和當前雲端狀態的漂亮文本來更新我們的顯示。此顯示的 API 類似於我們在 Serial 中使用的函數。

❽ 每分鐘一次，把簡單的華氏溫度回報給我們的饋入。下次經過 `loop()` 時，我們會在 OLED 的狀態行中記錄更新。

您當然可以把像是 HUZZAH32 這樣的控制器變成它們自己的網路伺服器，然後直接在瀏覽器中獲取讀數，但是像 Adafuit.io 這樣的服務，可以很容易地獲得更精美的報告，例如圖 12-2 所示的幾分鐘範圍內的小溫度圖。這些服務通常也支援連接到更多服務。例如，If This Then That（IFTTT）（*https://ifttt.com*）允許您使用回報給 Adafruit.io 的事件，來觸發發送電子郵件或開啟智慧家庭裝置等動作。

圖 12-2　我們回報的溫度的圖

這個小專案只是對物聯網的最簡短介紹。哎呀，只是那些透過 IFTTT 可能的有趣組合就可以填滿它們自己的書。物聯網書籍和部落格文章比比皆是，涵蓋了從小型裝置的使用者介面設計到企業網格配置的所有內容。這是一個有趣且充滿活力的領域，如果您有興趣了解更多資訊，您肯定具備潛入的技能。

## Arduino 原始碼

到處都有很多頗酷的 Arduino 專案，它們的許多作者都是為了得到創作的樂趣而這樣做的。他們把硬體規格和原始碼放到網路上，並積極地參與 Arduino 論壇（*https://forum.arduino.cc*）。我衷心鼓勵您閱讀其中的一些原始碼。您現在已經有能力理解這些專案中的程式碼，看看其他程式設計師是如何解決問題的可以幫助您學習新的技巧。

您還可以存取 Arduino IDE 支援的許多開發板背後的原始碼（*https://oreil.ly/ekC2v*）。各種 ArduinoCore 套件涵蓋了我們在第 199 頁的「Arduino 環境」中所討論的 Arduino「語言」中的 C 和 C++ 內容。當然，這會是大量的閱讀，但您可能會驚訝於您可以學習的基礎知識。

# 其他微控制器

當然，Arduino 並不是我們可用的唯一微控制器遊戲。Mitchel Davis 在 YouTube 上有一個非常有趣的系列（*https://oreil.ly/iN1Fj*），記錄了他從 Arduino 到限制更大的控制器（如 STM8）的程式設計旅程。他的範例通常使用了 C 語言，您可以看到我們涵蓋的一些更神秘的主題，例如全面呈現的位元運算子。

朝著使用更強大的控制器的另一個方向發展，Raspberry Pi（*https://raspberrypi.org*）平台也值得一提。這些微型電腦是成熟的桌上型系統，能夠執行完整的 Linux 發行版 —— 包括執行所有開發工具，例如 gcc。更重要的是，Pi 帶有和我們在本書中使用的微控制器相同類型的 GPIO（通用 I/O）連接。您可以使用相同類型的感測器和輸出並編寫 C 程式來驅動它們。您可以直接在連接了週邊裝置的硬體上編譯這些程式！您可以採用一些非常聰明的專案，例如 MagicMirror（*https://oreil.ly/p4emq*），並添加動作偵測器，這樣鏡子只有在有人在附近使用它時才會亮起，讓它更加神奇。

如果不出意外，我希望這本書能讓您有信心嘗試處理這些類型的專案。這是一個令人欣慰的世界，適合把它掌握。和真正跨越全球的企業工程專案不同，您可以專注於從我們的許多範例中真正了解諸如 Metro Mini 控制器之類的細節。您不需要八個不同的工具鏈來讓 LED 閃爍。您不需要十幾個程式設計師來除錯光敏電阻夜燈。正如本書的審稿人之一 Alex Faber 所說，沒有任何雜物可以妨礙通往這門手藝的路。我完全同意。

# 工業 C/C++

您也不僅限於在家裡修補 C。Arthur C. Clarke 所說的許多未來（*2001: A Space Odyssey, 2010: Odyssey Two*）現在已成為我們的過去，但電腦和人工智慧在我們現在的地位相當突出。如果您有興趣把 C 程式設計作為職業，搜尋任何技術工作網站，您會發現有從入門級職位到資深架構師的數百個 C 程式設計師工作。您可以在 Linux 核心小組實習或幫忙編寫嵌入式控制器。您可以找到一份工作，研究微型玩具無人機或對可以讓世界上最大的工廠保持運轉的感測器進行程式設計。

舊有（legacy）程式碼維護仍然需要優秀的 C 程式設計師，並且支付的費用足以讓這些程式設計師為他們的後代建立良好的財務遺產（legacy）。遊戲系統需要為遊戲引擎和它們執行的控制台，提供非常非常快速的程式碼。

超級電腦和微控制器都在各種環境中使用 C。雖然很明顯的微控制器需要有效率的程式碼，但大型超級電腦會很希望要到 CPU（或者，現在是 GPU）的每個可能週期來完成他們的計算。C 擅長提供這種等級的控制，公司知道他們需要擅長讓昂貴的機器快速執行的程式設計師。如今，您能想到的幾乎所有領域都已電腦化，並且在任何挑戰硬體極限（最小、最深、最冷、最快等）的地方，您都可以找到 C 程式設計師在幫忙突破這些界限。

# 回到未來

自 1970 年代首次開發 C 語言以來，已經出現了許多語言。毫無疑問，在未來的幾年和幾十年裡，還會出現更多的語言。C 之所以如此重要，正是因為它提供了額外的控制和速度。許多像 Java 這樣的「進階」語言保留了載入用 C 語言所編寫的本地端程式庫的能力，這些程式庫和我們為 Arduino 編寫的標頭檔案類型相同。Go 也可以呼叫 C 函數。利用 Rust 在嵌入式系統上工作，不過有個組件只有 C 的支援？Rust 也可以引入 C。

如今，幾乎在電腦程式設計世界的任何地方，您都會發現 C。從無處不在的控制敘述到透過原生程式庫進行的整合，認識 C 會把您和這個世界聯繫起來，而且比您想像的要多得多。最後我只能說，我希望您繼續想像。想像新的專案。想像一下新的程式庫。然後讓想像力在硬體上執行。C 是實現這些數位夢想的絕佳工具。讀完這本書後，我希望您對使用它有信心。

# 硬體和軟體

我會嘗試指出任何我首先使用它們的特定硬體部件或軟體套件，但我也想為您提供各種組件的快速列表以便於參考。我沒有因為提及任何產品而獲得報酬，不同的所有者和製造商也沒有為我的書背書。我在這裡表達的熱情洋溢的觀點完全是我自己的想法。:)

## 取得程式碼

C 範例和 Arduino 草圖都可以在 *https://github.com/l0y/smallerc* 線上獲得。大多數範例都有指向其特定檔案的連結，但您也可以使用圖 A-1 中所示的下拉選單來下載封存檔。

對於 C 範例，實際上沒有什麼事情要做。您可以在您選擇的編輯器中開啟任何範例。您可以進行並儲存更改，然後在同一資料夾中編譯範例。

對於各種草圖，您可能會想要在處理每個草圖資料夾時把它拖到您的 Arduino Sketchbook 位置。（此位置在 Arduino IDE 偏好設定中設定，如第 269 頁「程式庫資料夾」中的圖 11-9 所示。）這會確保您可以存取您可能已安裝的任何程式庫。這也意味著您可以在讀完這本書後在這些專案的「常用位置」中查找。

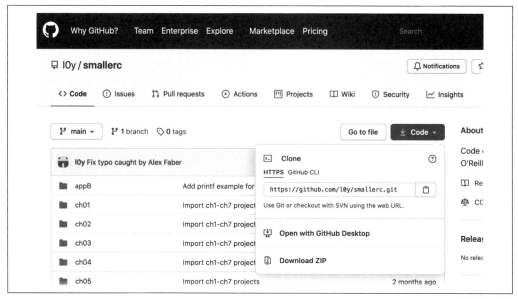

圖 A-1. 從 GitHub 下載範例封存檔

# 取得硬體：Adafruit

我在本書的範例中使用的許多實體裝置都來自 Adafruit。他們有令人驚嘆的控制器和組件選擇，以及您可以在網路上找到的一些最有趣、最完整、最無聊的教程。我的大部分購物都是直接在他們的網站（*https://adafruit.com*）上進行的，但您也可以透過 Amazon（*https://oreil.ly/CyB1X*）和 Digi-Key（*https://digikey.com*）來找到他們的許多零件。表 A-1 列出了我在許多 Arduino 專案中所使用的微控制器。表 A-2 列出了我在章節中使用的週邊裝置和組件。如果我在多個專案中使用了某一個組件，我會在它出現的每一章中列出它。

表 A-1　微控制器和原型設計

| 微控制器 | |
|---|---|
| Metro Mini（*https://oreil.ly/KxFf0*）（2x） | ATmega328、32KB 快閃記憶體、2KB SRAM |
| Trinket M0（*https://oreil.ly/R2fui*） | 32 位元 ATSAMD21E18，256KB 快閃記憶體，32KB SRAM |
| HUZZAH32 Feather（*https://oreil.ly/p5Ldy*） | Tensilica LX6、WROOM32、HT40 WiFi、4MB 快閃記憶體、520KB SRAM、藍牙原型裝置 |

| 微控制器 | |
|---|---|
| 全尺寸麵包板（*https://oreil.ly/sZo2h*） | 帶電源軌的標準麵包板 |
| 半尺寸麵包板（*https://oreil.ly/bfpYJ*） | 帶電源軌的緊湊型麵包板 |
| 連接線（*https://oreil.ly/RoHW1*） | 具有各種長度和 molex 尖端 |

表 A-2　週邊裝置和組件

| 組件 | 規格 |
|---|---|
| **第 8 章** | |
| 100Ω 電阻（*https://oreil.ly/YOgc7*） | 碳纖維通孔 |
| 470Ω 電阻（*https://oreil.ly/wwVrn*） | 碳纖維通孔 |
| 藍色 LED（*https://oreil.ly/xJqOL*） | 3mm 直徑，～3.0V 正向電壓 |
| NeoPixel Flora（*https://oreil.ly/dyCpE*） | 獨立 RGB NeoPixel LED |
| NeoPixel Stick（*https://oreil.ly/8zpaZ*） | 8 RGB NeoPixel LED，棒式安裝 |
| NeoPixel Ring（*https://oreil.ly/bfpYJ*） | 24 RGB NeoPixel LED，環形安裝 |
| **第 9 章** | |
| RGB LED（*https://oreil.ly/e0TBv*） | 5mm，共陰極 |
| 470Ω 電阻（*https://oreil.ly/8jyjo*） | 碳纖維通孔 |
| TMP36 溫度感測器（*https://oreil.ly/JQFud*） | 類比，範圍 -50 至 125 C |
| 四位數字顯示器（*https://oreil.ly/RO5P5*） | 紅色，MAX7219 驅動器（VMA425 的替代品） |
| 觸覺按鈕（*http://adafru.it/367*） | 簡單按鈕 |
| NeoPixel Ring（*https://oreil.ly/8GOWh*） | 24 RGB NeoPixel LED，環形安裝 |
| **第 10 章** | |
| NeoPixel Stick（*https://oreil.ly/mPpVW*） | 8 RGB NeoPixel LED，棒式安裝 |
| **第 11 章** | |
| RFM69HCW 收發器（*https://adafru.it/3070*）（2x） | 900MHz（美洲） |
| 導航開關（*https://adafru.it/504*） | 通孔，5 路 |
| 橡膠小塊帽（*https://adafru.it/4697*） | 適合導航操縱桿 |
| TT 馬達輪（*https://adafru.it/3766*）（2x） | 橙色輻條，透明輪胎 |
| TT 馬達變速箱（*https://adafru.it/3777*）（2x） | 200 RPM，3 - 6VDC |
| 馬達驅動器分線（*https://adafru.it/3297*） | DRV8833 晶片 |
| TT 馬達底盤（*https://adafru.it/3796*） | 鋁製，紫色 |

| 組件 | 規格 |
|---|---|
| 第 12 章 | |
| OLED 顯示器（*https://adafru.it/4440*） | 0.91 英寸，128x32 像素，I2C |
| TMP36 溫度感測器（*https://adafru.it/165*） | 類比，範圍 -50 至 125 C |

一般來說，我嘗試堅持使用容易設定和更改的麵包板專案。如果您建構了穩定的東西，並想透過脫離麵包板來反映這種穩定性，我強烈推薦 Adafruit Guide to Excellence Soldering（*https://oreil.ly/vytmN*）。他們在硬體和技術方面為您提供了一些很棒的建議，專業愛好者可以用來建立更持久的專案。我要在他們出色的指南中添加一點重點：在關於烙鐵的部分中，「最好的烙鐵」確實是最好的。它們肯定更貴，所以並不適合所有人，但如果您能負擔得起，像 Hakko FX-888D（*https://https://adafru.it/1204*）這樣的烙鐵，能把單調的焊接頭針提升為冥想藝術。

# VS Code

我使用 Microsoft 的 Visual Studio Code（*https://oreil.ly/C6v3D*）來進行非 Arduino 程式設計。雖然它是由 Microsoft 編寫的，但 VS Code 也適用於 Linux 和 macOS。它是高度可配置的，並且為幾乎所有可能的程式設計語言和 Web 開發框架提供了一個充滿活力的擴充生態系統。其他姑且不論，它的「C/C++」延伸模組非常適合和 C 一起使用。

# Arduino IDE

在本書中，我會仰賴 Arduino IDE（*https://oreil.ly/7vXun*）來編譯和上傳微控制器專案。Arduino IDE 是跨平台的，並且為來自許多不同供應商的各種微控制器提供了出色的支援。

Arduino 網站還有一個有用的 Language Reference（*https://oreil.ly/VH8RZ*）和幾個教程（*https://oreil.ly/OWYJy*），涵蓋從簡單的「入門」主題到更進階的駭客技術，以真正深入 Arduino 平台。

我應該指出，對於真正喜歡 VS Code 環境的人來說，對 PlatformIO（*https://platformio.org*）的熱情越來越高。根據他們的 About 網頁：「PlatformIO 是一個跨平台、跨架構、多框架的專業工具，適用於嵌入式系統工程師和為嵌入式產品編寫應用程式的軟體開發人員。」

它可以作為一個獨立系統，但它也有一個成熟的 VS Code 延伸模組。您可以在他們的 VS Code Integration 網頁（*https://oreil.ly/3ZH3G*）上找到更多詳細資訊。

# Fritzing

您可能已經注意到我們接線圖中可愛的電路字體單字「fritzing」。如果您建構了任何想要和他人共享的專案，您可以自己建立這些類型的圖表。Fritzing（*https://fritzing.org*）中的好人建立了我所使用的軟體。這個設計應用程式是跨平台的，許多的第三方為了控制器和組件程式庫建立了大量具有視覺吸引力的貢獻。它也非常直覺，特別是如果您使用過其他的設計和佈局工具，例如 OmniGraffle（*https://oreil.ly/zODll*）或 Inkscape（*https://inkscape.org*）。他們確實要求（非常！）適度的費用，如果您負擔得起，我發現每一分錢都值得。

您也可以在網路上找到大量對 fritzing 友善的組件。他們的論壇包含一些很棒的高品質貢獻，例如圖 9-5 中所使用的 4 位數字 7 段顯示器，是由 Desnot4000 提供的。如果需要的話，您還可以匯入 SVG 檔案來建立客製化組件。

如果您真的開始自己的電子專案，Fritzing 的軟體也可以用來生產客製化開發板。您的愛好從未如此專業過！致力於讓越來越多的人開放和使用硬體，我對這個群體和他們更廣泛的使用者社群印象深刻。

# GNU 編譯器集合

最後但最重要的是，我使用了非常有用的 GNU Compiler Collection（*https://gcc.gnu.org*）中的 GNU C 編譯器（和 Arduino IDE 一樣）。正如您可能在第 3 頁的「所需工具」中注意到的那樣，在某些平台上安裝這些工具可能需要一些努力，但這些編譯器的廣度和品質是無與倫比的。再加上他們的開源精神，真的很難在任何可以用它的地方擊敗 GNU 軟體。

# printf() 格式說明符
# 詳細資訊

printf() 函數支援的格式幾乎構成了它們自己的語言。雖然不是一個詳盡的列表,但本附錄詳細介紹了我在本書中使用的所有選項。我還描述了這些選項要如何和不同類型的輸出一起工作,即使我沒有使用任一給定的組合。和許多程式設計一樣,自己嘗試一些東西以了解各個部分該如何組合在一起是很有用的。

程式碼範例包括一個簡單的 C 程式,該程式會瀏覽更流行的旗標、寬度、精準度和型別組合。您可以按原樣來編譯和執行 *popular_formats.c*,或者您可以編輯它來調整一些行並測試您自己的組合。

如果您想了解更多關於您可以在 printf() 中指定的東西,包括非標準和特定於實作的選項,我推薦專門討論這個主題的 Wikipedia 網頁(*https://oreil.ly/Adirl*)。

## 說明符語法

我在本書中使用的說明符包含三個可選元素和一個必需型別,排列如下:

```
% flag(s) width . precision type
```

同樣的,旗標(或旗標們)、寬度和精準度不是必要的。

# 說明符型別

printf() 會如何解釋要列印的給定值取決於您所使用的型別說明符。例如，當使用 %c（字元）時值 65 將列印為字母「A」，但使用 %x（十六進位整數）時會列印為「41」。表 B-1 總結了我們在本書中使用的型別，儘管它不是一個詳盡的列表。

表 B-1　printf() 的格式說明符型別

| 說明符 | 型別 | 描述 |
| --- | --- | --- |
| %c | char | 列印出單一字元 |
| %d | char, int, short, long | 以十進位列印有正負號整數值（以 10 為底數） |
| %f | float, double | 列印浮點值 |
| %i | char, int, short | 以 10 為底列印整數值（與輸出的 %d 相同） |
| %o | int, short, long | 以八進位列印整數值（以 8 為底數） |
| %p | 位址 | 列印指標（作為十六進位位址） |
| %s | char[] | 將字串（char 陣列）列印為文本 |
| %u | unsigned(char, int, short) | 以十進位列印無正負號整數值 |
| %x | char, int, short, long | 以十六進位列印整數值（以 16 為底數） |

%i 和 %u 整數型別可以使用長度修飾符。l 或 ll（例如，%li 或 %llu）會告訴 printf() 該期待 long 或 long long 長度的引數。對於浮點型別，可以使用 L（例如 %Ld）來指出 long double 引數。

# 說明符旗標

您指定的每種型別都可以使用一個或多個旗標來進行修改。表 B-2 列出了說明符旗標。並非所有旗標都對每種型別有影響，並且所有旗標都是可選的。

表 B-2　printf() 的格式說明符旗標

| 說明符 | 描述 |
| --- | --- |
| - | 在其欄位內左對齊輸出 |
| + | 在正數值上強制加上正號（＋）字首 |
| （空格） | 在正數值上強制使用空格字首（而不是根本沒有字首） |
| 0 | 用 0 填充數值的左側（如果它們沒有填滿指定了寬度的欄位） |
| # | 和 o、x 或 X 型別一起使用時列印字首（0、0x 或 0X） |

當您有數值性、欄位式的輸出時，您會看到這些旗標更頻繁地被使用，儘管像「-」這樣的旗標也可以用於字串。

## 寬度和精準度

對於任何說明符，您都可以為輸出欄位提供最小寬度。（最小這個限定符意味著不會對大於給定寬度的值進行截斷。）預設值是向右對齊輸出，但可以使用表 B-2 中註明的「-」旗標來更改。

您還可以提供一個精準度，這會影響輸出的最大寬度。對於浮點型別，它指示小數分隔符右側的位數。對於字串，它會截斷過長的值。對於整數型別，它會被忽略。

# 常用格式

要查看一些更常見或流行的格式，請查看 *appB/popular_formats.c*（*https://oreil.ly/R2vNI*）。那裡只是一大批的 `printf()` 呼叫，但它包含使用不同格式說明符的各種範例。我不會在這裡列出原始碼，但提供輸出以供快速參考：

```
appB$ gcc popular_formats.c
appB$ ./a.out
char Examples
  Simple char:            %c       |y|
  In a 9-char field:      %9c      |        y|
  Left, 9-char field:     %-9c     |y        |
  The percent sign:       %%       |%|

int Examples
  Simple int:             %i       |76|
  Simple decimal int:     %d       |76|
  Simple octal int:       %o       |114|
  Prefixed octal int:     %#o      |0114|
  Simple hexadecimal int: %x       |4c|
  Uppercase hexadecimal:  %X       |4C|
  Prefixed hexadecimal:   %#x      |0x4c|
  Prefixed uppercase:     %#X      |0X4C|
  In a 9-column field:    %9i      |       76|
  Left, 9-column field:   %-9i     |76       |
  Zeros, 9-column field:  %09i     |000000076|
  With plus prefix:       %+i      |+76|
    negative value:                |-12|
```

```
  With space prefix:       % i      | 76|
      negative value:               |-12|
  Huge number:             %llu     |28054511505742|
  (Ignored) precision:     %1.1d    |76|

float Examples
  Simple float:            %f       |216.289993|
  2 decimal places:        %.2f     |216.29|
  1 decimal place:         %.1f     |216.3|
  No decimal places:       %.0f     |216|
  In a 12-column field:    %12f     |  216.289993|
  2 decimals, 12 columns:  %12.2f   |      216.29|
  Left, 12-column field:   %-12.2f  |216.29      |

string (char[]) Examples
  Simple string:           %s       |Ada Lovelace|
  In a 20-column field:    %20s     |        Ada Lovelace|
  Left, 20-column field:   %-20s    |Ada Lovelace        |
  6-column field:          %6s      |Ada Lovelace|
  6-columns, truncated:    %6.6s    |Ada Lo|

And last but not least, a blank line (\n):
```

printf 格式字串上的 Wikipedia 網頁（*https://oreil.ly/xvtiC*）對可用選項進行了全面的概述。

# 索引

※提醒您：由於翻譯書排版的關係，部份索引名詞的對應頁碼會和實際頁碼有一頁之差。

# 關於作者

**Marc Loy** 在 1980 年代學習 6808 Assembly 時，為學校的 HERO 1 進行程式設計後發現了它的程式設計錯誤。早在那時，他就在 Sun Microsystems 開發並提供了有關 Java、Unix 內部運作和網路的培訓課程，並且從那時起一直在繼續培訓（更）更廣泛的受眾。他現在每天都在就技術和媒體主題進行諮詢和寫作。他還發現了製造商的缺陷，並正在探索快速發展的嵌入式電子產品和可穿戴裝置領域。

# 出版記事

*Smaller C* 封面上的動物是大西洋野生金絲雀（Atlantic wild canary，學名為 *Serinus canaria*）。這種鳥，也被稱為島嶼或普通金絲雀，可以在加那利群島（Canary Islands）（這些島以這些鳥命名）、亞速爾群島（Azores）和馬德拉群島（Madeira）的各種棲息地中找到。

大西洋金絲雀的長度可以從 3.9 英寸到 4.7 英寸不等，平均重量約為半盎司。在野外，這些鳥大多呈黃綠色，背部有棕色條紋，但人工飼養出許多不同顏色的品種。雄性和雌性具有相似的顏色，儘管雌性大西洋金絲雀的羽毛顏色往往更為灰色。幼年大西洋金絲雀大多是棕色的。

雖然牠們通常出現在點綴著小樹的開闊地帶，但大西洋金絲雀卻也出現在各種棲息地，包括公園和花園等人工棲息地。這種群居的鳥會成群覓食，經常成群築巢，並在樹枝的末端或分叉附近隱藏得很好。鑑於其廣泛（且不斷增長）的分佈，這種鳥的保護狀況是無危的（Least Concern）。O'Reilly 封面上的許多動物都瀕臨滅絕。所有這些生物對世界都很重要。

封面插圖由 Karen Montgomery 基於 Rev. J.G. Wood 的 *Animate Creation* 黑白版畫創作。

# Smaller C｜用於小型機器之精實程式碼

作　　者：Marc Loy
譯　　者：楊新章
企劃編輯：蔡彤孟
文字編輯：江雅鈴
設計裝幀：陶相騰
發 行 人：廖文良

發 行 所：碁峰資訊股份有限公司
地　　址：台北市南港區三重路 66 號 7 樓之 6
電　　話：(02)2788-2408
傳　　真：(02)8192-4433
網　　站：www.gotop.com.tw
書　　號：A687
版　　次：2023 年 05 月初版
建議售價：NT$680

國家圖書館出版品預行編目資料

Smaller C：用於小型機器之精實程式碼 / Marc Loy 原著；楊新章
　　譯. -- 初版. -- 臺北市：碁峰資訊, 2023.05
　　　面；　　公分
　　譯自：Smaller C
　　ISBN 978-626-324-491-7(平裝)
　　1.CST：C(電腦程式語言)　2.CST：微處理機　3.CST：電腦程
式設計
312.32C　　　　　　　　　　　　　　　　　　　112005278

## 讀者服務

● 感謝您購買碁峰圖書，如果您對本書的內容或表達上有不清楚的地方或其他建議，請至碁峰網站：「聯絡我們」\「圖書問題」留下您所購買之書籍及問題。(請註明購買書籍之書號及書名，以及問題頁數，以便能儘快為您處理)
http://www.gotop.com.tw

● 售後服務僅限書籍本身內容，若是軟、硬體問題，請您直接與軟體廠商聯絡。

● 若於購買書籍後發現有破損、缺頁、裝訂錯誤之問題，請直接將書寄回更換，並註明您的姓名、連絡電話及地址，將有專人與您連絡補寄商品。